ネイティブスピーカーも納得する技術英語表現

Technical English Expressions for Effective Communication with Native Speakers

福 岡 俊 道
Matthew Rooks
【 共著 】

コ ロ ナ 社

ネイティブスピーカーも納得する技術英語表現

Technical English Expressions for Effective Communication with Native Speakers

はじめに

日本人は英語が苦手な民族であるといわれて久しい。しかしながら，近年ではTOEICをはじめとするさまざまな英語能力の評価指針が広く受け入れられるようになり，若い人たちを中心として日本人の英語能力は格段に向上したといえる。一般に英語の能力は，読む，書く，聞く，話すという四つの能力に分類できるといわれている。その中で，エンジニアに必要とされる「書く」能力については，技術英語という別の壁が存在する。日本語と英語でのトークを継ぎ目なく切り替えることができるバイリンガルのラジオディスクジョッキーでも，専門知識がない場合は適切な表現の技術英語を書くことはできない。それでは，一般に文法に強いといわれる日本人の場合はどうか。大学で専門分野の知識を習得したエンジニアにとっても，技術英語を書くことは容易ではない。その理由として，ネイティブスピーカーが納得するような技術英語を書くためには，一般的な英語能力と専門分野の知識を組み合わせて文章を作成しなければならない点が挙げられる。

著者が技術英語の重要性に目覚めたのは，1988年から1989年にかけて，在外研究で米国のミシガン大学に滞在したことがきっかけである。ある日，博士論文でお世話になった日本の教授から米国の一流雑誌に投稿された論文の査読依頼があった。インターネットのない時代である。所属する大学に送られてきた郵便を米国に転送してもらっていたため，提出期限までほとんど時間がない。一流雑誌に投稿された英語論文の査読は初めての経験だったので，最優先の仕事として取り組んだ。論文のレベル，査読者として指摘すべき点は理解できた。問題は著者に対する修正依頼文書の作成である。ネイティブスピーカーである論文の著者が理解できない英語では恥ずかしい。そこで，研究室に在籍する博士課程の学生で，唯一のネイティブスピーカーであるジーンにチェックを依頼した。驚いたことに，ジーンは著者が作成した査読結果の英文を「英語らしさを評価するソフト」に読み込ませた。10回以上見直していたので80点以上を期待していたが，無情にもソフトの判定は70点。ジーンいわく「俺のレポートが79点。日本人のお前の70点は悪くない」と言いながらさらさらと数箇所修正した。ジーンの文章は，意味はわかるが日本人にはまず思いつかないような簡潔な表現であった。このときに得た「英語表現の上達にはネイティブスピーカーの文章をまねるのが一番」を教訓として，ネイティブスピーカーの書いた文章を集め始めた。本書は，それ以来集めた多数の文章中の英語表現を基本に，技術英語を書く際の supporting tool としてまとめたものである。

ところで技術英語を書く場合，「不確かさ」を表す表現は不可欠といえる。例えば日本語で「おそらく」というと，個人差はあるがおおむね「50％以上は OK」をイメージするのではないだろうか。一方英語では，確率の低い方から高い方までいくつかの表現がある。実際の確率が 50％程度，この場合 perhaps が適切な単語の一つであるが，仮に probably を使ってしまった場合，相手はおそらく 80％以上の確かさを期待するだろう。もしこれが製品の信頼性に関連した報告書における表現であった場合，たった一つの単語の選択を誤ったために，大きなトラブルに発展する可能性がある。そのようなミスを避けるために，[3. 技術英語でよく使う表現] の Secondary Index「頻度」では，頻度と確率を表すさまざまな副詞や助動詞について，程度の大小を概略の数値を添えて不等号で示している。
共著者の Matthew Rooks 氏は，偶然にもミシガン大学で言語学を修めた新進気鋭のアメリカ人研究者である。同時に職場の同僚で，所属学部におけるコミュニケーション英語教育のキーパーソンでもある。自らの専門分野の知識を生かし，著者が集めた技術英語表現のチェック・修正を担当した。

米国の学会における講演，学術誌に投稿された論文は，excellent，very good，good，marginal，poor という 5 段階で評価されるケースがある。大学あるいは大学院まで国内で終えた一般的な日本人にとって，excellent レベルの技術英語を書くことは至難の業といえる。しかしながら，ネイティブスピーカーが使うような英語表現をうまく取り入れると，著者自身が目標としている「very good レベルの技術英語」を書くことは可能ではないだろうか。本書がネイティブスピーカーのエンジニアや研究者を納得させるレベルの技術英語を書くための一助となれば幸いである。

2018 年 4 月

著者を代表して　福岡 俊道

本書の特徴と構成・使い方

[本書の特徴]

本書は，初めて英語論文を書く大学院生から，すでに英語で報告書／説明書を書いた経験がある技術者，英語論文の quality の向上を目指す研究者まで，幅広い読者を対象としている。また本書は，文法解説書でも技術英語に特化した辞書でもなく，ネイティブスピーカーが納得するような技術英語を書くための支援ツールである。具体的な特徴は以下のとおりである。

Point 1：技術英語として和訳はできるが，同じレベルの内容を英語で書くとなると難しい“技術英語表現”を多数の例文を通して提供する。

Point 2：例文はネイティブスピーカーが書いた文章を中心に収録し，技術英語を書くときの必要性を考慮して配置している。その例文集の中から，文法の細かい解釈にとらわれることなく「見ればわかる」を基本として，必要な表現方法を見つけられるように工夫している。

Point 3：専門性の高い単語の用途は限られているが，反対によく見かける使用頻度の高い単語ほど，文章の前後関係などによって大きく意味が変化する。そのような単語のさまざまな使い方を効果的に学べるように，例文にはすべて全訳を付している。なお，意訳すると日本語との対応が難しくなるような英語表現については，読者の誤解を招かないように，あえて直訳に近い形で訳している。

Point 4：例文には著者の専門である機械工学分野，特に材料力学や機械設計関係の専門用語がたびたび現れるが，対象となる単語を読者自身の分野の単語に置き換えることにより，さまざまな技術分野に対応可能である。さらに，機械工学分野以外の技術者をサポートするために，重要と考えられる専門用語は巻末に「機械工学とその周辺分野の専門用語」としてまとめ，短く解説している。

[本書の構成]

本書には，中級・上級と考えられるレベルから基礎的なレベルまで，さまざまな英語表現を含む例文が収録されている。一方，“技術英語を書く”という目的の達成には，例文の配置は英語表現や単語の難しさではなく，技術英語としての使用頻度に重点を置くほうが合理的である。

以上の点を考慮して，本書は Basic / Intermediate（初級／中級編）と Intermediate /

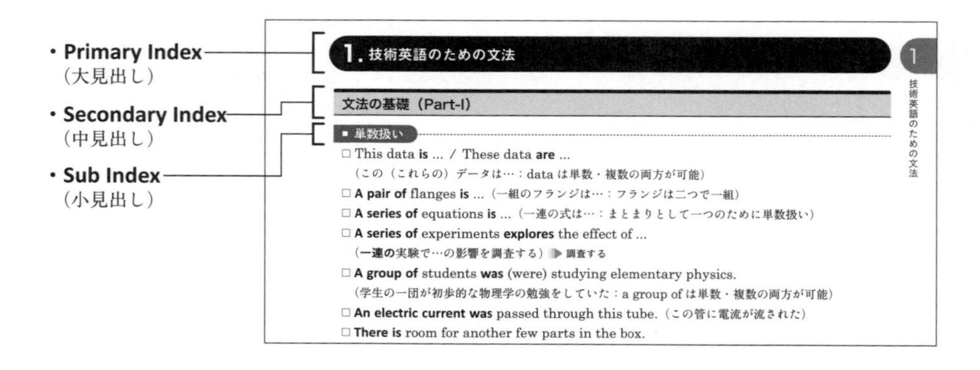

Advanced（中級／上級編）の2グループから構成されている。

初級／中級編と中級／上級編はいずれも以下のような構成となっている。

（1） 前ページの見本に示すようにPrimary Index（大見出し），Secondary Index（中見出し），Sub Index（小見出し）の3段階構成を基本とする。その場合，Sub Index単位で例文がまとめられている。

（2） Secondary Indexの収録例文数が少ないケースではSub Indexを省略している。その場合はSecondary Index単位で例文がまとめられている。

（3） Secondary Indexに関連した重要な単語や表現が相当数ある場合，

■ fundamentals

として冒頭にまとめている。また，そのSecondary Indexを構成する特定のSub Indexには属さないが，関連が深いと考えられる表現は

■ others

として末尾にまとめている。

（4） 対象となるSub IndexあるいはSecondary Indexに関連する英単語ならびにそれに対応する日本語は，検索を容易にするために，例文中では可能な限り太文字で表示している。

（5） 例文に付した括弧について：英文の括弧は「省略可能な単語」あるいは「同じ意味を持つ別の表現」を表している。和文の括弧は，英文の理解を助けるための追加の説明，またはキーとなる英単語の広く使われている意味を表している。

（6） 一つの例文に複数の重要な表現や単語を含む場合，対象となるkeywordを「▶」を用いて表示している。

例：「▶おもな，性能」，「▶提案，改善」，「▶耐える，乱暴な」…

また，特定のkeywordがSub Index全体に関係する場合は下記のように表示している。

例：■ rather than，thus の用法 ▶▶▶ rather than の用法はほかにも例文多数

■ though，although の用法 ▶▶▶ 挿入の文法

keywordは名詞／形容詞／副詞だけでなく，技術英語を書く場合にうまく使うことが難しいと思われる単語や慣用句も含んでいる。

例：「withの用法」，「substantialの用法」，「due toの用法」，「▶of＋名詞の用法」，「▶less thanの用法」，「「：」の用法」…

［初級／中級編と中級／上級編の役割］

初級／中級編は技術英語の分野において頻繁に使用される表現を中心にまとめている。例えばPrimary Indexの［1. 技術英語のための文法］では，技術英語を書くときに悩まされることが多い文法に関する問題をまとめている。また［4. 目的から結果に至る過程の表現］では，エンジニアが報告書を書くことを想定し，目的を設定して結果・結論を得るまでの過程において，必要と思われる表現を含んだSecondary Indexから構成されている。

中級／上級編には，初級／中級編ほどではないが技術英語においてよく現れる表現，あるいは英語でどのように表せば良いのか判断に困るような表現をまとめている。例えば［4. よく使う形容詞／副詞的表現］では，読めば理解できるがいざ書くとなると思いつかないような英語表現，［5. 位置と方向の表し方］では，他書ではほとんど扱われていない位置や方向の多彩な表現方法をまとめて解説している。

[有効利用のための準備]

（1） 初級／中級編，中級／上級編を構成する Primary Index，Secondary Index のタイトルを“目次”で確認することにより，本書全体のイメージを把握する。

（2） 関心のある Primary Index，Secondary Index，Sub Index を選び，そこに並んでいる例文に目を通すことにより，本書の構成方法を理解する。

[例文の探し方]

Method-I：辞書的な使い方

本書を辞書のようなスタイルで使う。例えば適切な表現方法を思いつかない場合，まず関連する Primary Index を探す。続いてその下層の Secondary Index，Sub Index の中から，求める表現方法に関連した例文を探す。見つけた例文については，読者が専門とする分野に対応した単語への変更も含めて，適切にアレンジして作成中の文章に組み込む。

Method-II：キーワードデータを使用

本書に登場するキーワードは，コロナ社の Web ページ†から PDF 形式で見ることができる。そのPDF ファイルにはキーワードの掲載ページ番号が記載されており，PDF ファイルの読み込みが可能な Acrobat Reader などの「検索機能」を使ってキーワードを探せば，該当キーワードを含む例文が掲載されているページを見つけることができる。以降は，Method-I と同じである。

この Method-II は，本書のもととなった技術英語表現のデータベースを用いて，著者自身がこれまで実施してきた使い方に近い方法である。

† www.coronasha.co.jp/np/isbn/9784339078183/
このURL のページへは，コロナ社 Web ページから『ネイティブスピーカーも納得する技術英語表現』で書名検索することでも行くことができる。

目　次

Basic / Intermediate Level Expressions（初級／中級編）

1. 技術英語のための文法

2. 技術英語における文頭表現

3. 技術英語でよく使う表現

4. 目的から結果に至る過程の表現

5. よく使う動詞的表現（Part-I）

6. 値と量に関する表現

7. 基本的な性質に関する表現

8. 特性と状態に関する表現

9. 程度に関する表現

Basic / Intermediate Level Expressions

（初級／中級編）

1. 技術英語のための文法

文法の基礎（Part-I）

■ 単数扱い

- □ This data **is** ... / These data **are** ...
（この（これらの）データは…：data は単数・複数の両方が可能）
- □ **A pair of** flanges **is** ...（一組のフランジは…：フランジは二つで一組）
- □ **A series of** equations **is** ...（一連の式は…：まとまりとして一つのために単数扱い）
- □ **A series of** experiments **explores** the effect of ...
（**一連の**実験で…の影響を調査する）▶ 調査する
- □ **A group of** students **was** (were) studying elementary physics.
（学生の一団が初歩的な物理学の勉強をしていた：a group of は単数・複数の両方が可能）
- □ **An electric current was** passed through this tube.（この管に電流が流された）
- □ **There is** room for another few parts in the box.
（その箱にはもう数個部品が入るスペースがある）▶ room と another の用法
- □ **Another three weeks has** passed.（さらに 3 週間が過ぎた）▶ another の用法
- □ **Four months is** too short.（4 か月は短すぎる）

■ 複数扱い

- □ **A number of** friction models exist.（多数の摩擦モデルが存在する）
- □ Only **a certain number of** products are previously selected.
（あらかじめある数の製品だけを選んでおく）▶ only の用法，前もって
- □ **A wide variety of** washer types have been used.（幅広いさまざまな種類のワッシャが使われた）
- □ **Not only** the first product **but also** recent ones are on the market.
（最初の製品だけでなく最近の製品も市販されている：be 動詞は recent ones に対応）▶ 市販
- □ ... where $\boldsymbol{b_1}$ **to** $\boldsymbol{b_9}$ depend on the values of a_1 to a_9.
（ここで b_1 ～ b_9 までの値は a_1 ～ a_9 の値に依存する：b_1 ～ b_9 が対象なので複数扱い）

□ ... in which N_i are standard shape functions.
（ここで N_i は標準の形状関数である：添字 i が変化するため複数扱い）▶ 有限要素法

□ There are **four A_i** in Eq.(1).（式(1)には四つの A_i が存在する，A_i は係数なので s を付けない）

□ the relationship between input and reaction **forces**（入力と反力の関係：力は複数形になる）

□ He is American and **the rest of** us are Canadian.（彼はアメリカ人だが**その他**はカナダ人だ）

□ the **masses** of related bodies（関連する物体の質量：mass は複数可能）

□ Associated **torques** vary considerably with materials.
（関連するトルクは材料によってかなり変化する：torque は複数可能）▶ considerably の用法

□ The shear **stiffnesses** in the plane of the joint may not be equal.
（継手の面のせん断**剛性**は等しくないだろう：stiffness は複数可能）

■ with の用法 ▶▶▶ ほかにも例文多数

□ ... **with** A equal to zero because of assumption（仮定により A を零とおいて）▶ 仮定

□ ... **with** emphasis on theoretical underpinnings（理論的支えに重点をおいて）▶ 重点，支え

□ **With** a steep enough cone angle, ...（十分勾配の大きな円すい角をもって…）▶ 険しい

□ **With** S fixed, R and A rotate in the same direction.
（S を固定して，R と A が同じ方向に回転する）▶ 回転

□ **With** $A = x$ and $B = y$, Eq.(1) yields $C = z$.
（$A = x$，$B = y$ とすると，式(1)は $C = z$ という結果をもたらす）

□ Diamonds are the champions for hardness **with** no competition.
（ダイヤモンドは硬さに関して競争相手のないチャンピオンである）▶ 競争，with no ... の用法

□ This device is essentially a single coil spring, manufactured from trapezoidal wire, **with** the maximum thickness being on the inside diameter.（この装置は本質的に台形のワイヤから製造された単一のコイルばねで，最大厚さは内径部分である）▶ 本質的に，台形の，being の用法

□ This range includes both starting and running friction, **with** starting friction being about 1/3 higher than running friction.（この領域はスタート時と運転時の両方の摩擦を含んでおり，前者は後者より 1/3 程度大きい）▶ both と being の用法，摩擦，比較級

□ Automotive automatic transmissions use combinations of planetary gear trains, **with** a clutch for direct drive and **with** brakes to hold various members.
（自動車のオートマチック式のトランスミッションは，直接駆動するためのクラッチとさまざまな部材を保持するためのブレーキとともに，遊星歯車列を組み合わせて使っている）▶ 保持する

□ Data in Fig.3 are for a stiff joint **with** no gasket and little interaction.
（図 3 のデータは，ガスケットなしで相互作用が小さい剛性が高い継手を対象としている）▶ 相互作用

■ between の用法

□ the relationships **between** such factors as leak rate, anticipated scatter in bolt loads, etc.（漏れ率，ボルト荷重の予測されるばらつきのような因子の間の関係）▶ 予測，ばらつき

□ a discrepancy **between** experimental results and the generally accepted theory for ...
（…に対して，実験値と一般に受け入れられている理論の間の食い違い）▶ 矛盾，accepted の用法

□ define the relationship **between** initial load, the final load, and the initial loads of the other bolts（初期荷重と最終荷重そしてほかのボルトの初期荷重の間の関係を定義する）
▶ the relationships among ... も可能

■ both の用法（both + 前置詞，副詞）

□ ... **both** before and after *A* is applied.（*A* を与える前後に）

□ ..., **both** during and after measurement.（測定の前後に）

□ ..., **both** experimentally and analytically.（実験的かつ解析的に）▶ 実験，解析

■ both の用法（both + 名詞）

□ for **both** A and B（A と B の両方に対して）

□ ... is dependent on **both** A and B.（…は A と B の両方に依存する）▶ 依存する

□ ... is evident from **both** A and B.（…は A と B の両方から明白である）▶ 明白

□ This range includes **both** static and kinematic friction.
（この領域は静止摩擦と動摩擦を含んでいる）▶ 摩擦

□ **Both** (the) parts are broken. / **Both** of the parts are broken. / The parts are **both** broken.（部品は二つとも壊れている）

□ It is free to slide **both** ways.（それは両方向に自由にすべる）▶ free の用法，方向

■ both of の用法

□ eliminate **both of** these conditions（これらの条件の両方を消去する）▶ 消去

□ **Both of** the design drawings have been lost. / The design drawings have **both** been lost.（設計図を両方とも失くした）

■ both のその他の用法

□ Mr.A and Mr.B **both** suggested that ...（A 氏と B 氏はいずれも…を提案した）

□ The heat flux and temperature may **both** be functions of space and time.
（熱流束と温度はともに空間と時間の関数となるだろう）▶ 関数

□ Shear-loaded fasteners, **both** bearing and friction types, are commonly encountered.
（支圧タイプと摩擦タイプのせん断荷重を受ける締結部品は，両方ともよく使われている）
▶ encounter の用法

■ その他の前置詞の用法 ▶▶▶ of + 名詞の用法，of の用法はほかにも例文多数

□ It is **of** great significance.（それは非常に重要である）

□ They are **of** small outside diameter.（それらは外側の直径が小さい）

□ differences **of** principles or **of** theories（原理または理論の違い：of の繰り返し）

□ **In** this coordinate system and **under** the foregoing assumptions, ...
（この座標系と前述の仮定の下で，…）▶ in と under の用法，前述，仮定

□ A rivet cannot provide **as** strong an attachment **as** a bolt **of** the same diameter.
（リベットは同じ直径のボルトほど強い取り付けを提供することはできない）
▶ 提供する，not as ... as の用法，同じ

■ 形容詞，副詞，接続詞などの用法

□ a very small nearly immeasurable value
（非常に小さくほとんど計測できない値：修飾語の繰り返し）▶ 計測できない

□ Two further illustrations typical of real situations are included.
（さらに二つの実際の状況の典型的な説明図が含まれる）

□ ... where **also** a discussion of the necessary convergence criterion will be made.
（そこでは必要となる収束条件も議論されるような…：also の位置）▶ criterion の用法

□ They **alone** are responsible for changing the system contents.
（彼らだけがシステムの中身の変化に対して責任がある：alone の位置）▶ 責任

□ For that purpose, **at least** two views are used.
（その目的のために，少なくとも二つの観点が採用される：at least の位置）

□ **because**, **though** ..., A is B.
（なぜなら…だけれども，A が B であることによる：接続詞の繰り返し）

文法の基礎（Part-II）

■ 過去分詞の用法 ▶▶▶ ほかにも例文多数

□ It is balanced by **decreased** clamping force.
（それは低下した締め付け力と釣り合う）▶ 釣り合う，減少

□ It lowers the high stress concentration that occurrs at the **loaded** surface of nut.
（それはナットの座面に発生する高い応力集中を下げる）▶ 下げる

□ The system equations are solved, **modified** to take advantage of a symmetry condition.
（系の方程式は，対称条件を利用するために修正されて解かれる）▶ 利用する，対称

□ They are made from fibrous sheets, **saturated** with resin, **cured** at high temperature, and **bonded** to the structure.
（それらは樹脂を**しみこませ**て高温で**硬化**させ，構造物に**接着**される繊維状のシートでできている）

■ 表現の繰り返し

□ the **knowledge of** and the **skill with** a drilling machine（ボール盤の**知識**と**使う技術**）

□ **If** the fluid is considered to be viscous, and **if** the flow is laminar, ...
（もしその液体は粘性があり，流れが層流と考えられるなら…：if の繰り返し）

□ **Since** ..., and **since** ..., it is evident that the proposed method is valid.
（…で，さらに…なので提案された手法が有効であることは明らかである）▶ 明白，有効

□ The parameter b controls **the former** and g **the latter**.（パラメータ b は前者を（パラメータ）g は後者を制御する：parameter と control が省略されている）

□ **with respect to** approximate interface temperature as well as **to** materials
（材料**について**と同様，およその界面温度**についても**：as well as の後ろの with respect が省略されている）▶ 関して，と同様

■ 単語，句，節などの挿入 ▶▶▶ 挿入の文法はほかにも例文多数

□ It may, **for instance**, be ...（例えばそれは…かもしれない）

□ They can, **of course**, be made from ...（もちろんそれらは…からつくることができる）

□ Most previous studies, **however**, mainly dealt with ...
（しかしながら，大部分の過去の研究はおもに…を扱った）▶ 扱う，おもに

□ It would, **according to his theory**, fail if ...
（彼の理論によると，もし…の場合，それは壊れるだろう）

□ ... where, **for a given geometry**, the flexibility coefficients depend upon the loading position.（ここでは与えられた形状に対して，柔軟性の係数は荷重の位置に依存する）▶ 依存

□ I have been grappling **these several years** with the elucidation of this strange phenomena.（私はこの奇妙な現象の解明にこの数年間取り組んでいる）▶ 難問に取り組む，解明

■ 前置詞＋which の用法など ▶▶▶ ほかにも例文多数

☐ ..., **from which** $p = 7.2$.（…より $p = 7.2$ となる）

☐ The domain **in which** solutions are sought is replaced by a finite set of points.
（解を探し求める領域は有限な点の集合に置き換えられる）▶ 領域，置き換える

☐ Traffic loading is now about 80,000 vehicles per day, **of which** over 30% are heavy trucks.
（現在１日の交通量は約８万台であり，そのうちの30％以上は大型トラックである）▶ over の用法

☐ It is subjected to shear stresses, the magnitude **of which** is to be calculated.
（それはせん断応力を受けており，その大きさを計算しなければならない）▶ を受ける，大きさ

☐ We shall present some examples, **most of which** you should be familiar with.
（いくつかの例を示すが，あなたはそのうちの大部分をよく知っているだろう）▶ 精通する

☐ This result serves as the basic law **upon which** we are going to build the following theory.（この結果は，それに基づいて以下の理論を構築する予定である基本的な法令の役割をする）
▶ serve as の用法

☐ Compressibility defines the amount **by which** a gasket will change thickness.
（圧縮性とは，ガスケットの厚さが変化する量を定義するものである）▶ 定義する

☐ The rate **at which** water flows is expressed by ...（水が流れる割合は…で表される）

☐ The extent **to which** they use can be estimated.（それらが使う程度を推定することができる）

☐ the angle **through which** the fastener is turned（締結部品が回される角度）▶ 回転，角度

☐ It is obtained in a direct manner rather than **one which** has been deduced from stress concentration.
（それは応力集中からの推測ではなく直接的な方法で求められる）▶ rather than の用法，推論する

■ when の用法

☐ The force is obviously created **when** we turn the nut, creating tension in the bolt.
（ナットを回転させたとき，明らかに力が発生しており，ボルトに引張力が生じる）

☐ ... **when** stirred well.（よくかき混ぜると：when と受動態）

☐ **when** discussing the contents of ...（…の内容を議論するとき：when と動詞＋ing）

☐ **When** laying a straight weld bead, ...（直線の溶接ビードを置くとき）

☐ the criteria **for when** to stop rotating the shaft（いつ軸の回転を止めるかの基準）▶ 基準

☐ Various parts of a modern strategic bomb are designed to mitigate considerable kinetic energy **when** impacting a hard surface.（現代の戦略的な爆弾のさまざまな部品は，固い面にぶつかったときにかなりの運動エネルギーを弱めるように設計されている）▶ 現代の，軽減する，かなりの

■ if，that，how の用法

☐ **If** ..., then it follows that ...（もし…ならば…となる）▶ then と it follows の用法

☐ The law expresses the fact that **if** ..., A is B.
（その法令はもし…ならばAがBであることを表している）

☐ The phenomenon is very similar to A **in that** it involves ...
（その現象は…を含むという点においてAと非常によく似ている）

☐ ... has other advantages **in that** it reduces the load on some of the teeth of the joint.

（継手の歯のいくつかの荷重を減少するという点で，…はほかの長所を持っている）▶ 長所

□ **Even if** such parts are given a high polish, ...（たとえその部品が高度に研磨されても）

□ ... is the quantity which tells us **by how** much the contents increase.
（…は，内容物がそれによってどの位増加するのか教えてくれる量である）▶ 量，quality：質

文法の基礎（Part-III）

■ there の用法

□ **There seems** to be no available method.
（使える方法がない**ように思われる**）▶ no available の用法

□ **There appears** no reason to specify ...（…を指定する理由はない**ように見える**）

□ **There exist** six possible forms for the governing equations of the problem.
（その問題の支配方程式には六つの可能な形式**がある**）▶ There exists only one form ... も可能

□ **There** still **remains** such a trend.（そのような傾向がまだ**残っている**）▶ still の用法，傾向

□ **There has been** a growing recognition of ...（…に対する認識が増している）▶ growing の用法

□ In the near future, **there shall be** no warehousing in the factory.
（近い将来，工場には倉庫がなくなるだろう）▶ no の用法

■ then の用法

□ The friction angle, **then**, is ...（**そうすると**摩擦角は…となる）

□ That portion is **then** small in comparison with the total.
（**それゆえ**その部分は全体に比較して小さい）▶ in comparison with の用法，全体

□ ..., and **then** plot the point.（そして**それから**その点を記入する）

□ An extension to three dimensions can **then** be made very easily.
（**そのために**三次元への拡張は非常に簡単にできる）▶ 拡張，簡単に

■ rather than，thus の用法 ▶▶▶ rather than の用法はほかにも例文多数

□ ... is introduced at some internal point **rather than** at the joint surfaces.
（…は継手の界面**よりもむしろ**どこか内部の点に導入される）

□ The pitch of the threads, **rather than** the number of threads per inch, is used to define the thread.
（ねじを定義するためには，インチ当りのねじ山数**よりもむしろ**ねじのピッチが使われる）▶ 定義

□ Vibratory motion is along a circular path **rather than** a straight.
（振動の動きは直線より**むしろ**円形の経路に沿っている）▶ 円の

□ ... ; **thus**, numerical analyses are ...（だから数値解析は…）▶「；」の用法

■ though，although の用法 ▶▶▶ 挿入の文法

□ ..., **though** not uniform, ...（一様ではないが…）

□ ..., **though** within each element it is obviously satisfied.
（各要素内では明らかに満足されるが…）

□ The simplest, **though** perhaps not the most elegant, way out of the first difficulty is ...
（たぶん最も優雅とはいえないが，最初の困難から抜け出す一番簡単な方法は…）▶ 困難，方法

□ Here's another mechanical factor which, **though** not a material property of the gasket, can affect its leak behavior.（ガスケットの材料特性ではないが，その漏れ挙動に影響し得るもう一つの機械的な因子がある）▶ 因子，特性，影響する，挙動

□ Often, **although** not always, ...（いつもではないがしばしば）▶ 頻度

□ **Although** of course not rigorously correct, ...
（もちろん厳密に正しい訳ではないが…）▶ 厳密

□ **Although** our group has grappled with the experiments for several years, ...
（われわれのグループは数年間その実験に取り組んだが）▶ grapple with の用法

■「：」，「；」，「，」，「-」，etc. の用法 ▶▶▶ ほかにも例文多数

□ The analytical object is given as follows: ...（解析対象は以下のように与えられる）

□ They are shown symbolically below; ...（それらは以下のように記号で示される）

□ ..., except for the case of stud bolts.（スタッドボルトの場合を除いて）▶ except の用法

□ other methods, such as pitch modification and tapering the thread
（ピッチの修正やテーパねじにするというほかの方法）▶ such as の用法

□ light- and heavy-load conditions（軽い負荷と重い負荷の条件）

□ common engineering materials such as carbon steel, aluminum alloy, stainless steel, **etc.**（炭素鋼，アルミニウム合金，ステンレス鋼ほかの一般的な工業材料）▶ その他の人の場合は et al.

■ most と最上級の用法 ▶▶▶ ほかにも例文多数

□ **Most** people like watching TV.（**大抵の**人々はテレビを見るのが好きだ）

□ **Most of** the letter is written in English.（その手紙の**大部分**は英語で書かれている）

□ She is a **most** beautiful woman. / She is most beautiful.（彼女はとてもきれいな人です）

□ She is the **most** beautiful (woman).（彼女はほかの人に比べて一番きれいだ）

□ This lake is **deepest** here.（この湖はここが一番深い：同一の物の中での比較のため the は不要）

■ 重要だけれど使いにくい単語の使用例 ▶▶▶ available などほかの単語も例文多数

□ The vibration reduction would be even more **substantial**.
（振動の減少は，さらにより**実質的な**ものになるだろう）▶ even more の用法

□ **Substantial** errors may arise where ...（**相当な**誤差が…で発生するかもしれない）▶ 誤差，発生

□ They existed in regions **substantially** removed from ends.
（それらは端部から**かなり**離れた領域に存在した）▶ 離れた

□ It is **substantially** weaker than the other.（それはほかより**実質的に**弱い）

□ There is a **substantial** difference in the scatter of the measured results.
（測定結果のばらつきにおいて**かなりの**違いがある）▶ ばらつき

技術者のための文法　ー否定，部分否定ー

■ 否定，否定する

□ This conclusion **has been denied** by ...（…により，この結論は**否定された**）

□ Dr.A's view has resulted in the **denial** of the theory.
（A 博士の説はその理論を**否定**する結果となった）▶ result in の用法

■ 強く否定

□ **No solutions have** thus far **been proposed** for load distribution under external bending load.（外部から曲げ荷重を受けた場合の荷重分布について，これまで**まったく解が提案されていない**）▶ thus far の用法

□ **None** of the numerical results **was found** to match the experimental curves from the literature.（その解析結果には，実験で求めた曲線と匹敵するものが文献から**まったく見つからなかった**）▶ 匹敵する

□ This table is **far from complete** to obtain useful data on material properties.（材料特性に関する有効なデータを得る目的に対して，この表は**完全から程遠い**）▶ 完全

□ Threaded rod is **the least common** type.（ねじを切った棒は**最も一般的ではない**タイプだ）▶ least の用法，一般的

□ **Neither** part **nor** finished product will be waiting.（いかなる部品や完成品も待機状態になることはないだろう）▶ neither ... nor の用法，完成品

■ 部分的に否定

□ The system is typically, **but not necessarily**, a physical object composed of various materials.（このシステムは典型的なものではあるが，**必ずしも**種々の材料から構成される物理的な対象物**ではない**）▶ not necessarily の用法，挿入の文法

□ But only **partly** so, because ...（しかしほんの**一部は**そうである，なぜなら…）▶ 少しは

□ In the most fixed joints the surfaces are **rarely** parted.（大抵の固定継手において表面は**滅多に**分離しない）

□ **Not all** potential customers are equally fluent in several languages.（**すべて**の可能性のある顧客が等しく数カ国語に長けているわけ**ではない**）▶ 可能性のある，流暢

□ **Nothing much was done** about magnetism until the beginning of the 19th century.（19 世紀の初めまで，磁気について**多くはなされていなかった**）▶ 磁気

□ The plastic deformation **is of little importance** other than for the initial bedding in effect.（塑性変形は事実上，初期の着座以外**あまり重要ではない**）▶ other than の用法，実際

□ It does **not** work **as well** with flexible systems.（それは柔軟なシステムと**同じようにはうまく**動作**しない**）▶ as well with の用法

□ Usually **not overlapping yet contiguous** regions are chosen.（通常**重ならないが隣接する**領域が選ばれる）▶ 隣接する，領域，yet の用法

■ さまざまな否定表現

□ **Neither quantity varies greatly** over the ranges involved.（**どちらの量も**それに関係する範囲では**大きく変化しない**）▶ 程度，変化，範囲

□ This **varies negligibly** with clearance.（これはすきまの変化に対して**ほとんど変化しない**）

□ It is **seldom easy** to precisely conduct the experiment.（その実験を正確に実施することは**滅多に容易なことではない**）▶ conduct の用法

□ **Not accounting for** the helix effect should introduce relatively small errors.（らせんの影響を**考慮しなくても**比較的小さな誤差しか生じない）

□ This means that **unless** there is moisture in the air, ...（このことはもし空気中に湿気が**なければ**…であることを意味する）▶ unless の用法

□ ..., **except** right at the nut base.（ちょうどナット座面のところ**を除いて**）▶ right の用法

□ Of the **non-ferrous** metals, ...（**非鉄**金属の中で…）

技術者のための文法　ー比較級ー

■ 比較級の使い方 ▶▶▶ ほかにも例文多数

□ ... gives the bolt a **greater** fatigue life.（…はボルトに**より長い**疲労寿命を与える）

□ Water falls from **higher** to **lower** levels by itself.
（水は高いところから低いところへひとりでに落ちていく）

□ These elements model bending **better than** the basic linear elements.
（これらの要素は，基本的な線形要素**よりうまく**曲げ（現象）をモデル化する）▶ 線形，有限要素法

□ The dynamic deflection curve inevitably involves **higher** strains **than** does the static curve.（動的なたわみ曲線は，静的な曲線の場合に比べてより高いひずみを必ず含む）▶ 必然的に，含む

□ A fatigue strength in reverse bending is usually slightly **greater than** in rotating bending.（繰り返し曲げにおける疲労強度は，一般に回転曲げ**に比べて**わずかに**大きい**）
▶ 繰り返し，slightly の用法，回転

□ ... is considered four times **poorer** in performance.
（…は性能が 4 倍**低い**と考えられる）▶ 倍，性能，poor の用法

□ The difference in pitch causes **more** interference between the threads at B **than** at A.
（ピッチの差は，A より B においてねじ山の間に**より大きな**干渉を引き起こす）▶ 差，干渉

■ the + 比較級

□ **The larger** the shear angle, **the less** the deformation of the chip and **the smoother** the cutting operation.（せん断角が大きいほど切りくずの変形は小さく，切削加工はスムーズである）

□ **The further away** the thread root position is from the nut loaded surface, **the lower** are both the stress amplitude and its variation rate in the radial direction.（ねじ谷底がナット座面から離れるほど，応力の振幅とそれの半径方向の変化率は小さくなる）▶ 倒置法

□ **The greater** the degrees of freedom, **the more closely** will the solution approximate to the true one.（自由度が大きくなるにつれて，解は真の値により近づくだろう）▶ 近づく

□ **The more complex** the operation **the less likely** it is to be included as a basic machine operation.
（操作が複雑なほど，それが機械の基本操作に含まれることは少ないだろう）▶ 複雑な，基本的

□ As far as ..., however, **the more** preload **the better**.
（しかしながら…である限り，初期軸力は大きいほど良い）▶ as far as の用法

技術者のための文法　ー動詞 + ing の用法ー

■ being の用法

□ all fasteners (**being**) of the same size（寸法が同じであるすべての締結要素）

□ all fasteners **being** equally tightened（同じように締結されたすべての締結要素）

□ ..., the only difference **being** that ...（唯一の違いは…である）

□ ..., the latter **being** much easier to solve than the former.
（後者は前者より解くことがずっと容易である）▶ 前者と後者，much easier の用法

□ ..., the bearing surface of the component **being** clamped.

（部品の座面は固定されており…） ▶ 固定する

□ N is limited by friction, the limit **being** ...
（N は摩擦によって制限を受け，その制限は…である） ▶ 制限

■ その他の文例 ▶▶▶ 動詞 + ing の用法はほかにも例文多数

□ ..., **holding** the joint elements together and **preventing** any slip motion.
（継手要素を**保持し**，あらゆる滑りを**防止して**…） ▶ any の用法

□ ..., **starting** with the concept of ... （…の概念から**始めて**） ▶ 概念

□ For our purpose, **computing** ..., we decide ...
（目的のために…を**計算して**，われわれは…を決める）

□ ... must be zero, **giving** $F = 20$ N. （… は零でなければならず，その結果 F が 20 N **となる**）

□ ..., with **giving** the material credit for 0 to 15% more strength.
（材料に 0 ～ 15 % のより高い材料強度を保証**して**） ▶ with の用法，信用

□ **Having evaluated** an approximation to the displacements, ...
（変位に対する近似を**評価した結果**…） ▶ 近似

技術者のための文法 －文章の接続方法－

■「したがって」の表現

□ ..., **therefore**, ... （したがって）

□ S will be zero, **hence**, A is ... （S は零となり，**それゆえに** A は…である）

□ These strains will define the state of stress throughout the element and, **hence**, ...
（これらのひずみは要素全体の応力の状態を定義するだろう。**したがって**…） ▶ 状態，throughout の用法

□ ..., **and consequently** it reduces the concentration of load in this region.
（**したがって**この領域の荷重の集中を減少する） ▶ 減少

□ It would be modified **accordingly** until the two values coincide closely.
（二つの値がよく一致するまで，**それに応じて**修正されるだろう） ▶ 修正，until の用法，一致

■「そして」の表現

□ ..., **and then** calculate the estimated value. （**そして**推定値を計算する） ▶ 推定値

□ ..., **and thus** substitute A for B. （**そして** B を A に置き換える） ▶ 代入する

□ ..., **so** we'll leave it for the next chapter.
（**したがって**，そのことはつぎの章に任せることにする） ▶ leave の用法

□ ..., **and** since ... （**そして**…なので）

■「つぎに」，「さらに」の表現

基本 subsequently（その後），in the next place（つぎに），secondary（2 番目の），next（つぎの）

□ This hot compressed vapor **next** goes into the condenser.
（この熱い圧縮された蒸気は**つぎに**凝縮器の中に入る）

□ Newmark algorithm to be discussed **next** is ... （**つぎに**議論するニューマーク法は…である）

□ ..., **and furthermore** ... （**その上**）

□ ..., and **in addition** ... （そして**さらに**）

□ **Additionally**, the kind of numeric variables you use will have an effect on data segment space.
（**その上**，あなたが使う数値変数の種類はデータを区切る空間に影響するだろう）▶ have an effect の用法

□ **Besides being** a researcher, Dr.A is ...
（研究者**であるばかりでなく**，A 博士は…だ）▶ being の用法

■「しかし」の表現

□ **However**, in the last decade, there has been ...（しかしこの 10 年間で…のようなことがあった）

□ ... ; **however**, ...（しかしながら）▶「；」の用法

□ **However** in general cases, the structure under analysis is ...
（しかしながら一般的な場合，解析中の構造物は…）▶ under の用法

□ The results shown in Fig.1, **however**, show that ...
（しかしながら図 1 の結果は…を示している）

□ ... is present **but** A is steady, then ...
（…は存在しているが，A は定常状態である。したがって…）▶ 定常，then の用法

□ The system is typical, **but** not necessarily a good example.
（このシステムは典型的なものであるが，必ずしも良い例ではない）▶ not necessarily の用法

□ An identical equation, **but** with a different tolerance error factor - typically 1.5 mm - is employed for ...（同じ式であるが，一般に 1.5 mm という異なった公差の誤差因子を含む式を…に使用する）▶「-」の用法

□ **But** it was not until the invention of ...（**しかし**それは…の発明までだめである）▶ 発明

□ It should be emphasized, **though**, that the solution in this case is less rigorous than in Problem 1.（**しかしながら**，この場合の解は問題 1 より厳密ではないことを強調しておくべきである）▶ 強調する，厳密，less の用法

□ This is generally desirable, **though**, **since**, as discussed in Chap.1, the accuracy decreases, ...（このことは通常望ましい。**とはいえ** 1 章で議論したように精度が低下する**ので**…）

□ Most of the nut expands radially, **while** the results show ...
（ナットの大部分は半径方向に膨張する。ところがその結果は…を示している）▶ most of の用法

□ For a homogeneous material, A and B are constant, **while** for an isotropic material, ...
（均質な材料では A と B は一定である。**一方**等方性材料では…）▶ 均質，等方性

□ If, **on the other hand**, the solution shows that ...
（**一方**，もし解が…を示すのであれば）▶ 仮定，挿入の方法

□ The theoretical analysis, **on the other hand**, is applicable to ...
（**一方**，理論解析は…に適用できる）▶ 適用できる

□ ... that might **otherwise** be difficult for the user to implement with a calculator.
（**さもなければ**ユーザーが電卓で実行するのが困難であろう…）▶ implement の用法

□ ..., **whereas** the present study shows that this analytical result is not correct.
（**しかし**現在の研究は，この解析結果が正確ではないことを示している）

□ ..., **yet** is similar in complexity to the present design procedure.
（**しかし**複雑さにおいて現在の設計手順と類似している）▶ 類似，複雑，手順

□ ..., **or** large vibrations are likely to develop.（**さもなければ**大きな振動が発達しやすい）

■ …にかかわらず

基本 regardless of, irrespective of, despite, in spite of（にかかわらず），nevertheless（それにもかかわらず）

□ **regardless of** the method used（使用した方法**にかかわらず**）

□ It is unfavorable **regardless of** size.（それは寸法**にかかわらず**望ましくない）▶不都合

□ ..., **regardless of** which member is held fixed.
（どの部材を固定するか**に関係なく**）▶hold の用法，固定

□ ..., **irrespective of** whether or not it has been performed.
（それが実行されたかどうか**に関係なく**）▶whether or not の用法，実行

□ Full surface separation can be obtained **irrespective of** whether or not there is relative motion between surfaces.
（面の間の相対運動の有無**に関係なく**，完全な面の分離が達成できる）▶分離，達成

□ **despite** all the activity that has been directed towards ...
（…に向けられたすべての活動**にかかわらず**）▶all the activities that have been も可能

□ **No matter what** the size of the specimen is used, ...（**どんな**寸法の試験片が使われても）
▶no matter what の用法（what を when，where，which などに置き換えても使用可，たとえ…でも）

■「以下の」の表現

□ **The following** are among factors influencing thread loosening.
（**以下**はねじのゆるみに影響する因子に含まれる）▶複数扱い

□ **The following** holds ...（**以下のこと**が成立する）▶単数扱い

□ In the **following** sections, ...（**以下の**節において）

□ We shall express most of what **follows** in terms of ...
（**続くところ**の大部分を…によって表現することになる）▶most of と in terms of の用法

■ 前述の，上の

基本 above（上の，上述の），foregoing（前述の，先行の），preceding（前述の，すぐ前の⇔following），previous（前の，先の），aforementioned, above-mentioned（前述の），the foregoing（前述のこと（もの）：単複扱い）

□ as **stated** (mentioned) above（**前述**のように）

□ the **foregoing** articles（**前の**記事）

□ the **above** paragraph（**上の**段落）

□ complete the **above** steps（**上の**ステップを完了する）

□ The **above** study illustrates an important principle.（**上の**研究は重要な原理を説明している）

□ From **previous** calculations, ...（**前の**計算から）

□ We found in the **preceding** section that ...（**前の**節において…がわかった）

□ To illustrate the **preceding** methods of computing the transient response, ...
（一瞬の（過渡的な）応答を計算する**前述の**方法を説明するために）▶過渡的

■ others

□ ... ; **rather** it is a result of ...（**むしろ**それは…の結果である）▶「；」の用法

□ Warped or non-flat joint members, **incidentally**, could create the same sort of problem.
（**ついでに言えば**，ゆがんでいるか平らではない継手部材は，同じ種類の問題を引き起こすことがあ

る）▶ sort の用法，創造する

□ ..., and **except** where otherwise stated, the coefficient of friction was 0.12.
（そして特に明記する場合**を除いて**，摩擦係数は 0.12 であった）▶ otherwise stated の用法

技術者のための文法　ー倒置法ー

■ 例文

□ A will require more force to compress than **will** B.
（A は B より圧縮するためにより大きな力が必要となるだろう）

□ ... as **does** a pure radial load.（純粋な半径方向荷重のように…）

□ **Attached to it is** the turbine.（それに装着されているのはタービンである）

□ **Related to** the previous example **is** the problem of characterizing the types of stress waves.
（前の例に関連するのは，応力波のタイプの特徴を述べるという問題である）▶ characterize の用法

□ **Presented** in the following **is** a short summary of the work.
（以下に示すのは研究の短い概要である）▶ 研究の説明，概要

□ Also **illustrated is** the torque-angle curve.（トルクー回転角曲線も描かれている）

□ **Common to** all direct methods **is** the technique of successively eliminating parameters from each of the equations.（すべての直接法に共通するのは，各方程式から連続的にパラメータを消去する技術である）▶ 共通，連続的に，消去する

□ **Typical** here **are** the expressions for ...（ここで典型的なものは…に対する式である）

□ **Of particular concern is** the greatest loss that will occur with the tightest bearing fit.
（特に関心があるのは，最もタイトな軸受のはめあいで起こるであろう最大の損失である）
▶ of + 名詞の用法，損失，起こる

□ **Inside that is** another hollow shaft that carries 1.4 times engine torque.
（その内側にはもう一つの中空軸があり，それはエンジンの 1.4 倍のトルクを伝達する）▶ 伝達する

技術者のための文法　ー離れた名詞を修飾ー

■ 例文

□ **gaskets** in a joint **subjected to** severe vibration（過酷な振動を受ける継手のガスケット）

□ ... when good empirical **data** are available **that** apply closely to the part being designed.
（設計対象としている部品にぴったり適用できる良好な経験的データが利用できるとき）▶ being の用法

□ Many types of flexible **couplings** are available **that** provide for almost all kinds of alignment.（ほとんどすべての種類の位置合わせに対して提供される多くのタイプのたわみ継手が入手可能である）▶ available の用法

□ **Solutions** must be found **which** satisfy the following conditions.
（以下の条件を満足する解を見つけなければならない）

□ A new **device** has been developed **which** picks up brain waves.
（脳波をとらえることができる新しい装置が開発された）

□ **Researches** were done **which** we are interested in.
（われわれが興味を持っている研究を実施した）

□ **Work** has been started on the constructions of the building.
（ビルの建築作業が始まった） ▶ Work on the constructions of the building has been started. も可能

□ The **day** may come soon **when** computers need only a hint to develop the program.
（コンピュータがプログラムを開発するためにヒントだけを必要とする日が間もなく来るだろう）
▶ The day when computers need only a hint to develop the program may come soon. も可能

2. 技術英語における文頭表現

“書き出し”の表現

■ it + be 動詞

□ It is shown that ...（…が示されている）

□ It is found that ...（…がわかる）

□ It is believed that ...（…と信じられている）

□ It is acknowledged that ...（…と認められている）

□ It is expected that ...（…と予測（期待）されている） ▶ 期待，予測

□ It is indicated that ...（…が指摘されている） ▶ 指摘する

□ It is pointed out that ...（…が指摘されている） ▶ point out の用法

□ It is recommended here that ...（ここでは…が推薦されている）

□ It is well known that ...（…はよく知られている）

□ It is observed that ...（(観察によって）…に気づく）

□ It is desirable that ...（…は望ましい）

□ It is evident from the experimental values that ...（実験値から…は明白である）

□ It is customary to assume that ...（…と仮定するのが通例である） ▶ 通例，仮定

□ It is clear which interpretation is most conducive to ...
（どの解釈が…に最も貢献するかは明らかである） ▶ 貢献する

□ It is not surprising that ...（…は驚くべきことではない）

□ It is worth noting that ...（…には注意を払う価値がある） ▶ 注意を払う

□ It is seldom possible to ...（…をすることはほとんど不可能である）

□ It is instructive, however, to attempt to write an expression for the distribution of the energy.（しかしながら，エネルギー分布を表す式を書こうとする試みは有益である） ▶ 教育的

□ It was therefore assumed (postulated) that ...（それゆえ…と仮定した）

□ It was felt to have been completed as it was.（それは元どおりに完成したと思われた） ▶ 完成

□ It has been further shown that ...（さらに…が示された） ▶ further の用法

□ It has been recognized for many years that ...（長年にわたって…と認められている）

■ it + 動詞，助動詞

□ It follows from the above that ...（上の結果より…となる）
□ It follows immediately that ...（ただちに…ということになる）
□ It appears, then, that ...（そうすると…のようだ（と思える））▶ appear と then の用法
□ It means that the shear stress must agree with the initial assumption.
（それはせん断応力が最初の仮定と一致しなければならないことを意味する）▶ 一致，仮定
□ It goes without saying that ...（…は言うまでもない）
□ It should be emphasized that ...（…は強調されるべきである）▶ 強調する
□ It would not be overstatement to say that ...（…といってもは言いすぎではないだろう）
□ It may be mentioned that ...（…と言うことができるかもしれない）
□ It can, therefore, be concluded that ...（それゆえ…と結論することができる）▶ therefore の用法

■ If + 副詞節ほか ▶▶▶ 挿入の文法

□ If, at the boundary, displacements are specified, ...
（もし境界で変位が規定されるのであれば…）
□ If, in this region, the bolt pulls upward on the nut, ...
（もしこの領域でボルトがナットの上を登っていくのであれば…）
□ If, after solving Eq.(1), we find that the initial assumption is incorrect, ...
（もし式 1 を解いた後，最初の仮定が間違っているとわかれば…）▶ 間違った
□ If nothing else, it is not a trivial matter to predict ...（もしほかにないのであれば，…を予測することはつまならいことではない）▶ nothing else の用法，ささいな
□ If ..., it is necessary, before the individual elements are assembled, to transform the element equations.（もし…ならば，個々の要素が組み立てられる前に要素の方程式を変形する必要がある）▶ 必要，組み立て，変形

■ 名詞，代名詞 + 動詞など

□ Experiments show that ...（実験は…を示している）▶ 実験
□ Experience shows that ...（経験によると…である）
□ The present study shows that ...（本研究によると…である）
□ This paper presents some remarks on ...
（この論文は…に関するいくつかの所見を示している）▶ 示す，所見
□ Figure 1 illustrates that ...（図 1 は…を説明して（示して）いる）
□ Reference to Fig.1 indicates that ...（図 1 を参照すると…を示している）▶ 参考，示す
□ Analysis showed that ...（解析は…を示した）▶ 解析
□ Dr.A found that ...（A 博士は…を発見した）
□ She also stated that ...（彼女はまた…のように述べた）▶ 述べる
□ The foregoing articles have emphasized that ...（前の記事は…を強調している）▶ 強調する
□ The difficulty has meant that ...（その難しさは…を意味している）

■ 副詞，副詞節，副詞句など

□ Accordingly, ... / Consequently, ... / Therefore, ...（したがって）
□ Additionally, ... / Besides, ... / In addition, ... / Moreover, ...（その上）
□ Again, ...（再度…）

☐ Also, ...（また…）
☐ Also, since ...（また，…なので）
☐ Based on the error estimate, ...（誤差の評価に基づいて…）
☐ Before the stiffness is computed, ...（剛性を計算する前に…）
☐ Before using the matrix [*A*], ...（行列 [*A*] を使う前に…）
☐ Briefly (speaking), ...（手短にいえば…）
☐ Either way, ...（どちらにしても…）
☐ Even so, ...（たとえそうであっても…）
☐ Finally, ...（最後に…）
☐ Fortunately, ...（幸運にも…）
☐ Further, if ...（さらにもし…ならば）
☐ Generally, ...（一般に，全体的に…）
☐ Hence, ...（それゆえ…）
☐ Meanwhile, ... / In the meantime, ...（一方，話は変わって…）
☐ More recently（もっと最近）
☐ Most currently（ごく最近）
☐ Most (More) commonly（最も（より）一般的に）▶ 一般的
☐ Nonetheless, ... / Nevertheless, ...（それにもかかわらず…）
☐ Often these shear loads are ...（しばしばこれらのせん断荷重は…）
☐ Otherwise, ...（さもなければ…）
☐ Previously, ...（以前は…）
☐ Rather, ...（むしろ…）
☐ Since ..., and since ..., it is ...（…で，また…なので…）▶ since の用法
☐ Sometimes these selections are ...（ときどきこれらの選択は…）▶ 選択
☐ Specifically, ...（特に…）
☐ Thus, as ...（したがって，…につれて）
☐ Thus, for instance, if ...（したがって，例えばもし…ならば）
☐ To start with, ...（まず最初に）
☐ Unless otherwise stated, ...（特に断らなければ）▶ 述べる
☐ When it comes to lubrication, ...（潤滑の話になると）▶ come to の用法
☐ While ... are simple, ...（…は単純だけれども…）

■ 前置詞＋名詞など

☐ After solution of the equations, ...（その方程式を解いた後）▶ 方程式
☐ As a final comment on this, ...（これに対する最後のコメントとして）
☐ As a first guess, ...（最初の推論として…）▶ 推測
☐ As a result, ...（結果として，したがって）
☐ By the way, ...（ところで）
☐ For example (instance), let us assume that ...（例えば…と仮定しよう）▶ 仮定
☐ In ancient times（古代には）
☐ In contrast, ...（対照的に，反対に）

□ In effect, ...（実際は，事実上）
□ In situations where ...（…の状況で）
□ In very recent years（ごく最近）
□ On the other hand, ...（他方では，これに反して）
□ Up to this point, ...（ここまでのところ）

■ As で始まる表現

□ As a background for introducing ..., a brief review of sliding bearings may be helpful.
（…を導入するための背景として，滑り軸受を短く見直すことは役に立つだろう）▶ 役に立つ
□ As a general rule, ...（一般的なルールとして）▶ 一般的
□ As already mentioned, ...（既に述べたように）
□ As a rule of thumb, bolt holes are usually placed approximately 1.5 diameters apart.
（大ざっぱなやり方として，ボルト穴は通常直径のおよそ 1.5 倍程度離して配置する）▶ 配置
□ As might be expected, ...（予測されたように）▶ 予測
□ As noted above, ...（上で注意したように）
□ As suggested by Dr.H, ...（H 博士によって提案されたように）▶ 提案

■ others

□ A brief view will show that ...（ざっと見直すと…を示している（ことがわかる）だろう）
□ An important point to remember is the low reliability of the target structure.
（記憶すべき重要な点は，対象となる構造物の信頼性が低いという点である）▶ 信頼性
□ But rather than update the equation, ...
（その式を更新するよりはむしろ…）▶ rather than の用法，更新する
□ The fact that ... means that A is B.（…であるという事実は A が B であることを意味する）

研究の説明

■ fundamentals

study（研究する，研究），make researches in（研究する），investigate（調査する，研究する），research and investigation（研究と調査）

■ 研究…

a journal paper, a research paper（研究論文），a treatise on engineering（工学に関する研究論文），a doctoral dissertation（博士論文），a thesis（学位論文，卒業論文），a report of research, a research paper（研究報告書），the materials（研究資料），research activities（研究活動），a method of study (research)（研究方法），research funds, research expenses（研究費），a society (meeting) for scientific research（研究会），a laboratory, a research institute（研究所），a research student（研究生）

■ 研究

□ the **study** of ... / the **research** in ...（…の**研究**）
□ Dr.A's **views** (findings)（A 博士の**説**（発見））
□ the **view** advocated by Dr.A（A 博士により主張された**説**（考え方））
□ the **investigations** of stresses（応力の**研究**）

□ **investigation** of natural and manmade phenomena（自然現象と人工現象の**研究**）▶ 人工，現象

□ publish the results of the **research work** in ...（…に関する**研究**結果を発表する）

□ Some current **research** is exploring methods to ...
（最近のいくつかの**研究**は…するための方法を調査している）▶ 調査する

□ a comprehensive **study** of ...（…の包括的な**研究**）▶ 包括的

□ This parametric **study** revealed several ways to improve the original design.（このパラメトリックな**研究**によって，元の設計を改善するいくつかの方法が明らかになった）▶ 明らかにする

□ He refrained from publishing any unfinished **study** by just claiming the right of priority.（彼は優先権を主張するためだけのあらゆる未完成の**研究**の出版を控えた）
▶ 控える，未完成，any と just の用法，要求する

□ I put together the several **findings** which I had obtained up to that time in a small paper published last year.（それまでに得たいくつかの**調査結果**（発見）を，昨年出版した小さな論文にまとめた）▶ up to の用法

□ recent photo-elastic **work** by ...（…による最近の光弾性の**研究**）

□ There are preliminary indications in **work** not yet published.
（未発表の**研究**において予備的な指示がある）▶ 予備的な，指摘，not yet の用法

□ If the **paper** is of reasonable quality, ...
（もしその**論文**が正当な品質であるなら）▶ of + 名詞の用法

■ 研究の説明

□ carry on the **research**（**研究**を続ける）▶ 続ける

□ ... shed some light on the path of future **research** needs.
（…は将来の**研究**のニーズの進路にいくらかの光を当てた）▶ 進路，ニーズ

□ ISO nut-bolt connection loaded in pure tension were **studied**.
（純粋な引張りを受ける ISO 規格のナット・ボルト締結体が**研究**された）▶ in の用法

□ This has been **studied** by many authors, both experimentally and analytically.
（これは多数の著者によって実験と解析の両面から**研究**された）▶ 実験，解析，both の用法

□ They expanded his theoretical **work** to include the analysis of ...
（…の解析を含むように，彼の理論的な**研究**を拡張した）▶ 拡張

□ Some previous **attempts** have applied a taper to the whole length of the thread.
（いくつかの過去の**試み**ではテーパをねじの全長に適用している）▶ 試み，全体の

□ **Summing up**, we may say ...（**要約すると**…と言えるかもしれない）

■ 文頭の表現 ▶▶▶ 書き出し

□ This **paper** compares the results to those of previous workers.
（この**研究**は（得られた）結果を過去の研究者の結果と比較している）▶ 比較，過去の

□ This **paper** describes a modification to the theory.
（この**論文**はその理論に対する修正を述べている）▶ 記述する，修正

□ This **paper** reports the application of the method to ...
（この**研究**は，その手法の…への応用について報告している）

□ The major portion of this **study** is concerned with ...
（この**研究**のおもな部分は…に関連している）▶ 関係する

□ Later **studies** have indicated that ...（後の**研究**は …と指摘した）

□ Some recent **research** has **investigated** the extension of mode superposition procedure.
（最近のある**研究**は，（振動）モードの重ね合わせ方法の拡張について**調査**している）▶ 拡張

□ The authors are engaged in an **investigation** to optimize the form.
（著者らは形状の最適化の**研究**に従事している）▶ 最適化，従事する

□ His **approach** gives better accuracy. / His **approach** is more accurate.
（彼の**研究方法**でより良い精度が得られる / 彼の**方法**はより正確なものである）

□ No concrete **result** has yet been accomplished.
（依然として具体的な**成果**はまったく得られていない）▶ 否定，具体的，yet の用法，達成する

■ 概要

□ a short **summary** of the work（研究の短い**概要**）

□ ... is a condensed **overview**.（…は凝縮された**概要**である）

□ An **overview** and comparison of these actuators can be found in literature [3].
（これらのアクチュエータの**概要**と比較は文献 [3] 中に見ることができる）

□ a **schematic** of the measurement system（測定システムの**概要**）

□ **schematic** diagram of ...（…の**概要図**（模式図））

□ **schematics** of pipe weldment（パイプ溶接の**概要**）

■ 研究者

□ previous **workers**，previous **investigators**（過去の研究者）

□ highly competent **researchers**（非常に有能な**研究者**）▶ 有能な

□ His **collaborators** showed that ...（彼の**共同研究者**は…を示した）

3. 技術英語でよく使う表現

さまざまな

■ 例文 ▶▶▶ 多い

□ for **a variety of** reasons（**さまざまな**理由のために）▶ 理由

□ the **wide variety of** interfaces（**幅広い種類の**インターフェイス）

□ **A variety of** things can act to modify ...（**さまざまな**ものが…を修正する働きをする）▶ 修正

□ **A variety of** such tools are available with different principles of operation, control accuracies, etc.（そのような**さまざまな**工具が異なった操作原理，制御の精度などに対して入手できる）▶ 単数・複数の文法，available の用法

□ Flat washers are available in **a variety of** shapes, sizes and materials.
（平ワッシャは**さまざまな**形状，寸法，材料のものが入手できる）▶ available の用法

□ ... can be made in tremendous **variety**.（…はものすごい**種類**がつくられる）▶ 途方もない

□ steels of **various** hardnesses（**さまざまな**硬さの鋼）

□ the shear strength of steel bolts of **various** grades
（**さまざまな**等級の鋼製ボルトのせん断強さ）▶ 等級

□ load distributions for **various** nut forms（**さまざまな**ナット形状に対する荷重分布）

□ evaluate the stress concentration associated with **various** geometric configurations（**さまざまな**幾何形状に関連した応力集中を評価する）▶ associated with の用法，幾何

□ The deflections are measured for **varying** loads.（**さまざまな**荷重に対してたわみが測定される）

□ a **large** class of ...（**たくさんの**種類の…）

□ a **broad** class of diffusion problems（**広範囲にわたる**種類の拡散問題）

ほとんど，あらゆる

■ ほとんど（肯定的）

□ Higher preload **almost always** improves fatigue life.
（（ボルトの）初期軸力を高くすると**ほとんど間違いなく**疲労寿命を改善できる）▶ 改善する

□ **Almost everyone** is familiar with the instances.
（**ほとんどすべての人**がその事例をよく知っている（慣れている））▶ be familiar with の用法

□ **Almost all of** the literature deals with this problem.
（**ほぼすべての**文献がこの問題を扱っている）▶ 扱う

□ **Almost every** CAD system had to be operated by a large-scaled computer.
（**ほとんどすべての** CAD システムが大型計算機上で動作させなければならなかった）▶ 大型の

□ **Almost any** solid materials can ...（**ほぼあらゆる**固体の材料が…できる）

□ **Almost any type of** web browser can be used.（**ほぼあらゆるタイプの**ブラウザが使える）

□ The experimental results and the numerical ones were **about** as expected.
（実験結果と計算結果は**ほぼ**予想どおりだった）▶ as expected の用法

■ ほとんど（否定的）

□ an inside corner **with little** or no **radius**（**丸みが小さい**かまったくない内側の角）

□ ... is contributing **very little**.（…は**ほとんど**貢献**しない**）▶ 貢献

□ Assuming that it contributes **negligibly** to the deflection, ...
（それが**ほとんど**たわみに寄与**しない**と仮定すると）▶ 仮定，contribute ... to の用法

□ There is **too little** contact between A and B.（A と B は**ほとんど**接触**しない**）▶ too の用法

■ あらゆる

□ in **any** given situation（**あらゆる**与えられた状態において）▶ 状態

□ **Any** critical joint is a good candidate.
（**あらゆる**危険な状態にある継手が良い候補となる）▶ 危険な，候補

□ They are represented by **any** point to the right of the constant 10^{-3} leak rate line shown in Fig.1.（それらは，図 1 中の 10^{-3} 一定の漏れ率を表す線の右側の**あらゆる**点により示される）

□ maintain **all** the experimental conditions（**すべての**実験条件を維持する）▶ 維持する，実験の

大部分

■ 例文

□ the **bulk** of the parts（部品の**大部分**）

□ **a large part** of the relevant books（関連する本の**大部分**）

□ **A large portion** of the nut is used to compensate for relaxation.
（ナットの**大部分**がゆるみを補償するために使われる）▶ 補償する

□ ... which occurs in the **majority** of applications.（**大多数**の応用例で起こる…）

□ It includes the **majority** of special cases of practical interest.
（実用的に興味のある特別な場合の**大部分**を含んでいる）▶ of + 名詞の用法

□ a vast **majority** of the optimization problems（最適化問題の（膨大な）ほとんど**大部分**）

□ **Most** contact processes are dynamic in a restrictive sense.
（**大抵の**接触過程は限定的な意味で動的である）▶ 限定的，意味

□ ..., but **most** use some variation of Gaussian elimination.
（しかし，**大多数**（の方法）はガウスの消去法を変形したものを使う）▶ some の用法，数値解析

□ It occurs with **most** metals, but most markedly with those having low corrosion resistance.
（それは**大抵**の金属で起こるが，対腐食性が低い金属で最も顕著に起こる）▶ 顕著，having の用法

□ **Most of** the beneficial gradient effect is lost.
（有効な傾斜の効果の**大部分**が失われる）▶ 有効，傾斜，効果

□ **most of** which we'll never encounter in practice
（実際に出くわす可能性がないものの**大部分**）▶ most of which の用法，実際

□ **much of** the work explained above（上で説明した仕事の**多くの部分**）

□ **Much of** the discussion in this chapter will focus on ...
（この章の議論の**多くの部分**は…に焦点を当てるだろう）▶ 焦点，議論

全体，全部

■ fundamentals

whole（全体の，すべての），entire（全体の，完全な），general（全体的な，一般的な），overall（全体の），wholly（まったく，全面的に），entirely（まったく，すっかり），generally（全体的に，一般に），altogether（まったく，全部で），throughout（まったく，至るところに），all over（全体的に，すっかり），in all（全体で，全部で）

■ 全体…，…全体

□ a **general** view（全体図）

□ the **whole** Japanese（日本人全体）

□ an **overall** problem（全般的な問題）

□ the **overall** length of the bridge（橋の全長）

□ the **entire** thread form（ねじ全体の形状）

□ the **entire** thread cross section（ねじ断面全体）

□ the **total** thickness of the joint（継手の全体の厚さ）

■ total，whole，entire ほかの用法

□ in comparison with the **total**（**全体**に比べて）▶ in comparison with の用法

□ all the individual volumes that compose the **total** geometry

（**全体の**形状を構成するすべての個々の体積）▶ 個々の，all と compose の用法

□ A **total** of only eight elements are needed.
（**全部で**わずか 8 要素のみが必要である）▶ a total of の用法

□ Nut friction torque is approximately 50% of the **total** reaction.
（ナットの摩擦トルクは**全**反力の約 50% である）▶ およそ

□ estimate the **whole** from the knowledge of the part
（部分に関する知識から**全体**を推定する）▶ 推定する

□ seize the general idea of the **whole** structure
（構造**全体**の全般的な概念を理解する）▶ seize の用法

□ We obtained satisfactory information about the **whole** population of the lot.
（ロットの**すべての**個体に関して十分な情報を得た）▶ population の用法

□ The stress exerted on the cross section is **wholly** tensile.
（断面に作用する応力は**全面**引張りである）▶ exert の用法

□ stiffness of the **entire** bolt, nut, washer system
（ボルト，ナット，ワッシャの**全体**システムの剛性）

□ It includes the influence from the **overall** model.
（それはモデル**全体**からの影響を含んでいる）▶ 影響

□ a mesh **throughout** the structure（構造全体の（数値解析モデルの）メッシュ）

□ It has the same material and cross section **throughout**.
（それは**全体**が同じ材料で同じ断面積である）

□ **Generally**, more people are seemingly against the plan.
（**全体として**，より多くの人がその案に反対しているように見える）▶ 見かけ上，against の用法

■ all の用法 ▶▶▶ ほかにも例文多数

□ It shows compressive stress **all** along the threads.（ねじに沿って**すべて**圧縮応力を示す）

□ in **all** subsequent material tests（**すべての**それに続く材料実験において）▶ その後の

□ The strain in **all** 20 bolts is measured.（**全部で** 20 本のボルトのひずみが測定される）

例，例えば

■ 例文

□ similar **examples** of ...（…の同じような**例**）

□ A typical **example** from structural mechanics may, **for instance**, be that of ...
（構造力学の典型的な**例**は，**例えば**…のケースであろう）▶ 挿入の文法

□ ... is demonstrated by all 10 of the **examples** from industry.
（…は製造業から得た全部で 10 個の**例**によって証明される）▶ 証明，all の用法

□ We may regard this fact as a convincing **example** in support of the hypothesis.
（この事実は仮説を支持する説得力のある**例**と見なすだろう）▶ 納得，in support of の用法，仮説

□ Finally, **examples** are presented to show the influence of the flatness deviation upon the joint deformation.
（最後に，平面度の誤差が継手の変形に及ぼす影響を示すための**例**を示す）▶ 影響，誤差

□ Figure 1 shows the **typical** behavior of a joint subjected to uniform pressure.
（図 1 は一様な圧力を受ける継手の**典型的な**挙動を示している）▶ subjected to の用法

□ a rectangular section, **say**, 6 * 12 mm（**例えば** 6 mm × 12 mm の長方形断面）

□ The **so-called** "paper" materials are the least costly.
（**いわゆる**紙の材料は最も安価である）▶ least の用法，コスト

必ず，当然

■ fundamentals

inevitable（避けられない），inevitably（避けられない），imperative（避けられない，緊急の），necessarily（必然的に），as a necessary (inevitable) consequence（必然の結果として），as a natural consequence（当然の結果として）

■ 例文

□ It is **imperative** that ...（…は**避けられない**）▶ 書き出し

□ It is **inevitable** that some troubles will take place.
（なんらかのトラブルが起きることは**避けられない**）▶ take place の用法

□ It **inevitably** involves higher temperatures.（より高い温度を**必然的**に含むことになる）

□ Such failure was a **natural** course of events.（そんな失敗は**当然の**成り行きだった）

□ It is, **of course**, perpendicular to ...（それは**当然**…に垂直である）▶ 挿入の文法

□ ... which is not **necessarily** known.（**必ずしも**知られていない…）

□ the various assumptions which must **necessarily** be made
（**必ず**設定しなければならないさまざまな仮定）▶ 仮定

□ It is helpful, but not **necessary**, to record the entire process.
（それは役立つが，必ずしも全過程を記録する必要はない）

限り

■ 例文

□ It is linear **as long as** the pressure stays within the limit of ...
（圧力が…の限度以内である**限り**，それは線形である）▶ 線形，stay within の用法，限度

□ **As long as** the local contact stress distribution is not of interest, ...
（局所的な接触応力分布が重要でない**限り**…）▶ of ＋ 名詞の用法

□ **As long as** the mating surfaces remain in contact, ...
（対応する面が接触している**限り**…）▶ remain の用法

□ **So long as** no yielding occurs, ...（降伏が起こらない**限り**…）▶ 否定

□ ... **so long as** the temperature does not increase.（温度が上昇しない**限り**…）

□ attempt to estimate these values **as** near to their true values **as possible**
（**可能な限り**それらの真の解に近いように，これらの値を推測する試み）▶ 試み，推定

□ The center distance is to be **as** small **as** reasonably **possible**.
（中心間距離は適当に**可能な限り**小さくする）▶ reasonably の用法

□ define the problem **as** clearly **as possible**（問題を**できる限り**はっきりと定義する）

□ The energy error can be made **as** close to zero **as** desired.
（エネルギーの誤差は，望まれるように**できる限り**零に近づけることができる）▶ close の用法，零

□ Continue to relax residual stresses until all are **as** close to zero **as** desired.
（すべてが望まれる零に**できる限り**近くなるまで，残留応力の緩和を続けなさい）▶ all の用法

さらに，まったく，強調

■ さらに，はるかに

□ **Even** the mirror polished samples have surface discontinuities.
（鏡面仕上げしたサンプル**でも**表面の不連続性が存在する）▶ 磨く，不連続性

□ **Further** research is needed to ...（…のためには**さらなる**研究が必要である）

□ It is designed to **further** illustrate ...
（それは…を**さらに**説明するために設計される）▶ illustrate の用法

□ This effect is **further** exaggerated by the shape of the component.
（この効果は部品の形状によって**さらに**強調される）▶ 影響，強調する

□ Lower friction **plus** improved heat transfer reduce thermal stresses.
（摩擦を下げて，**さらに**熱伝達を改善すると熱応力が下がる）▶ lower の用法，改善，減少

□ It becomes **far too** complicated.（**はるかに**複雑になる）▶ 複雑

□ This is **by far** the most important type of loading.
（これは（ほかに比べて）**はるかに**最も重要なタイプの荷重方法である）

■ まったく

□ The behavior is very **nonlinear**.（その挙動はきわめて**非線形**である）▶ 非線形

□ They are limited **entirely** to ...（それらは**完全に**…に限定される）▶ 制限

□ That force can be significantly reduced, or lost **altogether**.
（その力は顕著に低下する，あるいは**まったく**失われるかもしれない）▶ 完全に

□ Joint behavior will be linear and **fully** elastic.
（継手の挙動は線形で**完全に**弾性だろう）▶ 完全に

□ It is **perfectly** elastic within the stress range involved.
（関連する応力範囲内では**完全に**弾性である）▶ 範囲，involve の用法

□ ignore ... **altogether**（…を**まったく**無視する）▶ 無視

■ emphasis の用法

□ The **emphasis** here is **on** obtaining a clear understanding of the significance of ...
（ここにおける**重点**は…の重要性をはっきりと理解することに置かれている）▶ 理解，重要性

□ The **emphasis** was particularly **on** the calculation of stresses.
（**重点**は特に応力の計算に置かれていた）▶ particularly の用法

□ The **emphasis** is placed **on** ...（**重点**を…に置く）

□ With **emphasis on** theoretical underpinnings and experimental observations, their synthesis is ...
（理論的支えと実験観察に**重点**を置き，それらを統合したものが…）▶ with の用法，支え，統合

■ 強調

□ ..., with these stresses being **accentuated** by stress concentration.
（これらの応力は応力集中により**強調**されて…） ▶ being の用法

□ We **underline** the fact that ... （…という事実を**強調する**）

頻度

■「頻度」と「確率」の数値表現

頻度・確率：never（0％）< seldom, rarely, hardly, scarcely（20％）< occasionally（40％）< sometimes（50％）< often, frequently, not always（60％）< usually, generally（80％）< always（100％）

話し手の確信度：could < can < might < may（50％）< should < ought to < would < will < must

事象の起こる確率：possibly（10〜30％）< perhaps（50％以下）< maybe（50％程度）= could be < probably（80〜90％）

■ 肯定的表現

□ **all the time**（ずっと，いつも）

□ **Every time** a bolt is tightened, ...（ボルトを締め付けるときは**いつも**）

□ **Each time** a term is placed in a location where another term has already been placed, it is added to whatever value is there.（**毎回**ある項は別の項がすでにあったところに置かれ，それはどんな値がそこにあっても足し算される） ▶ 算数

□ There are **many times**, however, when this is not true.
（しかしながら，これが真実でないことも**よくある**） ▶ 真実

□ the most **often** read industrial magazines（最も**頻繁**に読まれる工業雑誌） ▶ read の用法

□ It is most **often** caused by ...（それは…によって最も**頻繁に**引き起こされる） ▶ 原因

□ Such elements will be found to be **more often** of use in practice.
（実際，そのような要素は**より頻繁に**使用されることがわかるだろう） ▶ 使用，実際

□ There is **often** more embedment relaxation after tensioning than there is after torqueing.（トルク締めの後より，張力を与えた後の方が**頻繁に**さらに大きなへたりによるゆるみが発生する） ▶ there is と more ... than の用法，表現の重複

□ Shear-loaded fasteners are **commonly encountered**.
（せん断荷重を受ける締結部品は**よく使われている**） ▶ 出くわす，「-」の用法

□ It is used **almost exclusively**.（それは**ほとんど独占的に**使われている）

□ These solutions are (effective) **exclusively** for threaded connectors.
（これらの解は**もっぱら**ねじ継手に対して有効である） ▶ 排他的に

□ ... deals **exclusively** or **predominantly** with this topics.
（…は**排他的**あるいは**おもに**（圧倒的に）にこのトピックスを扱っている） ▶ deal ... with の用法

□ due to the **dominance** of that platform among its clients
（顧客の間ではそのプラットホームが**優勢**である（広く使われている）ため） ▶ due to の用法

■ 否定的表現

□ ..., which is **rarely** the case with industrial structure.
（それは工業的な構造物では**滅多にない**場合である） ▶ case with の用法

□ This is **frequently not** the case.（これは**しばしば**その場合に**相当しない**） ▶ case の用法

□ Static failures of joint members are **even less common** than those of the fasteners.
（継手部材の静的破壊は，ねじ部品の静的破壊より**さらに一般的ではない**） ▶ even less の用法

□ We are interested primarily in the tensile strength, **less often** in the shear strength.
（おもに引張強度に興味を持っており，せん断強度に興味を持つことは**より少ない**）
▶ primarily の用法，表現の重複

そんな，…のような，ある

■ such ほかの用法

□ Table 1 presents some **such** formulae based on Ref.15.
（表 1 は参考文献 15 に基づいて，いくつかの**そのような**公式を示している） ▶ 数学

□ **Such is the case** with noncritical applications where loads are small.
（**それは**荷重が小さく，危険ではない適用例**のような場合**である） ▶ 場合

□ **Such** may not be **the case** in the slender column.
（それは細い柱**のような場合**ではないだろう） ▶ 細い

□ ... can be **of such form** that a mathematical solution is not possible.
（…は，数学による解が不可能である**ような形式**となり得る） ▶ of + 名詞の用法，数学

□ A fact **like** this does not leave any room for doubt.
（この**ような**事実は疑う余地がない） ▶ leave と room の用法，疑問

■ such as，such that の用法

□ No machine can work without fuel **such as** coal and oil.
（石炭や石油**のような**燃料なしで動く機械はない） ▶ 否定

□ yielding phenomena **such as** often occurring in processing
（加工中にしばしば起こる**ような**降伏現象） ▶ 現象，加工

□ Three contact surfaces exist **such as** bearing surfaces of bolt head and nut and pressure flank of screw thread.
（ボルト頭部とナットの座面，ねじの圧力側フランク**のような**三つの接触面が存在する）

□ I hate **such** delays **as to** make one impatient.
（私は人をじらす**ような**遅刻は憎む） ▶ 遅延，気短な

□ The warpage of the part is **such as** to satisfy the requirements of equilibrium.
（部品のゆがみは，釣合いの要件を満たすために起こる**ような**ものである）

□ a number of factors which decrease the strength - **such things as** high temperature, torsion or corrosion
（高温，ねじり，腐食**のように**強度を低下させる多くの因子） ▶ a number of の用法

□ use metric units for **such things as** torque, stress, force, etc.
（トルク，応力，力ほかの**ようなのもの**に対してメートル法を使う） ▶ 単位

□ We found **such** important facts **as** those which are described as follows ...
（以下に記述される**ような**重要な事実を発見した）▶ such ... as those の用法

□ relatively thick members, **such that** the material at ... is in a state of plane stress.
（…における材料が平面応力状態**であるような**相対的に厚い部材）▶ in a state of の用法

■ この…，ここ

□ in this situation（この状況で）

□ at least **in this part** of the connection（少なくとも接合部の**この部分において**）

□ the thread deflection factors found **in this way**（**このやり方で**わかったねじのたわみ因子）

□ the analytical object **in this study**（**この研究で**扱う解析対象）

□ Typical **here** are the expressions for evaluating the contributions of ...
（**ここで**典型的なものは…の寄与度を評価するための式である）▶ 倒置法，式，評価，寄与

■ のような…

□ If you are working with large equipment or systems - structures, pressure vessels, power plants, and **the like**, ...（もしあなたが大きな装置やシステム，例えば構造物，圧力容器，動力プラント**のようなもの**を対象に働いているなら）▶ 装置，「-」の用法

□ a finite element analysis or **the like**（有限要素解析あるいは**それに類するもの**）

□ in thread roots and **the like**（ねじの谷底および**それに類するもの**において）

□ ... was not **anything** that could always work successfully.
（…はいつもうまく作用する**ようなもの**ではなかった）▶ anything の用法

■ ある…

□ a **certain** amount of ...（**ある**量の…）

□ We tighten it to a **certain** point.（それを**ある**点まで締め付ける）

□ If **some** portion of the part breaks, ...（もし部品の**ある**部分が壊れると…）▶ 壊れる

□ by grinding and **some** machining operations（研削加工と**ある種の**機械加工によって）▶ 製造

3 技術英語でよく使う表現

それぞれ，each

■ 例文

□ for **each** test case（**それぞれの**試験に対して）

□ for **each** iteration（**それぞれの**繰り返しに対して）▶ 数値解析

□ at **each** time increment（**各**時間増分において）

□ the frequency of occurrence of local maxima and minima in **each** of the eight directions
（局所的な最大と最小が８方向の**それぞれ**において起こる頻度）▶ 最大，最小，方向

□ The bolt, the nut and the washers are **each** springs.
（ボルト，ナット，ワッシャは**それぞれ**ばねといえる）

□ Deflection of **each** of four terms is determined as ...
（四つの項の**それぞれ**のたわみは…のように決定される）▶ 決定する

□ At **each** node there are two degrees of freedom.（**各**節点における自由度は２である）

□ They have **each** their unique characteristics.（**それぞれ**独特の特性を持っている）▶ 特徴

□ Both transmitters are **each** equipped with an exciter unit.

（両方の送信機が**それぞれ**励振装置を備えている）▶ both の用法，装備する

□ These are tensile and compressive, **respectively**.（それらは**それぞれ**引張と圧縮である）

□ They are used for fatigue and static loading, **respectively**.
（それらは**それぞれ**疲労荷重と静的荷重に使用される）

…のように

■ as + 前置詞ほかの用法

□ **As is** generally the case with machine components, ...
（機械要素では一般的な場合である**ように**）▶ 場合，書き出し

□ **as in** the literature [2]（文献 [2] にある**ように**）

□ **as with** no precision parts having as-cast or as-forged surface
（鋳造や鍛造のままの面を持つ精度の悪い部品**のように**）▶ with no と having と as- の用法

□ **as with** ... approaching zero（…が零に近づくとき**のように**）

□ **As with** static loading, ...（静荷重を受ける場合**のように**）▶ 場合

□ The law of balance of electrical charge looks exactly **like** Eq.(1).
（電荷の釣合いの法則は，まさに式（1）**のように**見える）▶ looks と exactly の用法

□ Our experience indicates that, **like** tension relaxation, ...
（われわれの経験では，張力がゆるむ**ように**…を示している）▶ 経験，示す

□ ..., much **as in** the case of damage due to ordinary metal fatigue
（まさに通常の金属疲労による損傷**のように**）▶ 場合，much と due to の用法

□ ..., **as during** the sudden connection of two members（二つの部材を突然接合する**間のように**）

□ A propeller can act **this way** in air.（プロペラは空気中では**このように**振る舞う）▶ 行動する

■ so as to の用法

□ They had to be modified in various ways, **so as to** agree with the results of experiment.
（実験結果と一致する**ように**さまざまな方法で修正しなければならなかった）▶ 修正，方法，一致

□ ... must be selected **so as to** be smaller than a critical time step.
（…は臨界となる時間ステップより小さくなる**ように**選択しなければならない）▶ 選択，比較級

□ ... **so as to** simplify the equations（方程式を簡単にする**ために**）

…に基づいて

■ 例文

□ The solution to the problem is **based** directly on the fundamental equations.
（その問題に対する解は直接基礎式に**基づいている**）▶ …の解，基礎式，based ... on の用法

□ The selection of an appropriate safety factor is **based** primarily on five factors.
（安全係数の適切な値の選択はおもに五つの因子に**基づいている**）▶ 選択，適切な，おもに

□ **Based on** the traditional theory（従来の理論に**基づいて**）▶ 書き出し

□ **Based on** the numerical results obtained（得られた計算結果に**基づいて**）▶ 数値計算

□ **on the basis of** cost of the total installation, including shaft and housing

（軸とハウジング（箱形部分）を含む全体の設置費用**に基づいて**）▶ コスト，設置

□ **on the basis of** variational principles（変分原理に**基づいて**）▶ 数学

□ **on the basis of** the optimization software（最適化のソフトウェアに**基づいて**）▶ 最適化

□ The theory is developed **on the basis of** this assumption.
（その理論はこの仮定**に基づいて**展開される）▶ 発展，仮定

用語，術語

■ 例文

□ the **terminology** of standard parts（標準部品に対する**専門用語**）

□ Regarding **terminology**, in solid mechanics applications u and v represent ...
（**術語**に関して，固体力学の分野では u と v は…を表す）▶ regarding の用法

□ There seems to be no readily available **terminology** to distinguish between the two methods.（二つの方法を区別するために簡単に使える**用語**はないように思える）
▶ 区別，there seems と readily と available の用法

□ The **terms** inspection and testing are interchangeably used.
（検査と試験という**専門用語**は互換的に使われる）▶ 交換して

□ ..., **termed** a self-sensing actuator（自己感知型アクチュエータと**呼ばれる**…）

□ The **words** classical optimization are implied ...（古典的最適化**という言葉**は…を意味する）

4. 目的から結果に至る過程の表現

目的，興味

■ fundamentals

purpose（目的，意図），object，goal（目標，目的），target（目標，的），aim（目標，狙う），attain，reach the goal（目標を達成する），achieve a purpose，attain one's object，realize the plan（目的を達する），short of the goal（目標に達しない）

■ 目的，目標

□ an **objective** of study（研究の**目的**）

□ for most **purposes**（大部分の**目的**にとって）

□ for the purpose of / for purposes of（の**目的**のために）

□ The primary **purpose** of the component is to resist shear forces.
（その部品の第一の**目的**はせん断力に抵抗することである）▶ 抵抗

□ divert a thing to use it for another **purpose**
（あるものを別の**目的**に使うために転用する）▶ 転用する

□ a stress **goal** of 2,500 psi（2 500 psi という**目標**の応力）

□ Our **goal** here is to derive the equation of ...
（ここでのわれわれの**目標**は…の方程式を導くことである）

□ The **aim** of this paper is to provide an useful tool to approximate the dynamics of the joint.
（この論文の**目的**は，継手の動力学を近似するための有効な手段を提供することである）▶ 手段，近似

□ the **subject** for a future study（将来の研究のための**主題**）

□ This chapter is concerned with the **subject** of distorting such simple forms into those of more arbitrary shape.（この章は，そのような簡単な形状をより任意の形に変形させるという**主題**と関係している）▶ be concerned with の用法，任意の

□ It is the present **intention** of ...（それは…に関する当面の**目的**（意図）である）

□ When it is first torqued to its **target** load, ...
（最初に**目標**荷重までトルクを与えて締め付けるとき）▶ first の用法

□ When the **desired** load is reached, ...（**目標**の荷重に達したら）

□ the construction of a plant **aiming at** its completion within the year
（年内の完成を**目指した**プラントの建設）▶ 完成

■ 興味，関心 ▶▶▶ of＋名詞の用法

□ We are **interested** primarily **in** ...（第一に…に**興味を持っている**）▶ primarily の用法

□ The stresses are **of interest**.（その応力は**興味深い**ものである）

□ Another point **of interest** is ...（もう一つの**興味**を引く点は…である）

□ The region **of interest** lies between A and B.
（**興味**のある領域は A と B の間にある）▶ lie の用法

□ Diving systems **of interest** may be divided into two groups.
（**興味のある**潜水システムは二つのグループに分けられるだろう）

□ There is an increasing **interest** in FEM.
（有限要素法（FEM）に対する**興味**が増加している）▶ there is の用法

□ They are usually matters of primary **interest**.（それらは通常最も**興味**のある事柄である）

□ Many geometric shapes of practical **interest** do not fall into these categories.（実際に**興味**のある多くの幾何学的形状は，これらの種類には分類されない）▶ 実際の，fall into の用法，種類

□ An alternative and **intriguing** approach is ...
（代わりとなって**興味をそそる**方法は…である）▶ 代わり

□ Cost is always **of concern** to the responsible designer.
（コストは常に責任のある設計者にとって**関心**事である）▶ コスト

□ The thermal performance of IC packages is **of** critical **concern**.
（IC パッケージの熱性能は重大な**関心事**である）▶ critical の用法

□ The stress pattern in the threads is not our **concern**.
（ねじ部の応力分布はわれわれが**関心**のあるところではない）

□ the only issue we need to be **concerned about**
（気にかけなければならない唯一のこと）▶ issue の用法

■ 意図

□ the truss **intended for** use in space（空間における使用を**意図した**トラス（建築の腕木））

□ The equation was **intentionally** constructed so that ...
（その方程式は…となるように**意図的に**組み立てられた）

□ The following discussion will **intentionally** simplify the subject.
（以下の議論は問題を**故意に**簡略化するものだろう）▶ 簡単にする

□ The work presented here **is intended to** show the importance of the topography of joint faces.（ここで示した研究は，継手面の形状の重要性を示すことを**意図した**ものである）▶ work の用法

最初，初期

■ 最初

□ as a **first** step（**最初の**段階として）▶ 段階

□ the nut thread in the **first** pitch from the loaded surface
（座面から**最初の**ピッチにおけるナットのねじ）

□ As the pipe flange is **first** heated, ...（管フランジが**最初に**（初めて）加熱されたとき）

□ ... by **first** determining the analytical procedure.
（**最初に**解析手法を決定することにより）▶ 決定

□ The most common way is to **first** estimate ...
（最も一般的な方法は，**最初に**…を評価することである）

□ ... cannot be computed without **first** evaluating a redundant torsional reaction.
（**最初に**余剰な（不静定の）ねじりの反力を評価することなしに ... は計算できない）▶ 余剰

□ We add an extra 50％ **to start with**.（**最初に** 50％の余分に加えておく）▶ 余分

□ from **inception** to completion（**初め**から完成まで）▶ 完成

□ from the **outset**（**初めから**）

□ If the element concept were introduced **at the outset**, ...
（要素の概念が**初めに**導入されるなら）▶ 導入

■ 初期

□ a different **initial** load（異なった**初期**荷重）

□ the loss of the **initial** tension（**初期張力**の低下）▶ 損失

□ to recoup this **initial** investment（**初期**投資を取り戻すために）

□ an **initial** condition and boundary conditions on all portions of the surface A
（表面 A のすべての部分における**初期**条件と境界条件）

□ Coefficient of friction is not important other than for the **initial** bedding.
（摩擦係数は最初の着座以外重要ではない）▶ other than の用法

□ the **primary** load on most bolts（大部分のボルトの（に作用する）**初期**荷重）▶ most の用法

□ the **incipient** damage（**初期**故障（損害））

□ Mode superposition method incurs an initial **start-up** cost to calculate the modes.（モード重ね合わせ法では，振動モードを計算するために最初の**立ち上げ**費用が必要となる）▶（負債を）負う

対象

■ 例文

□ the **subject** of study（研究の**対象**（主題））

□ focus the investigation on a particular aspect of the **subject**
（調査を**対象物**の特別な面に絞る）▶ 焦点を合わせる

□ become the (**object**, purpose（目的）, aim（ねらい）) of this (study, investigation)
（この研究の**対象**となる）

□ an **object** of discussion（議論の**対象**）

□ The analytical **object** in this study corresponds to Fig.1.
（この研究における解析**対象**は図 1 に対応している）▶ 対応する

□ The analytical **objects** are bolts with coarse screw threads of M24 and M36.
（解析**対象**は M24 と M36 の並目ねじのボルトである）▶ with と of の用法

□ the **target** lot（**対象**となるロット）

□ conduct a questionnaire **on** students（学生**対象の**アンケートを実施する）▶ アンケート

種類

■ 例文

□ That is of the same **kind** (sort).（それは同じ**種類**である）

□ all **kinds** of ...（あらゆる**種類**の…）

□ the same **kinds** of things（同じ**種類**のもの）

□ This is a common **kind** of ...（これはありふれた**種類**の…である）

□ ... by standards **of some sort**（**ある種の**基準によって）▶ 基準

□ stress concentrations **of the sort**（**その種類の**応力集中）

□ shear loads **of the sort** shown in Fig.1（図 1 に示した**種類の**せん断荷重）

□ an explanation **of this sort**（**この種類の**説明）

□ **all sorts of** sensors that can tell speed（速度を告げることができる**あらゆる種類の**センサ）

□ Sliding bearings are of two **types**. / There are two **types** of sliding bearings.
（滑り軸受は 2 **種類**ある）▶ of の用法

□ many other **types** and sizes of bolt（多数のほかの**タイプ**と大きさが異なるボルト）

□ The strength is expressed in as many as three different **ways**.
（その強度は 3 **種類**もの異なった方法で表される）▶ as many as の用法

□ There is a **sufficient variation** in the strength and friction properties of commercial V-belt.（市販の V ベルトの強度と摩擦特性は**さまざまである**）▶ sufficient の用法，変化

□ The conical washer, with **all of its variations**, is one of the more widely used types of tensioning washers.（円すい形のワッシャは，**そのすべてのバリエーション**とともに，張力型ワッシャのより広く使用されるタイプの一つである）▶ with の用法

場合，case

■ fundamentals

in any event, in any case, generally speaking（とにかく）, in either event（いずれにしても）, in the event（ついに）, in the event of（の場合は）, in all cases, in every instance（すべ

ての場合), in most cases, generally (大抵の場合), in this case, in that case (この場合, その場合), in the course of events (成り行きで)

■ …の場合

□ a **case** of simple tension (単純引張り**の場合**)

□ the **case** of positive M and F (M と F が正の値の**場合**) ▶ negative:負の

□ the ideal **case** of a perfectly straight shaft (完全にまっすぐな軸という理想的な**場合**)

□ The **case** shown here is frequently observed in ...
(ここに示した**ケース**は, しばしば…で見受けられる)

□ The **case** of the flat wall will be considered as an example.
(例として平らな壁の**場合**を考えてみる) ▶ consider の用法

□ The phenomenon is very similar to the **case** of electricity.
(その現象は電気の**場合**と非常によく似ている) ▶ 現象, 似ている

□ The figure illustrates the specific **case** of a 25 * 50 mm beam made of steel.
(図は鋼製の 25 mm × 50 mm のはりの特別な**場合**を示している) ▶ 図示する, 寸法表示

□ ... much like **cases** where the temperature was increased beyond the critical point.
(まさに温度が限界点を超えた**場合**のように) ▶ much like の用法

□ change of an image shape at each **instance** (それぞれの**場合**における画像形状の変化)

□ **Where** appearance and weight considerations are not stringent, ...
(外見と重量に関する考察が厳密でない**場合**) ▶ 厳密な

■ …の場合において

□ In **case** of questionable rigidity, ... (剛性が疑われる**場合**は…) ▶ 疑わしい

□ In all ordinary **cases** involving end plates that contact the springs, ...
(ばねと接触する端板を含むすべての通常の**場合**において) ▶ 通常の

□ ... than in the **case** where the washer is used. (ワッシャが使われる**場合**よりも…)

□ It is investigated for the **case** where ... (…の**場合**について調査する) ▶ 書き出し

□ for the **case** being modeled (モデル化する**場合**に対して) ▶ being の用法

□ For the plain stress **case**, ... (平面応力の**場合**については)

□ For the usual **case** of uniform temperature, this reduces to ...
(通常の一様温度の**場合**, これは(結果として)... となる) ▶ 一様, reduce to の用法

□ For unusual **cases** involving lead angles greater than 1.5 degrees, ...
(1.5° を超えるリード角を含むような異常な**場合**について) ▶ 異常な

□ For the **case** of a bar length L that has a varying cross section and possibly a varying modulus of elasticity, ...
(断面が変化し, おそらく弾性係数も変化する棒の長さが L の場合について) ▶ varying と possibly の用法

■ …の場合である

□ ... as must be the **case** with normal residual stresses
(正常な残留応力を伴う必要がある**場合**のように)

□ ..., which is usually the **case**. (それは通常**どおり**である)

□ ... as is often the **case**. (よくあるように)

□ The present study shows that this is not the **case**.

（今日の研究ではこの場合は当てはまらないことがわかっている）

□ Fortunately, such is not the **case**.（幸運にもそんなことはない）

問題

■ fundamentals

problem（問題，やっかいなこと），issue（問題点），a great problem，a large question（大問題），a (difficult, tough) (problem, question)（難問題），the points（question）at issue（問題点，当面の問題），a given (question, problem)（与えられた問題），a problem in mathematics（数学の問題），an (open, undecided, unsettled, unsolved) problem（未解決の問題），an urgent problem（緊急の問題），a question of long standing（長い間の問題），an untouched subject（手つかずの問題），problems of practical importance（実用的に重要な問題），an unexpected problem（思わぬ問題），such a trifling matter（些細な問題），a matter of great concern（大変興味のある問題），become an issue（問題になる），become a serious problem（重大な問題になる），cause some trouble（問題を起こす），run into trouble（問題になる）

■ problem の用法

□ in some **problems**（いくつかの**問題**において）

□ design and parts **problems**（設計と部品の**問題**）

□ a nontrivial **problem**（（ささいではない）重要な**問題**）▶ ささいな

□ coupled **problems**（連成**問題**）▶ 数値解析

□ the **problem** of characterizing the types of ...（…のタイプを特徴付ける**問題**）▶ 特徴

□ the **problem** of tightening the bolts accurately（ボルトを正確に締め付けるという**問題**）

□ the **problems** of stability and convergence（安定性と収束性の**問題**）▶ 安定性，収束，数値解析

□ A serious **problem** rose.（重大な**問題**が発生した）

□ The **problem** of overcoming the above tendencies is an important one.
（上記の傾向を克服するという**問題**は重要である）▶ 打ち勝つ，傾向

□ This **problem** splits into a series of simpler ones.
（この**問題**はより簡単な一連の**問題**に分けられる）▶ split と simpler の用法

□ One **problem** with calibration is ...（検定に関する一つの**問題**は…）▶ with の用法

□ The choice of an initial value is also a **problem**.（初期値の選び方も**問題**である）▶ 選択

□ ... becomes a **problem**.（…が**問題**になる）

□ the **problems** we face（われわれが直面している**問題**）

□ We are faced with an especially intractable **problem**.
（特に扱いにくい**問題**に直面している）▶ 特に，扱いにくい

□ solve a variety of specific **problems**（さまざまな特別な**問題**を解く）▶ a variety of の用法

□ attack (tackle) a **problem**（**問題**に取り組む）

□ look at the **problem** from a different angle（別の角度から**問題**を見る）

□ touch the core of the **problem**（**問題**の核心に触れる）

□ ... presents an important **problem** from the engineering point of view.
（…は工学的観点から重要な**問題**を提示する）▶ from ... point of view の用法

□ It depends on the particular type of **problem**.（特定のタイプの問題に依存する）▶ 依存
□ It doesn't cause **problems**.（それは**問題**を起こすことはない）▶ cause の用法
□ Few closed forms exist for 2-D continuum **problems**.
（二次元の連続体の**問題**では閉形式（の式）はほとんど存在しない）▶ 存在，数学
□ The initial stretching process reduces to 2-body with 1-contact surface **problem**.
（最初の引張りを受ける過程は一つの接触面を持つ２物体の**問題**となる）▶ reduce to の用法
□ ... by using an appropriate variational principle if one exists for our contrived **problem**.
（われわれが考案した**問題**に対して，もし存在するなら適切な変分原理を用いて）▶ 適切な，数学，考案
□ The setup for the **problem** is the same.（その**問題**の構成は同じである）▶ 構成
□ A clue to this **problem** was found at last.（この**問題**を解く糸口がついに見つかった）▶ 糸口
□ apply the method to one- and two-dimensional heat conduction **problems**
（その方法を一次元と二次元の熱伝導**問題**に適用する）▶「-」の用法
□ form heat conduction elements for **problems** in one-dimension, two-dimensions, axi-symmetric, or three-dimensions
（一次元，二次元，軸対称，三次元の**問題**に対する熱伝導の有限要素を形成する）▶ 数値解析
□ Axial vibration is far less of a **problem** than transverse vibration.
（軸方向の振動は横振動に比べてはるかに**問題**が少ない）▶ far less の用法

■ question, issue, matter ほかの用法

□ the gasket in **question**（**問題**となるガスケット）
□ establish a working group to resolve the **question**
（その**問題**を解決するためのワーキンググループをつくる）▶ 解決する
□ The **question** is under what circumstances it is possible for Eq.(1) to define ...
（**問題**はどんな状況で式（1）を使って…を定義できるかである）▶ what の用法，状況，定義する
□ It is out of the **question**.（それは**問題**外だ）
□ Two **questions** come to mind.（二つの**疑問**が心に浮かぶ）
□ The definition of ... is **questioned**.（…の定義が**問題視**されている）
□ The **issue** will be brought to a conclusion.（その**問題**は決着が付くだろう）▶ 結論
□ So true cost is a complex **issue**.（だから本当のコストは複雑な**問題**だ）▶ 複雑な
□ When it **matters**, ...（それが**問題**になるとき）
□ They are **matters** of engineering.（それらは工学上の**問題**である）
□ The selection is a **matter** of judgment.（選択は判断の**問題**である）▶ 選択，判断
□ That is not the **crux** of the turn control problem.（それは回転角制御における**難題**ではない）
□ The first **difficulty** is ...（最初の**難問**は…である）
□ The **topic** chosen first is ...（最初に取り上げた**話題**は…）▶ chosen の用法

原因

■ fundamentals

cause（原因，理由，原因となる，引き起こす），induce（引き起こす），source（直接の原因），factor（因子，要因，原因），attributed to（のせいである），stem from（に起因する）

■ 原因

- □ the **cause** of error（誤差の**原因**）
- □ the root **cause** of seizure（焼き付きの根本的な**原因**）
- □ the largest **cause** for the error in this experiment
  （この実験における誤差の最大の**原因**）▶ largest の用法，誤差
- □ the **cause** of the occurrence of such a thing（そんなことが起こる**原因**）
- □ ... is under investigation now as it may possibly be the main **cause**.
  （…はそれがおもな**原因**かもしれないので，目下調査中である）▶ 調査
- □ It is not the only **cause** of nonlinear behavior of a bolted joint.
  （それはボルト締結体の非線形挙動の唯一の**原因**ではない）▶ only の用法，非線形，挙動
- □ a major **source** of uncertainty（不確かさのおもな**原因**）
- □ This can be the most significant **source** of short-term relaxation.
  （これが短期間に発生するゆるみの最も重要な**原因**といえる）▶ significant の用法，短期間
- □ Space limitations were not a **factor**.（空間上の制限が**要因**ではなかった）
- □ It is not a **factor** so long as the deflection does not increase.
  （たわみが増加しない限り，それは**原因**ではない）▶ so (as) long as の用法
- □ They are the major **contributors** to pressure generation.
  （それらが圧力発生に対しておもに**貢献**する）

■ 原因の説明

- □ It is **due to** the fact that ...（それは…という事実が**原因**である）
- □ **due to** the proximity of ...（…が接近している**ために**）▶ 位置
- □ the deflection **due to** impact（衝撃に**起因する**たわみ）
- □ The stress concentrations are **due to** two factors.（その応力集中の**原因**は二つの因子である）
- □ Some of this difference will be **due to** small imperfections.
  （この違いのいくらかはわずかな欠陥が**原因**だろう）▶ 欠点
- □ This decrease in bolt preload **was attributed to** ...
  （このようなボルト軸力の減少は…が**原因**であった（のせいであった））
- □ It **is attributed to** energy dissipation.（それはエネルギーの拡散が**原因**である）▶ 拡散
- □ Most bolted joint failures can **be traced to** poor assembly practice.
  （大抵のボルト締結体の破損はまずい組み立て作業が**原因である**）▶ 組み立て
- □ In any event, 86% of failures **were traced to** poor design.
  （いずれにしても破損の 86% はまずい設計が**原因**であった）▶ 書き出し，破損，poor の用法
- □ The activity **stems from** the fact that ...（その活動は…という事実に**起因**する）
- □ Damage was **induced** by ...（損傷は…により**引き起こされた**）

■ cause の用法

- □ This difference **causes** ...（この差が…を**引き起こす**）
- □ The overload is sufficient to **cause** failure.
  （その過負荷荷重は破損を**引き起こす**のに十分な値である）▶ 十分な，破損
- □ the factors which **cause** and contribute to relaxation（ゆるみの**原因**とそれに寄与する因子）
- □ Omission of A **causes** the maximum stress to occur closer to B.

（Aを省略すると最大応力がBのより近くで発生する**原因**となる） ▶ closer の用法

□ As a result, too high a temperature can **cause** a bolt to fail.
（結果として，温度が高すぎるとボルトの破損を**引き起こす**かもしれない） ▶ too の用法，破損

□ Normal changes in ambient temperature don't **cause** problems.
（周囲温度の正常な変化は問題とならない） ▶ 問題，温度

□ ... will **cause** increased flow.（…は流れの増加を**引き起こす**だろう） ▶ increased の用法

□ It was **caused** by changing geometry.（それは形状の変化が**原因**であった） ▶ changing の用法

□ stresses **caused** by rotating bending（回転曲げにより**引き起こされる**応力）

□ It demonstrates greater preload variation than **caused** by friction.
（それは摩擦に**起因する**より，さらに大きく初期軸力が変化することを証明する） ▶ 証明，than の用法

■ 責任

□ It can be **blamed on** operator error.（それはオペレータの誤りのせいであろう）

□ The **responsibility** falls upon the engineer.（**責任**は技術者にかかってくる）

理由

■ fundamentals

reason（理由，根拠），ground（根拠，理由），because of，due to，owing to（のために），thanks to，by virtue of，in virtue of（のおかげで，のせいで）

■ 理由

□ one of the main **reasons**（おもな**理由**の一つ）

□ For the same **reason**, ...（同じ**理由**によって） ▶ 書き出し

□ For both of these **reasons**, ...（これらの両方の**理由**のために…） ▶ both の用法

□ Partly for this **reason**, two opposing components are almost always used.
（少しはこの**理由**によって，二つの相反する部品がほとんどいつも使われる） ▶ almost always の用法

□ for **reasons** of space or economy of weight（空間的な**理由**か重量の節約のために） ▶ 節約

□ Suspicion of the mechanical properties of welds made on site is one **reason**.
（現場で実施された溶接の力学特性に対する疑いが一つの**理由**である） ▶ 疑い，特性，現場

□ Most joints relax after tightening for a variety of **reasons**.
（大抵の継手は，締め付け後さまざまな**理由**のためにゆるむ） ▶ a variety of の用法

□ ..., **thanks to** the fact that ...（…という事実**のために**（のおかげで））

■ 理由の説明

□ That is **because** ...（その**理由**は…である）

□ ... simply **because** ...（単に…の**理由**で）

□ This is **because** it is easier to design ...（これは…を設計する方が簡単なこと**による**）

□ **because of** conventional practice（従来の慣例**によって**）

□ ..., the **reason** being that this value is close to the strength for static loads.
（その**理由**はこの値が静荷重に対する強度と近いためである） ▶ being と close to の用法

□ Also, **being** dimensionless, it is equally usable for either A or B.
（また無次元**であるので**，それはAまたはBに対して同じように使用できる） ▶ 等しく，使用できる

□ The **grounds** for our argument are found in the experimental results.
（議論の**根拠**は実験結果に見いだすことができる）▶ found の用法

□ ... but there appears no **reason** to specify a costly high-strength steel.
（しかし高価な高強度鋼を指定する**理由**はないように見える）▶ there appears の用法，指定する

□ **Since** ..., it follows that ...（…なので…ということになる）

□ **Since** ..., and **since** ..., it can be concluded that ...
（…でさらに…なので…と結論できる）▶ since の繰り返し

関係，関連

■ fundamentals

about, as to, regarding, concerning, with respect to, with (in) regard to, in respect of, as regards（に関して）, in (with) relation to, relative to（に関して，と比較して）, in connection (conjunction) with（に関連して）, in this context, in this connection（これに関連して）, relevant to, pertain to（と関係がある）, pertinent to（に関係する）, related（関係がある）, associate with（関係させる）, correlate roughly with（と大ざっぱに関係する）, correlate well with（と関係が深い，よく一致する）

■ relationship, relation, correlation の用法

□ the **relationship** between A and B（A と B の関係）

□ the **relationship** between A or B and C（A あるいは B と C の**関係**）

□ The **relationship** is ...（**関係**は…である）

□ the **relationship** between cutter diameter and insert angles and their position
（カッターの直径，挿入角度とそれらの位置の関係）

□ The torque versus preload **relationship** is not affected by the stiffness of the joint.
（トルクと（ボルトの）初期軸力の**関係**は継手の剛性に影響されない）▶ 影響

□ If there were a one-to-one **relationship** between A and B, ...
（もし A と B の間に一対一の**関係**があるなら…）▶ 仮定法

□ mutual **relationship**（相互**関係**）

□ interdependency and mutual **relation**（相互依存と相互の**関係**）

□ coefficient of **correlation**（**相関**係数）▶ 数学

□ to obtain such **correlation**（そのような**相互関係**を求めるために）

□ close **correlation** between computed and measured results
（実験値と解析値が**よく一致**すること）

□ An adequate **correlation** is estimated from the results of measurements. / The result of measurements suggests an adequate **correlation**.
（測定結果から適切な**相互関係**が推定される）

■ 関係がある

□ It has a close **relation** to A.（それは A と密接な**関係**がある）

□ There is usually a linear **relationship** between A and B.
（A と B の間には通常線形**関係**がある）▶ 線形

□ We assume a certain **relation** between A and B.
（A と B の間に一定の（ある）**関係**があると仮定する）▶ 仮定

□ The stress **relates** to the strain through the following equation.
（応力はひずみと以下の式のような**関係**がある）▶ through の用法

□ The above analysis **pertains** to raising a load.（上記の解析は荷重を上げることに**関係**がある）

□ The two most important **pertain** to the names given in the theory.
（最も重要な二つのことは，理論の中で与えられた名前に**関係**がある）▶ 複数扱い

□ The values of K **pertain** to the softer of the two rubbing metals.
（K の値は二つのこすりあっている金属の柔らかいほうに**関係する**）▶ 比較級

□ The first **concerns** the fact that ...（最初のものは…という事実に**関係している**）

■ 関連する

□ **relevant** (pertinent) properties（**関連**する特性）

□ the **relevant** governing equation（**関連**する支配方程式）▶ 数学

□ the page charges **pertaining** to your paper（あなたの論文の（に関する）掲載料）

□ to obtain test data that **pertain** as closely as possible to the application involved
（関連する応用例にできる限り密接に**関係**するテストデータを得るために）▶ as ... as possible の用法

□ **pertinent** test data（**関連**するテストデータ）

□ All **pertinent** dimensions are defined in the government specification.
（すべての**関連**する寸法は政府の規格において定義されている）▶ 寸法，定義，規格

□ **associated** design details（**関連**する設計の詳細）

□ the manufacturing operations **associated** with high-quality spring production
（高品質のばねの生産に**関連**した製造作業）▶「-」の用法

□ The problems **associated** with developing these programs are ...
（これらのプログラムの開発に**関連**する問題は…である）

□ The load **associated** with curve d is identical to the un-notched load capacity.
（曲線 d に**関連**した荷重は切欠きのない場合の荷重容量に等しい）▶ identical の用法

□ deeply **related** technical problems（深く**関連**した技術の問題）

□ the masses of **related** bodies which may be considered elastic
（弾性体と考えられる**関連**した物体の質量）

□ ... when extreme vibration is **involved**.（極端な振動が**関係**するとき…）

□ The analysis for A is much more **involved** than for B.
（A に対する解析の方が B に比べてずっと深く**関係している**）▶ much more ... than の用法

□ engineers **involved** in the design and development of all kinds of structural and machine components（あらゆる種類の構造物や機械の部品の設計と開発に**関係**する（従事する）エンジニア）▶ all kinds of の用法

■ …と関係がある

□ This reduction is **associated** with differences in stress gradient.
（この減少は応力勾配の差**に関係**している）▶ 減少，勾配

□ Since fatigue failures are **associated** with highly localized yielding, ...
（疲労破壊は非常に局所的な（材料の）降伏に**関係**しているので ...）▶ 破壊，highly の用法

□ A and B are **related** by ... （A と B は…によって**関係**付けられる）

□ The force is not linearly **related** to the rate of change of displacement in a body.
（力と物体内の変位の変化率は線形**関係**ではない） ▶ 線形，割合

□ It may be considered as being **related** thus: ...
（それは…のように**関係**していると考えられるだろう） ▶ 考える，being の用法

□ That is, we let stress and strain be **related** by ...
（すなわち，応力とひずみを…によって**関係**付ける） ▶ let の用法

□ Most of the subject is not **relevant** to practicing the FEM.
（主題の大部分は有限要素法（FEM）の実行と**関連**がない） ▶ practicing の用法

□ It is **pertinent** to measure the actual magnitude of the force exerted on the joint.
（それは継手に作用する力の実際の大きさを測定することと**関係**がある） ▶ 大きさ，作用する

□ It has **nothing to do with** the yield strength. （それは降伏応力となんら**関係がない**） ▶ 否定

■ …に関連して

□ **in regard to** the method of ... （…の方法に**関して**）

□ **in respect of** this phenomenon （この現象に**関して**） ▶ 現象

□ **with respect to** approximate interface pressure （界面のおよその圧力に**関して**）

□ This stress was normalized **with respect to** the mean tensile stress in the unthreaded portion of the bolt.
（この応力はボルトのねじを切っていない部分の平均引張応力に**関して**正規化された）

□ It turns **with respect to** the bolt. （ボルトのまわりに回転する）

□ **in connection with** lubrication problems （潤滑の問題に**関連して**）

□ It is used **in conjunction with** appropriately conservative values of ...
（それは…という適切な安全側の値に**関連して**使われる） ▶ 適切な，安全側の

□ We shall use ... here **in context with** linear elastic analysis.
（ここでは線形弾性解析に**関連して**…を使うことになるだろう）

□ **concerning** spring geometry and loading （ばねの形状と荷重に**関して**） ▶ 形状

□ the remarks **regarding** ... （…**に関する**注意）

□ the ingenuity of engineers **concerned with** clutch design and development
（クラッチの設計と開発に**関係する**技術者の工夫） ▶ 工夫

□ paper or work or thesis **on** ... （…**に関する**論文や著作あるいは学位論文）

■ 独立に

□ Mesh fineness is **independent** of component size. （要素の細かさは部品の寸法と**独立**である）

□ He is economically **independent** of ... （彼は…から経済的に**独立**している）

□ ... has been achieved **independently** by different researchers.
（…は異なった研究者によって**独立して**達成された） ▶ 達成

□ Quite **independently** ... （まったく**独立に**…） ▶ 書き出し

□ to allow the nut to expand almost **independently** of the bolt
（ボルトとほとんど**無関係に**ナットを膨らませるために） ▶ allow と almost の用法

影響，効果

■ fundamentals

effect（効果，原因の直接的な結果），result（最終的な結果），take effect（効果が現れる），influence（影響，間接的に影響する），affect（直接的に影響する），contribute（寄与する，一因となる），contribution（寄与），efficacy（効果，効きめ）

■ effect の用法

☐ the **effects** of types of finish（（加工の）仕上げ方法**の影響**）
☐ a bad **effect** and a good **effect**（悪い**影響**と良い**影響**）
☐ The **effect** of A on B is ...（B に対する A の**影響**は…）
☐ the **effects** on A due to ...（…による A への**影響**）▶ due to の用法
☐ the stiffness **effect** on the elastic interaction（弾性相互作用に対する剛性**の影響**）
☐ the **effects** by ... and by ...（…と…による**影響**：原因が複数）
☐ The **effects** of ... reveal themselves remarkably.（…の**影響**が強く表れる）▶ 現れる
☐ wait for the plan to **take effect**（計画の**効果が現れる**のを待つ）
☐ with (without) **effect**（効果的に（効果なく））
☐ inhibit an **effect** of ...（…の**影響**を抑制する）▶ 抑制
☐ ... has no **effect** on A.（…は A に対して**効果**がない）
☐ It had no **effect** at all.（まったく**効果**がなかった）▶ at all の用法
☐ The **effects** are also reported.（その**影響**も報告された）▶ 報告
☐ The **effect** of a 10 percent change in the value of A is ...
（A の値が 10％変化したときの**影響**は…である）▶ 変化
☐ The **effect** of A has a larger **effect** on B than C.
（A の**影響**は C より B に対して大きな**効果**がある）
☐ It was assumed that their **effects** would be local.
（それらの**影響**は局所的と仮定された）▶ 仮定，局所的
☐ Technology was always thought to have positive **effects**.
（技術はいつもプラスの**効果**を持つと思われていた）▶ thought の用法，negative：マイナスの
☐ It is observed that if the stress concentration produced at A, it could negate the beneficial **effects**.（もし A において応力集中が発生するなら，有益な**効果**が無効になることがわかる）▶ 発生，無効にする，有益な

■ influence の用法

☐ a harmful **influence**（悪い**影響**）
☐ the **influence** of A upon（on）B（B に対する A の**影響**）
☐ under the **influence** of gravity（重力の**影響**を受けて）▶ under の用法
☐ the area *A* over which it exerts an **influence**
（それが**影響**を及ぼす面積 *A*）▶ over which の用法，及ぼす
☐ One component's design may **influence** ...（ある部品の設計方法が…に**影響**するかもしれない）
☐ A has a great **influence** on B.（A は B に対して大きな**影響**がある）
☐ All of these factors can have a big **influence** on the total efficiency.

（これらの因子のすべてが全体の効率に大きな**影響**を持つことがある）▶ all of の用法，因子，全体

□ They have a relatively minor **influence** on the results.
（それらは結果に対する**影響**が比較的小さい）▶ 比較的

□ The **influences** on the maximum stress, the position, and the size were examined.
（最大応力とその位置，寸法に対する**影響**が調査された）▶ 調査

□ ... **influences** the choice.（…はその選択に**影響する**）

□ The conditions at A were found to **influence** B more than C.
（A における状態は C より B に**影響する**ことがわかった）▶ わかる，more than の用法

□ A is **influenced** by B.（A は B の**影響を受ける**）

□ It is not significantly **influenced** by the surface finish.
（それは表面仕上げにあまり**影響**されない）▶ 顕著に，仕上げ

□ They are among factors **influencing** fatigue failures.
（それらは疲労破壊に**影響する**因子の中に含まれる）▶ among の用法

■ affect

□ These things **affect** the stability of A.（これらは A の安定性に**影響する**）▶ 安定性

□ The use of ... **affects** the position of the maximum temperature.
（…を使うと最大温度の位置に**影響する**）

□ ... so that they do not **affect** the maximum pressure.
（最大圧力に**影響**しないように）▶ 否定，so that の用法

□ It is not greatly **affected** by ...（…に大きく**影響される**わけではない）

□ The greater part of A was **affected** by B.（A のより大きな部分が B の**影響を受けた**）

□ The numerical results are determined by dozens of factors, which are each **affected** by many sub factors.（数値解析の結果は多くの因子によって決まり，それらの因子はそれぞれ多くの下位の因子に**影響される**）▶ each と sub の用法，dozens of：多数の，数十の

■ others

□ the **efficacy** of completely removing ...（…を完全に取り除く**効果**）

□ make a large **contribution** to ...（…におおいに**寄与**する）

□ It represents the **contribution** from each component.（それは各部品からの**寄与**を表している）

調査する

■ fundamentals

examine（調査する），explore（調査する，探求する），inspect，investigate（examine より綿密に調査する），examination（調査，検査，試験），investigation（調査，研究），inspection（調査，検査），inquiry（調査，研究，質問），study（研究，調査，勉強）

■ 調査する，調べる

□ **examine** throughly（徹底的に**調査**する）

□ **examine** ... chemically（…を化学的に**調査**する）

□ **examine** for about an hour（1 時間ぐらいかけて**調べる**）

□ We'll **examine** the problem of tightening the bolts accurately.

(ボルトを正確に締め付けるという問題を**調査**しよう) ▶ 正確に，of の用法

□ **examine** the stresses in blades（ブレードの応力を**調べる**）

□ The frequency of occurrence **examined** is shown in Fig.1.
(**調査した**発生頻度は図 1 に示されている) ▶ 頻度

□ The unloaded samples were all **examined**.
(除荷されたサンプルはすべて**調べられた**) ▶ all の用法

□ **investigate** if ... can be proved or not（…を証明できるかどうか**調べる**）▶ 証明

□ The maximum stress has been plotted against the parameters to be **investigated**.
(最大応力が**調査**の対象となるパラメータに対してプロットされた) ▶ against の用法

□ Some current research is **exploring** ways to automate this selection process.
(最近のある研究は，この選択の過程を自動化する方法を**調査**している)
▶ 方法，自動化，one's researches：複数でも単数扱い

□ The idea of using ... to overcome these limitations has been **explored**.
(これらの限界を克服するために…を使う考え方が**調査された**) ▶ 克服，限界

□ All threads are **checked** for dimensional accuracy.
(すべてのねじの寸法精度が**調べられる**) ▶ 寸法の，精度

□ The remaining chapters will **delve into** all the details that have been omitted here.
(残りの章ではここで省略した詳細のすべてを**探求する**) ▶ remaining の用法，詳細，省略

■ 調査，検査

□ visual **inspection**（目視**検査**）

□ by simple **inspection**（簡単な**検査**によって）

□ **Inspection** of Eq.(1) reveals that ...（式(1)を**よく調べると** … がわかる）▶ reveal の用法

□ periodical **inspection**，regular **check up**（定期**検査**）

□ ... is under **investigation** now.（…は目下**調査**中である）

□ A **study** of Eq.(1) indicates that ...（式(1)を**よく調べると**…を示している）

□ A **study** of Fig.1 reveals two important factors causing Thread 1 to carry more than its share of load.（図 1 を**綿密に検討**すると，二つの重要な因子がねじ 1 に割り当てよりも大きな荷重を受け持たせていることがわかる）▶ reveal と cause と carry の用法

知る

■ 例文

□ It is now **known** to be important.（現在では重要であることが**知られている**）

□ We consider a rather **well-known** problem of ...
(…というかなり**よく知られた**問題を考える) ▶ 問題

□ the currently **known** total displacements（現在**わかっている**全体の変位）

□ Diamonds are the hardest natural substance **known** to man.
(ダイヤモンドは最も固い自然の物質であると**知られている**) ▶ 物質

□ This phenomenon is perfectly analogous to what we **know** from electricity.
(この現象は電気から**知った**ことと完璧に類似している) ▶ 完全に，analogous to の用法

☐ He is quite **familiar** with this machine. / This machine is quite **familiar** to him.
（彼はこの機械を**よく知っている**）

☐ It will **acquaint** you **with** the modes of failures.
（それによって破壊のモードがわかる（**知らせる**）だろう）

☐ an algebraist not **familiar** with the physical aspects of the problem
（その問題の物理的な面に**精通**していない代数学者）

☐ Detailed **information** is available.（詳細な**情報**が利用できる） ▶ 詳細な，available の用法

☐ It contains extensive **information**.（それは広大な**情報**を含んでいる）

☐ seek more extensive **knowledge**（より広い**知識**を求める）

考える

■ consider の用法

☐ Let's **consider** this point in Chapter 3.（この点は第 3 章で**考えよう**）

☐ **consider** the case of ...（…の場合を**考える**） ▶ 場合

☐ We **consider** heat conduction with radiation boundary conditions.
（ふく射境界を持つ熱伝導を**考える**） ▶ with の用法

☐ There is no need to **consider** ...（…を**考える**必要はない） ▶ no need の用法

☐ Their propositions are **considered** meaningless.（彼らの提案は意味がないと**考えられる**）

☐ ... which may be **considered** rigid.（剛体と**考えて**もよい…）

☐ They are **considered** to be machines.（それらは機械**と考えられている**）

☐ Both conventional and tapered threads are **considered**.
（通常のタイプとテーパねじの両方を**考える**） ▶ both の用法

☐ It is **considered** three times poorer in total capacity.
（それは全体の容量が 3 倍低いと**考えられる**） ▶ 倍，poor の用法

☐ A stronger material must be **considered**.（より強い材料を**考え**なければならない） ▶ 比較級

☐ on the basis of **considering** these two factors separately
（これらの二つの因子を別々に**考えること**に基づいて） ▶ on the basis of の用法，別々に

■ 考え，概念

☐ such a way of **thinking**（そのような**考え**方）

☐ Inspection has a wider **concept** than testing.（検査は試験よりも広い**概念**を持っている）

☐ The **concept** of interchangeability was weak.（互換性の**概念**は弱かった） ▶ weak の用法

☐ These **views** were not accepted.（これらの**見解**は受け入れられなかった） ▶ 受け入れ

☐ **views** based on numerous precise observations
（おびただしい数の正確な観察に基づいた**見解**） ▶ numerous の用法

■ 考える

☐ While the machine-tool industry **contemplates** spindle design changes, ...
（工作機械産業がスピンドルの設計変更を**熟考**している間に） ▶ while の用法，設計変更

☐ **reflect** endlessly on this point（この点について果てしなく**熟考**する）

☐ in order to develop skill in **conceiving** effective combinations

（有効な組み合わせを**思い付く**技能を発達させるために）▶ 技能

□ It is difficult to **envision** the shape of ...（…の形状を**思い浮かべる**のは困難である）

□ This **philosophy** is in accordance with the principles defined by ISO.
（この**考え方**は ISO（国際標準化機構）で定義された原理に沿っている）▶ in accordance with の用法

□ ASME followed this **policy** for many years.（アメリカ機械学会は長年この**方針**に従った）

■ 考察

□ a fundamental **consideration** in numerical analysis（数値解析における基本的な**考察**）

□ An important practical **consideration** is ...（重要で実際的な**考察**は…である）

□ Humidity control is an important **consideration**.
（湿度管理は重要な**考慮すべき事項**である）▶ 湿度，管理

□ Numerical solutions provide **insight** into the design of ...
（数値解析による解は…の設計に対する**洞察力**を提供する）▶ provide の用法

仮定する

■ fundamentals

assume（仮定する），postulate（assume より正式に仮定する，仮定），hypothesize（仮定する），suppose（想像する，仮定する），presume（仮定する，思う），imagine（想像する），assumption（仮定，前提），supposition（仮定），hypothesis（仮説）

■ 仮定する ▶▶▶ 書き出し

□ It is therefore **hypothesized** that ...（それゆえ…と**仮定**する）

□ It is **assumed** (postulated) that ...（…と**仮定**する）

□ It **assumes** the ideal case of ...（…という理想的な場合を**仮定**している）▶ case の用法

□ The analysis **assumes** that the load is constant in magnitude and direction.
（解析では荷重の大きさと方向が一定と**仮定**する）▶ 一定，大きさ

□ Previous investigators **assumed** that ...（過去の研究者は…と**仮定**した）

□ All discussions have **assumed** the surface to have a special finish.
（すべての討論でその表面が特別な仕上げ状態と**仮定**した）▶ have の用法，仕上げ

□ Textbook problems often **assume** away these realistic challenges.
（教科書の問題はしばしばこれらの現実的な課題（難問）から離れて**仮定**を置く）

□ We **assume** all materials are linearly elastic, geometry is axisymmetric, and loading is axial.（すべての材料が線形弾性体，形状は軸対称，そして荷重は軸方向と**仮定**する）

□ by **assuming** that ...（…と**仮定**することにより）

□ Thus, as originally **assumed**, ...（したがって，元々**仮定**したように…）

□ The stiffness originally **assumed** is ...
（元々**仮定した**剛性は…である）▶ stiffness は assumed の後に移動も可能

■ assumption の用法

□ the **assumption** of axi-symmetric（軸対称という**仮定**）

□ the **assumption** of equally shared loading（等しく荷重を受け持つという**仮定**）

□ the initial **assumption** on load direction（荷重の方向に関する最初の**仮定**）

□ The **assumption** is correct.（その**仮定**は正しい）

□ This **assumption** may or may not be correct.
（この仮定は正しい，あるいはそうでないかもしれない）▶ may or may not の用法

□ An initial **assumption** is made as to ...（…について最初の**仮定**を置く）

□ These **assumptions** have some important implications.
（これらの**仮定**は重要な意味を持つ）▶ some の用法，意味

□ All of the simplifying **assumptions** are neatly counterbalanced.（すべての簡略化のための仮定はきちんと釣り合っている）▶ all of の用法，きちんと，釣り合う，simplified：簡略化した

□ check the **assumption** if it is correct or not.（それが正しいかどうか**仮定**をチェックする）

□ examine the **assumption** used here to see if it is correct.
（それが正しいか見るために，ここで使われている**仮定**を調査する）▶ 調査

□ experiments to determine whether the **assumption** is good or not
（**仮定**の良し悪しを決めるための実験）▶ whether の用法

□ The **assumption** holds for gas-lubricated bearings.
（その**仮定**は気体潤滑軸受に対して成り立つ）▶ hold for の用法

□ The **assumption** of uniform wear rate gives a lower calculated clutch capacity than the **assumption** of uniform pressure.（摩耗速度が一様という**仮定**は，圧力が一様という仮定よりクラッチの容量を低めに計算する）▶ 一様，of と lower の用法

□ For the numerical work the following **assumptions** are made.
（数値解析では以下の**仮定**を置く）▶ 数値解析，研究の説明

□ If the **assumption** is found to be in error, a re-run is required.
（**仮定**が誤りとわかった場合，再度実行することが必要である）▶ 誤り，re-run と require の用法

□ The initial analytical study was based on a number of simplifying **assumptions**.
（最初の解析的な研究は，多くの簡略化のための**仮定**に基づいていた）▶ based on の用法

□ ... based on a few **assumptions**（いくつかの**仮定**に基づいて）

□ It is based upon the **assumption** that ...（…という**仮定**に基づいている）

□ This calculation involves (contains) many **assumptions**.
（この計算には多くの**仮定**が含まれている）

□ It violates these **assumptions**.（これらの**仮定**を破っている）

■ 仮定して ▶▶▶ 書き出し

□ **Assuming** constant material properties, ...（材料定数を一定と**仮定して**）▶ 一定

□ **Assuming** (that) temperature distributions are uniform, ...（温度分布が一定と**仮定して**）

□ **Assuming** transverse shear to be negligible, ...
（横方向のせん断は無視できると**仮定して**）▶ 無視できる

□ **Assuming** the following model, ...（以下のモデルを**想定して**）

□ **Suppose** we had a 1% solution of polymer ...（1%のポリマーを溶かしたと**仮定**（想像）すると）

□ **Suppose** that it is **postulated** that ....（…と**仮定**すると**考えて**みなさい）

■ 仮説

□ It is nothing more than a **hypothesis**.（それは**仮説**に過ぎない）▶ nothing more than の用法

□ A **hypothetical** theory was proposed in respect of this phenomenon.

（この現象に関して一つの**仮説の**理論が提案された）▶ in respect of の用法，現象

□ The temperature variation of three **hypothetical** thermal properties are shown in Fig.1.
（**仮定した**三つの熱特性の温度変化は図1に示されている）▶ 変化，特性

■ さまざまな仮定の表現

□ The component in Fig.1 **is to** carry a force of 10 kN.
（図1に示した部品が10 kNの力を支える**とする**）▶ 支える

□ **If** we were to use Fig.1, ...（**もし**図1を使うとすると…）

□ **If** this is not also the least radius of gyration, **then** one must also check ...
（**もし**これも最小の旋回（回転）半径でなければ，... もチェックしなければならない）▶ 回転

□ It will fail if, and **only if** A exceeds fatigue limit.
（もし，いやAが疲労限度を超えた**ときのみ**壊れるだろう）▶ 超える

□ Even adding rather severe surface scratches does not make the situation much, **if any**, worse.（さらにいくぶん厳しい表面の引っかき傷の追加は，**もしあっても**状態をずっと悪くすることはない）▶ even と much と worse の用法，状態，挿入の文法

□ **Provided** that the loading is elastic, ...（**もし**荷重が弾性範囲であれば…）

□ **Given** a joint like that in Fig.1 consisting of six M10 bolts, ...
（6本のM10のボルトで構成された図1のような継手が**与えられたとき**）▶ given の用法，構成する

□ Thus, **should** the structure fail, ...（したがって**もし**その構造物が壊れると）

■ 仮の，仮想の

基本 pseudo（仮の，偽の，擬似の），temporarily，provisionally（仮に，一時的に），for the time being，for the present（さしあたり，今のところ），tentatively，on trial（仮に），by way of experiment（試験的に），temporary assembly, tentative assembly（仮組み立て）

□ apply an **imaginary** load（**仮想的な**荷重を与える）

□ After each iteration the right-hand side is updated with "**pseudo**-load".
（各繰り返しの後，右辺は**仮想的な**荷重を使って更新される）▶ 繰り返し，右辺，更新する

□ You cannot **fudge** things on the computer.（コンピュータ上で**でっち上げ**はできない）

わかる

■ 受動態による表現

□ It is **found** that ... is the primary cause for the accident.
（…が事故の第一の原因であることが**わかる**）▶ 書き出し

□ The sign of the variable is **found** to be positive.（その変数の符号は正であると**わかる**）

□ ... is **found** by photo-elastic analysis.（…は光弾性解析によって**わかる**）

□ S is **found** from Eq.(1).（Sは式（1）から**求められる**）

□ The analysis of Dr.B was **found** to be acceptable.
（B博士の解析は許容できるものであると**わかった**）

□ Once the thread load distribution is **known**, ...
（いったんねじの荷重分布**がわかる**と）▶ once の用法

■ 能動態による表現

- □ We **find** it advantageous to refer ...（…を引用すると都合が良いことが**わかる**）▶ 引用
- □ Mr.A **found** that the equation could not be solved.
  （A 氏はその方程式が解けないことを**見つけた**）
- □ It **turns out** that ...（… であることがわかる）
- □ ... **turns out** to be true.（…が真実であること**がわかる**）
- □ Some of the observed values **turned to** be in disagreement with theoretical values.
  （観測値のいくらかは理論値と一致しない**とわかった**）▶ in disagreement with の用法，理論的
- □ A study of Fig.1 **reveals** ...（図 1 を詳しく調べると…が**わかる**）▶ study と reveal の用法
- □ If the spring **comes out** too large, a stronger material must be considered.
  （ばねが大きすぎると**判明**した場合，より強い材料を考えなければならない）▶ come out の用法

理解する

■ 理解

- □ for better **understanding**（よりよく**わかる**ように）
- □ in order to gain a clear **understanding** of the physical situation
  （物理的状況をはっきり**理解する**ために）▶ gain の用法
- □ With this **understanding** ...（このことを**理解**して）▶ with の用法
- □ take several views from different directions to develop an **understanding** of the deformation
  （変形に対する**理解**を発展させるために，異なった角度からいくつかの見方をする）▶ 見方
- □ An **understanding** of the techniques is gained.
  （その技術に対する**理解**が得られる）▶ gain の用法
- □ It is important for the engineer to have a good **understanding** of the basics (fundamentals) of impact loading.
  （エンジニアにとって衝撃荷重の基本をよく**理解すること**は重要である）▶ 基本
- □ a physical **interpretation**（物理的**解釈**）

■ 理解する

- □ The procedure is best **understood** by careful study of ...
  （その手順は…を注意深く学ぶことによって最もよく**理解できる**）▶ 手順，careful の用法
- □ This design procedure is probably best **understood** through an example as follows.
  （この設計手順は，おそらく以下に示した例によって最もよく**理解できる**）▶ best と through の用法
- □ It is a complex problem **not** yet fully **understood**.
  （それは依然として完全には**理解されていない**複雑な問題である）▶ 複雑，not yet の用法，完全に
- □ The objective is to **acquaint** students and practicing engineers **with** these techniques.
  （目的は学生と現場の技術者にこれらの技術を**熟知させる**ことである）▶ 目的，現場の
- □ Calculations should be documented in full in order to be **intelligible**.
  （計算は**理解できる**ようにすべて文章化すべきである。）▶ 文章にする，in full の用法
- □ The student fully **appreciates** the questions.（学生はその疑問点を完全に**正しく理解している**）

定義する

■ 定義する

□ We **define** acceptable flatness **as being** 0.005 inch.
（許容される平行度を 0.005 インチ**と定義する**）▶ 許容，being の用法

□ Since the equations genuinely **define** gasket behavior, ...
（その式は正真正銘ガスケットの挙動を定義しているので…）▶ 本当に

□ The first step is to **define** the analysis problem as clearly as possible.（最初のステップは解析対象の問題をできる限りはっきりと**定義すること**である）▶ as ... as posible の用法

□ In Fig.1, **let** the thread shown **be** that of a nut constrained from movement in the z direction.
（図 1 において，示されているねじは z 方向の動きが拘束されたナットのねじ**とする**）▶ 拘束

■ …と定義される

□ Angle θ **is defined by** Fig.1 and Eq.(1).（角度 θ は図 1 と式（1）**により定義される**）

□ The shear strain γ **is defined from** the angular distortion.
（せん断ひずみ γ は角度で測ったねじれ**によって定義される**）▶ 角度の

□ The design overload **is defined as** being sufficient to cause failure.
（設計上の過負荷は破損を引き起こすのに十分な値**と定義される**）▶ being と cause の用法

□ It **is defined as** the ratio of the peak stress at the thread root to the local average stress at that section.（ねじ谷底の最大応力とその断面の局所的な平均応力の比**と定義される**）▶ 比率

□ The other quantities are **as** previously **defined**.
（その他の量は以前に**定義したとおり**である）▶ 以前に

□ bearing unit load, **defined as** load W divided by bearing projected area
（荷重 W を軸受の投影面積で除して**定義した**軸受の単位荷重）▶ unit の用法

□ A new pressure distribution is calculated and the spring connections **are redefined**.
（新しい圧力分布が計算され，そしてばね結合が**再定義される**）

方法，手順

■ method の用法

□ prescribed **method**（規定の方法）

□ assisting **method**（補助的な方法）

□ machining **method** employed（採用された機械加工**法**）

□ the popularity of specific **methods**（特定の**方法**に人気があること）

□ It is considered to be a very useful testing **method**.
（非常に有用な試験**方法**と考えられる）▶ 役に立つ，試験

□ Making use of the analytical **method**, ...（その解析**方法**を使うと）▶ make use of の用法

□ **Methods** of this kind will be dealt with sooner or later.
（遅かれ早かれこの種の**方法**が扱われるだろう）▶ 種類，deal with と sooner or later の用法

□ They developed a **method** for measuring ...（彼らは…の測定**方法**を開発した）▶ 開発，測定

4 目的から結果に至る過程の表現

■ way の用法

☐ an ideal **way** of controlling rotation（回転を制御する理想的な**方法**）

☐ the simplest **way** out of the first difficulty
（最初の困難から抜け出す一番簡単な**方法**）▶ out of の用法，困難

☐ a **way** of saying something about the process（その工程になにか発言するための**手段**）

☐ The most common **way** to do this is ...（これを実行するための最も一般的な**方法**は…）

☐ The **way** one component is designed may influence ...
（ある部品の設計**方法**が…に影響するかもしれない）▶ 設計，影響

☐ A better **way** to monitor the torque being delivered to the joint is ...
（継手に伝達されるトルクをモニターするより良い**方法**は…である）▶ 伝達，being の用法

☐ This compressor takes in vapor and compresses it, just the **way** a bicycle pump takes in air.（この圧縮機は，自転車のポンプが空気を吸い込むのとまったく同じ**方法で**蒸気を吸い込み圧縮する）▶ 取り入れる，蒸気，just の用法

■ practice，means，procedure ほかの用法

☐ This is indeed a common **practice**.（これは確かに一般的な**やり方**である）▶ indeed の用法

☐ It is poor **practice** to do ...（…をするのはまずい**やり方**である）

☐ As a matter of general **practice** it is usually best to ...
（一般的な**やり方**として，通常は…することが最善である）▶ best の用法

☐ Torque is still the most versatile and easiest **mean** of control.
（トルクは依然として最も用途の広い簡単な制御**方法**である）▶ still と versatile の用法

☐ the traditional trial-and-error **procedure**（伝統的なトライアンドエラーの**手法**）

☐ the more conventional FEM **procedures**（より型にはまった有限要素法の**手順**）

☐ Indeed, general **procedures** are now available for a finite element formulation of any problem.（実際，現在一般的な**手順**があらゆる問題の有限要素の定式化に利用できる）
▶ 一般的，indeed と available と any の用法

☐ regular **process**（通常の**方法**（工程））

☐ It provides a much cheaper and easier **alternative** to manufacturing the part.
（その部品を製造することに代わるずっと安く簡単な**別の方法**を提供する）▶ much の用法，安い

■ …の方法で

☐ in a **way** that ...（…のような**方法**で）

☐ in such a **way** that ...（…のような**方法**で）

☐ in a **way** that leaves the original number of equations unchanged.
（元の方程式の元数を変えないような**方法で**）▶ leave ... unchanged の用法

☐ in the conventional **manner**（従来の**方法**で）

☐ in a reasonable **manner**（理にかなった**方法**で）

☐ in a direct **manner**（直接的な**方法**で）

☐ in like **manner**（同じような**方法**で，同じように）▶ 同じ

☐ in a similar **manner** to the temperature measurement（温度計測と同様の**方法**で）

☐ stresses obtained in this **manner**（この**方法**で得られた応力）▶ 求める

☐ a bolt with a nut modified in the **manner** suggested by Dr.A

（A 博士の提案する**手法**によって修正されたナットを使ったボルト）▶ 修正
□ in the normal **fashion**（通常の**方法**で）▶ 通常
□ in a likewise **fashion**（同じような**方法**で）▶ likewise の用法
□ in a highly detailed **fashion**（非常に詳細な**方法**で）▶ 詳細
□ by the usual **procedure**（通常の**手順**で）▶ 通常の
□ **By** appropriately varying the pitch, ...（ピッチを適切に変化させること**により**）
□ **by** natural weathering（自然の風に当てること**により**）
□ ... is eliminated **by** the liquid.
（…は液体に**より**除去できる）▶ by の代わりに by applying，by the application of も可能
□ ... reducing corrosive action, as **by** providing cathodic protection.
（陰極の防護を提供するような**方法で**腐食の作用を減らして…）▶ as by の用法
□ **By virtue of** the principle of linear superposition, ...（線形の重ね合わせの原理**によって**）
□ by an elementary but lucid **technique**（初歩的だがわかりやすい**方法**で）▶ but の用法，明快な
□ The temperature level was selected through **trial and error**.
（温度のレベルは**トライアンドエラー**で決めた）
□ This process established a torque plus angle **strategy**.
（この工程はトルク法に角度法を加えた（締め付け）**方法**を確立した）▶ 確立

■ 方法の説明

□ The **procedure** is straightforward.（その**手順**は簡単である）▶ straightforward の用法
□ In most of the examples this **procedure** is followed.
（その例の大部分はこの**手順**に従う）▶ followed の用法
□ ... **according to** the following program（以下の計画に**従って**…）
□ **according to** Euler theory（オイラーの理論に**よると**）
□ **in accordance with** the theory（その理論**に従って**）

■ 方法，手順の表し方

□ There is otherwise no change in the **procedure**.
（ほかの点で**手順**に変化はない）▶ otherwise と no change の用法
□ ... is done following similar **procedures** as the ones used in FEM.
（…は有限要素法で使用されるものと同様の**方法**に従ってなされる）▶ following の用法
□ The motor is running as a **means** of providing a smooth clutching function.
（そのモータは滑らかなクラッチの機能を提供する**手段**として動いている）▶ 機能
□ ... that cannot be clamped by other **means**（ほかの**方法で**は締結できない…）
□ **ways** to estimate such loads（そのような荷重を見積もる**方法**）
□ We consider the factors that affect the **way** the load is carried by the threads.
（ねじが荷重を受ける**方法**に影響する因子を考える）▶ 因子，影響する，支える
□ the equivalent cylinder **approach**（等価な円柱を使う**方法**）
□ Another **approach** is **by use of** ...（もう一つの**方法**は…を**使うこと**である）
□ The most fruitful **approach** to the problem is the one based on FEM.
（その問題に対して最も有利な**方法**は有限要素法に基づくものである）▶ fruitful の用法
□ We can resort to the **method** of ...（…の**方法**に頼ることができる）▶ 頼る

□ After that, the mathematical **manipulation** is routine.
（その後の数学的な**扱い**はお決まりのものである）▶ 機械的操作

□ ... follows a **path** similar to the stress analysis.
（…は応力解析と類似の**手順**に従う）▶ follow の用法，類似の

□ as the main **tool**（おもな**手段**として）

□ For solution **via** mode superposition, ...（モードの重ね合わせ**により求めた**解に対して）

■ in terms of の用法

□ **in terms of** the area coordinates（面積座標を**用いて**）

□ It can be expressed **in terms of** temperature gradients.
（それは温度勾配を**用いて**表すことができる）

□ It is written **in terms of** a given geometry.（与えられた形状を**用いて**書かれる）▶ 形状

□ Our goal is to derive element equations **in terms of** interpolation functions.
（われわれの目標は内挿関数を**用いて**要素の方程式を導くことである）▶ 目標，導く，数値解析

評価，推定

■ fundamentals

evaluate（評価する，数値を求める），assess（評価する，算定する），presume（推定する），estimate（見積もる），predict，forecast（予測する），expect（予想する），anticipate（予想する，期待する），deduce（推定する，演繹する），conjecture（推測する），estimated values，estimates（推定値），by estimate（概算で），at a rough estimate（ざっと見積もって）

■ 評価

□ Stresses are **evaluated** at the center of each element.（応力は各要素の中央で**評価される**）

□ This theory has been accorded **evaluations** that are too low.
（この理論に与えられた**評価**は低すぎる）▶ accord と too の用法

□ **assess** the accuracy（精度を**査定する**）▶ 精度

□ to **assess** the proportion of the load taken at the same location
（同じ位置で受け持つ荷重の割合を**評価する**ために）▶ 割合，taken の用法

■ estimate ほかの用法

□ It is (presumed, estimated, predicted, forecast) that ...
（…と推定される，見積もられる，予測される，予測される）▶ 書き出し

□ make an exact **estimation** of the time（時間を正確に**見積もる**）

□ It is sometimes **estimated** on the basis of assuming a fatigue limit.
（それはしばしば疲労限度を仮定することに基づいて**推定される**）▶ on the basis of の用法

□ The error in measurement is **estimated** to be 0.04 MPa.
（測定誤差は 0.04 MPa と**推定される**）▶ 誤差

□ Mutual relationship is sufficiently **estimated** from the results of measurements.
（相互の関係は測定結果から十分**推定**できる）▶ 相互の，十分に

□ The curve shows an **estimated** torsional S-N curve.
（その曲線はねじりに対して**推定された** S-N 曲線である）

□ the **estimated** total annual costs of corrosion and wear
（腐食と摩耗に対して**推定される**年間の全費用）▶ 一年の，コスト

□ A conservative **estimate** of fatigue limit is about ...
（安全側に**見積もった**疲労限度はおよそ…である）▶ 控えめな

□ Reasonable good **estimates** of S can be made from ...
（適度にうまく S を**推定すること**は…によって実施できる）▶ 適度に，good の用法

□ The values in Table 1 have long been used as a basis for rough **estimates**.
（表１の値は大まかな**推定値**の基礎として長く用いられてきた）▶ long と basis の用法，大まかな

□ make a **conjecture** on ...（…について**推測する**）

□ They are no better than **conjectures**.（それらは**推測**の域を出ない）▶ no better than の用法

□ **Deducing** the load distribution is still unsatisfactory.
（荷重分布の**推定**はまだ不十分である）▶ still と unsatisfactory の用法

■ 予測，予測する

□ reasonable **predictions**（理にかなった**予測**）

□ good **prediction** of ...（…をうまく**予測する**こと）▶ うまく

□ **predict** load distributions（荷重分布**を予測する**）

□ If it exceeds S, fracture is **predicted**.（もし S を越えると，破壊が起こると**予測される**）

□ It is **predicted** by theory.（それは理論的に**予測**できる）

□ No failure is **predicted**.（破損することはないと**予測される**）

□ The existence of A is **predicted** (presumed, forecast).（A が存在すると**推定される**）▶ 存在

□ to **predict** the amount of relaxation（ゆるみ量を**予測する**ために）▶ 量

□ It shows the **expected** tensile stress.（**予想された**引張応力を示している）

□ This result is about as (is to be) **expected**.（この結果はほぼ**予測**どおりである）▶ about の用法

□ If brittle fracture is the **expected** mode of failure, ...
（もしぜい性破壊が**予測される**破損のモードであれば…）▶ ぜい性，破損

□ Hence, the increased shear stress is not as great as might at first be **expected**.（それゆえ，増加したせん断応力は最初に**予想した**ほど大きくない）▶ hence，not as ... as の用法，挿入の文法

□ It failed due to the **anticipated** load.（**予測した**荷重のために壊れた）▶ due to の用法

□ Since we **anticipate** no problem in satisfying this requirement, ...
（この要求を満足することにまったく問題がないと**予測**したので…）▶ 問題ない，満足，要求

□ ... must be considered in connection with corrosion problems associated with the **anticipated** environment.（**予測される**環境から連想される腐食の問題に関連して…を考慮しなければならない）▶ in connection with と associated with の用法

□ A number of problems are now **forecast** prior to the actual initiation of a project.
（プロジェクトを実際に始める前に，多くの問題が**予測**されている）▶ prior to の用法，開始

説明

■ fundamentals

explain（説明する，弁明する），describe（特徴を述べる，説明する），explanation，description

(説明), account（説明, 釈明), version（説明), account for（説明する, 占める), give an account for（理由を説明する), expound（詳細に説明する), brief description and detailed description（簡単な説明と詳細な説明）

■ explain の用法

□ **explain** theoretically and practically（理論的かつ実際的に**説明する**）

□ **explain** in a formal way（形式どおりに**説明する**）

□ **explain** ... using A（A を使って…を**説明する**）

□ **explain** ... easily with drawings and photographs
（図や写真を使って…をわかりやすく**説明する**）▶ easily の用法

□ **explain** ... briefly in an orderly manner（順を追って…を簡潔に**説明する**）

□ **explain** ... with examples of its issue（その問題の実例を挙げて…を**説明する**）

□ **explain** ... so that it can be easily understood（…を簡単に理解できるように**説明する**）

□ **explain** the difference by assuming that ...（…を仮定して違いを**説明する**）▶ 仮定

□ The phenomenon will be **explained** over many pages.
（その現象は多くの紙面を使って**説明**されるだろう）

□ To **explain** the process of elastic interactions, ...（弾性相互作用の過程を**説明**するために）

□ As **explained** in Section 1, ...（第 1 節で**説明**したように）▶ 書き出し

□ This is **explained** by the fact that ...（このことは…という事実から**説明**される）

□ An important part is the **explanation** of why ...
（重要な部分はなぜ…であるかの**説明**である）▶ of why の用法

□ The following way of thinking gives an **explanation**.
（つぎのように考えると**説明**がつく）▶ way of thinking の用法

■ account ほかの用法

□ to **account for** the factor（その要因を**説明する**ために）

□ **account for** the sense of the stress（応力の意味を**説明する**）▶ sense の用法

□ Elements outside the layer **account for** the first factor.
（その層の外側の要素が第一の原因を**説明する**）▶ outside の用法

□ The phenomenon is not properly **accounted for** if ...
（もし…ならばその現象はうまく**説明**できない）▶ 適切に

□ ..., which **accounts for** the curvature effect.（それは曲率の影響を**説明**する）▶ 数学

□ The computer program that was written for this study, listed in Ref.17, can **account for** ...（この研究のために書かれた参考文献 17 に挙げられているコンピュータプログラムによって…を**説明する**ことができる）▶ コンピュータ, 参考文献

□ A particular lucid **account** of this is given by ...
（これに関する特別に明解な**説明**（釈明）は ... に与えられている）▶ 明解な

□ Figure 1 shows an idealized **version** of freely falling mass impacting a structure.
（図 1 は自由落下する質量が構造物に衝突する場合の理想的な**説明**である）▶ 理想的, 自由に

解く

■ 解（solution ほか）

☐ the **solution** of stress（応力の**解**）

☐ exact **solution** and accurate **solution**（厳密解と精密な**解**）▶ 厳密，精密

☐ closed-form analytical **solution**（閉形式の解析**解**）▶ 数学

☐ If ..., we have a final **solution**.（もし…ならば最終的な**解**を得ることになる）

☐ It can be applied to the **solution** of continuum problems.
（それは連続体の問題の**解**に適用できる）▶ 適用

☐ in the **solution** of heat transfer problems（熱伝達問題の**解**において）

☐ the domain in which a **solution** is sought（**解**を求める領域）▶ 領域，in which の用法，探す

☐ ... where the **solution** is good over most of the model.（モデルの大部分で**解**が良好なところで）

☐ The **solution** will approximate to the true one.（その**解**は真の値に近づくだろう）▶ 近づく

☐ This **solution** yields $x = a$.（これの**解**は $x = a$ となる）

☐ A unique **solution** is impossible.（唯一の**解**は不可能である）▶ 不可能

☐ ... which **solutions** are not currently available in the literature.
（今のところ文献では**解**が見つからない…）▶ 現在，available の用法

☐ **Solutions** must be found which satisfy the additional constraints, called boundary conditions.
（境界条件と呼ばれる追加の制約条件を満足する**解**を見つけなければならない）▶ 制約，境界条件

☐ **Solution** of the equations result in the consecutive set of nodal temperatures at the chosen time increments for transient case.
（その方程式の**解**は，非定常の場合に対する任意の時間増分における連続した節点温度の集まりとなる）▶ 方程式，result in の用法，連続した，選ばれた，非定常

☐ **Solution** of the equations is dependent on proper application of boundary conditions.
（それらの方程式の**解**は，境界条件を正しく適用することに依存している）▶ 依存，適切，境界条件

☐ One method of reducing the computational effort for the transient **solution** is to employ an explicit algorithm.（非定常**解**を得るための計算の労力を減らす一つの方法は，陽的な演算法を使うことである）▶ 減らす，非定常，employ の用法，implicit：陰的な

☐ one satisfactory **answer** to the problem（その問題に対する一つの満足のいく**答え**）▶ 満足

☐ After this expression is obtained, Q is equated to zero to obtain the final **answer**.
（この式が得られた後，最終的な**答え**を得るために Q を零と置く）▶ 等値する

■ 解く，解決する

☐ a graphical **solution**（図式**解法**）

☐ The larger the values of A, the more rapidly our **solution** will proceed.
（A の値が大きいほど，**解を得ること**がより迅速に進む）▶ 比較級

☐ Our assumption is correct if, after **solution** of the system equations, ...
（われわれの仮定は系の方程式を**解いた**後，もし…ならば正しい）▶ 挿入の文法

☐ **Solving for** the deflection, u, we have ...（たわみ u を**解く**（求める）と ... が得られる）

☐ There are many points which must be **solved**.（**解決**しなければならない多くの点がある）

4 目的から結果に至る過程の表現

☐ in order to **settle** the problems（その問題を**解決**するために）
☐ bring this problem to a **settlement**（この問題を**解決**する）
☐ The disputes have not been brought to any **settlement**.
（その議論はなんら**解決**に至っていない）▶ 議論
☐ Further research is needed to **resolve** this discrepancy.
（この矛盾を**解決する**ためにはさらなる研究が必要である）▶ further の用法，矛盾

■ 解明する

☐ **clarification** of the growth mechanism（成長メカニズムの**解明**）
☐ The paper explains how extremely difficult it is to accurately **clarify** it.
（その論文は，それを正確に**解明する**ことがどれほど極端に難しいか説明している）▶ 極端に
☐ in the interest of **clarifying** the analysis（その解析を**明らかにする**という興味において）
☐ **elucidate** the mechanism of ...（…の機構を**解明する**）
☐ It has been exhaustively **elucidated**.（それは徹底的に**解明**された）▶ 徹底的
☐ This experiment **cleared up** many questions which could not be well understood in the past.（この実験は過去にはよく理解できなかった多くの疑問を**解き明かした**）▶ well understood の用法

決定，判断

■ 決定，決定的

☐ **determine** by trial and error techniques（試行錯誤により**決定する**）▶ 試行錯誤
☐ It is **determined** as ...（…のように**決定される**）
☐ It is seldom easy to **determine** ...（…を**決定**することは簡単にできるものではない）
☐ Manufacturing accuracy is the **determining** factor as to whether or not teeth do in fact share the load.（加工精度は（歯車の）歯が実際に荷重を分担するかどうかの**決定的な**要因である）
▶ 加工，精度，as to と whether or not の用法
☐ Simplicity of operation and light weight are the **deciding** factors.
（操作が簡単で軽量であることは**決定的な**要因である）▶ 簡単，操作，軽量
☐ The choice of the formulation may be **decided**, therefore, on the basis of the optimization software.（それゆえ定式化の選択は，最適化のソフトウェアに基づいて**決定される**だろう）▶ choice と on the basis of の用法，最適化
☐ It is a **decision-making** process carried out by means of mathematical aids.
（それは数学の力を借りて実施される**意思決定**の過程である）▶ carry out と by means of の用法

■ 判断，…かどうか

☐ It is a matter of engineering **judgment** based on accumulated experience.
（それは蓄積された経験に基づく工学上の**判断**の問題である）▶ a matter of の用法，基づく，蓄積
☐ ... is **decided** by engineering **judgment**, the objective thereby being to reduce the analysis effort required.（…は工学的**判断**により**決定**され，それによって対象物は解析に必要な労力が減ることになる）▶ 決定，対象，thereby と being の用法
☐ When fixed end attachments are less rigid, **judgment** must be used.
（固定端の付属物の剛性が低いときは**判断力**を使わなければならない）▶ 付属物，less の用法

□ ... **whether** the stresses are all zero.（応力がすべて零**かどうか**）

□ ... **whether** steady state or time dependent（定常状態か時間に依存する**かどうか**）

□ For each test case, an initial assumption is made as to **whether or not** limiting friction exists.（それぞれのテストについて，限界摩擦が存在する**かどうか**に関して最初の仮定を置く）
▶ 仮定，as to と whether or not の用法

結果

■ fundamentals

result（結果，効果），effect（結果，効果，影響），consequence（結果，影響），outgrowth（当然の結果，自然の成り行き）

■ …の結果

□ computed **results** and measured ones（計算**結果**と測定結果）

□ the **results** of the test（試験の**結果**）

□ the **results** of experiment（実験の**結果**）

□ recently (recent) improved **results**（最近改善された**結果**）

□ the **results** of this modified theory（この修正理論の**結果**）▶ 修正

□ the **results** of many of these studies（これらの研究の多くの**結果**）▶ of の用法（繰り返し）

□ from **the results** of measurements（測定**結果**から）

□ In view of the present **results** ...（現在の**結果**からすると）▶ in view of の用法

□ graphical **results** of hoop stress（グラフによる円周方向応力の**結果**）▶ 図

□ **Results** of the study indicated that ...（その研究の**結果**は…を示していた）

□ **Results** of a finite element analysis using the mesh of Fig.2 are shown.
（図２のメッシュを使った有限要素解析の**結果**が示されている）

□ The **results** of the stress analysis for the remaining three models indicated that ...
（残りの三つのモデルに対する応力解析の**結果**は…を示した）▶ 残りの

□ The **results** of observations were inconsistent because of a lack of skilled researchers.
（熟練研究者が不足しているために観察**結果**には矛盾があった）▶ 矛盾，不足，熟練

□ The **results** of applying this technique to bolts fitted with conventional nuts are ...
（この手法を通常のナットと組み合わせたボルトに適用した**結果**は…）▶ 適用

□ load distributions very similar to the theoretical and experimental **results** of references 2-4（文献２～４に示された理論値と実験**結果**と非常によく似た荷重分布）▶ 類似した，文献

□ If the anomaly is the **result** of normal production variation in material or construction, ...（もしその例外が材料や建設における正常な生産の変化の**結果**であれば…）▶ 例外，変化

□ **Outgrowths** of A can be applied to the solution of B.（A の**結果**は B を解くことに適用できる）

■ 結果は…

□ **Results** are shown in Fig.1.（**結果**を図１に示す）

□ **Results** show reasonable agreement with exact stresses.
（**結果**は厳密な応力と適度に一致している）▶ reasonable の用法，一致，書き出し

□ His theoretical **results** are ...（彼の理論的な**結果**は…である）

4 目的から結果に至る過程の表現

□ The **result** is four different levels of residual preload in eight parts when ...
（…のとき，その**結果**は八つの部品に四つの異なったレベルの残留荷重が生じることになる）

□ One **result** is a nonuniform contact pressure between joint members.
（一つの**結果**は，締結部材の間の不均一な接触面圧である）▶ 不均一

□ According to this result, comes the statement that a load suddenly applied doubles the deflection and stress.（**この結果**から，突然与えた荷重はたわみと応力を倍にするといえる）
▶ 倒置法，according to と statement の用法，倍にする

■ 結果として

□ As a **result**, it is concluded that ...（**結果**として…と結論できる）

□ As a natural **consequence**（当然の**結果**として）

□ As a necessary **consequence**（必然的な**結果**として）

□ As a **result** of more recent evidence（より最近の証拠の**結果**として）

□ Protective films, formed as a **result** of the corrosion, are ...
（腐食**の結果**できる保護膜は…である）▶ 腐食，形成

□ the **resulting** value of A（**結果的に得られた** A の値）

□ The **resulting** stresses depend upon the masses of related bodies which may be considered rigid.（**結果として生じる**応力は，剛体と考えられる関連する物体の質量に依存する）
▶ 依存，関連，考えられる

■ 結果として…となる

□ ... **results** in a redistribution of stress.（…は応力の再分布という**結果**となる）

□ ... **results** in a relatively large increase in the accuracy of the predicted results.
（…は予測した結果の精度の比較的大きな向上という**結果**となる）▶ 比較的，精度，予測

□ Attempts to subject the material to greater amounts of distortion energy **result** in yielding.（その材料により大きなねじれのエネルギーを与える試みは，（材料の）降伏という**結果**となる）▶ 試み，subject の用法

□ with a **resulting** scatter of 2% of the target value
（**結果的に**目標値の 2％のばらつきで）▶ with の用法

□ They **lead to** noticeable errors.（**結果として**大きな誤差に**つながる**）▶ lead to の用法，顕著な

□ It **gives** more uniform pressure distribution.（それはより一様な圧力分布を**与える**）

■ その結果…となる

□ ..., **thereby** transferring more of the load to the other parts.
（**それによって**，より多くの荷重をほかの部品に伝達する）▶ thereby の用法

□ ..., **thereby** giving a stress three times as high.（その**結果**応力は 3 倍高くなる）▶ 倍

□ ..., **thus** causing elastic changes in pitch.
（その**結果**，弾性変形によるピッチの変化を引き起こす）▶ thus の用法

□ They are combined with the other constants, with the **results**: ...
（それらはほかの定数と組み合わせて…という**結果**を得る）▶ 組み合わせ，with と「：」の用法

□ **Upon** cooling, the skin tends to contract.
（冷却**すると**皮膚は収縮する傾向がある）▶ upon の用法，傾向

■ 結論

□ He **concluded** that ...（彼は… と**結論**した）▶ 書き出し

□ The experimental results lead to the **conclusion** that ...
（その実験結果は…という**結論**につながる）▶ lead to の用法

□ Finally, this chapter **concludes** with a brief description of FEM for solving ...
（最後に，この章は…を解析するための FEM の短い記述**で結ぶ**）▶ 記述，with の用法

討論，議論

■ fundamentals

discuss（討論する，話し合う），argue（議論する，言い争う），debate（討論，討論する），dispute（討論する，口論する），discussion（討論，審議），argument（議論，論争），without argument（異議なく），controversy（論争，議論），beyond discussion（論をまたない）

■ 例文

□ a lengthy **discussion** of spring specification problem（ばねの規格の問題に関する長い**討論**）

□ In terms of the **discussion** in ...（…における**議論**によって）▶ in terms of の用法

□ confirm the earlier **discussion**（初期の**議論**を確かめる）▶ 確かめる，初期の

□ much of the **discussion** in this chapter（この章の**議論**の多くの部分）▶ much of の用法

□ It has been **discussed** from various angles.（さまざまな角度から**議論**された）▶ さまざまな

□ One of these, tapered threads, is **discussed** in the next section.
（これらの一つであるテーパねじは次節で**論じられる**）▶ 挿入の文法

□ **debate** with him over ...（彼と…について**討論する**）

□ hold a **debate** on ...（…について**討論**する）

□ **argue** with Mr.A about ...（A 氏と…について**議論する**）

□ have an **argument** with Mr.K about ...（K 氏と…のことで**議論**する）

参考，文献

■ 参考

□ for **reference**（**参考**のために）

□ for later **reference**（後の**参考**のために）▶ 後の

□ A diagram is given below for your **reference**.（**参考**のために以下に図表を一つ挙げておく）

□ use ... for a **reference** data（…を**参考**データとする）

□ ... which, for quick **reference**, are summarized in Appendix 2.
（素早く**参照**するために付録 2 にまとめられている…）▶ 挿入の文法，要約する，付録

□ **refer to** (consult) a dictionary（辞書で調べる（**参照する**））

□ These values become **reference** standards.
（これらの数字は**参照される**基準になっている）▶ become の用法，基準

□ It is a completely new study field, so that no **reference** material is available.
（まったくの新しい研究分野なので**参考**資料がない）▶ 完全に，so that の用法，資料

□ with **reference** to Fig.1,（図 1 を**参照**すると）

□ **Reference** to Fig.1 shows that the proposed theory is acceptable.
（図 1 を**参照**すると，提案された理論は受け入れ可能であることが示されている）▶ 書き出し

□ The following equation is obtained by **referring to** Eq.(1).
（以下の式は式（1）を**参照して**求められる）

■ 引用，文献

□ They are **cited** in the table.（それらは表に**引用**されている）

□ the 0.3 value usually **cited** for copper（銅に対して通常**引用**される 0.3 という値）▶ 値

□ ... is **quoted** from A and B.（…は A と B から**引用**される）

□ It is **referenced to** in textbooks of inorganic chemistry.
（それは無機化学の教科書で引用されている）▶ 無機化学

□ This is often described, in the **literature**, as the only problem affecting calculation accuracy.
（これは計算精度に影響する唯一の問題として，しばしば**文献**に記述されている）▶ 記述，影響

□ Some of the early developments in finite element heat transfer analysis appear in **references** 1-5.（有限要素法による熱伝達解析に関する初期の発展のいくらかは，**文献** 1 ～ 5 に見られる）▶ 発展，appear の用法

5. よく使う動詞的表現（Part-I）

使う

■ fundamentals

use（使う，使用），employ（使用する，利用する），utilize（利用する），make use of（使う，利用する），make frequent use of（たびたび使用する），in industrial use（工業的な使用において）

■ use の用法（名詞）

□ The principal **use** of high-performance carbon fiber is ...
（高性能カーボン繊維のおもな**使い道**は…）▶ おもな，高性能

□ This type of sensor seems to be **used** more often.
（このタイプのセンサがより頻繁に**使用**されているようだ）

□ for **use** in measurements（計測で**使用**するために）▶ 計測

□ They were all designed for pressure vessel **use**.
（それらはすべて圧力容器で**使用**するために設計された）▶ all の用法

□ This machine is reserved only for **use** in emergency (only when an emergency arises).
（この機械は緊急時に**使用**するためだけのものである）▶ 取っておく，緊急

□ It is now in common **use** for all bolts and studs for high pressure pipe flanges.
（現在それは，高圧の管フランジのすべてのボルトとスタッドに対して一般的に**使用**されている）

□ **Use** of these equations is ...（これらの方程式を**使う**と…）

□ **Use** of latter two quantities is illustrated in sample problems.

（後の二つの量の**使用**については例題に示されている）▶ illustrate の用法

□ Reference 1 suggests the **use** of ... to improve convergence.
（参考文献 1 では収束性を改善するために…を**使うこと**を提案している）▶ 文献，提案，改善

□ Other **uses** include ...（ほかの**使用例**は…を含んでいる）

□ Hence, **use** is made of three-element strain gage rosettes.
（したがって 3 要素ひずみゲージロゼット法が使われる）▶ hence の用法

■ use の用法（動詞）

□ **use** two dry cells as the power source（電源として 2 個の乾電池を**使用する**）

□ They carefully **used** ... since its supply is not available.
（補充がきかないので…を大事に**使った**）▶ 供給，available の用法

□ Equation(1) can be **used** for ...（式（1）は…に**使用する**ことができる）

□ This machine is usually not **used**.（この機械は普段**使用**されていない）

□ ... will be **used** more widely in the future.（…は将来より広く**使用される**だろう）▶ 広く

□ It is **used** out of necessity rather than appearance.
（それは見かけよりも必要性から**使用される**）▶ out of と rather than の用法，必要性

□ It is worn away rapidly since it has been **used** so frequently.
（それは頻繁に**使用された**ので急速に摩耗する）▶ 摩耗，急速に，頻繁に

□ They are **used** extensively in multiple-disk clutches.
（それらはマルチディスク形式のクラッチで広く**使用**されている）▶ extensively の用法

□ If a torque wrench is **used** on unlubricated bolts, ...
（もしトルクレンチが無潤滑のボルトに**使われる**と）

□ meshes **used** and choice of element types（**使用される**メッシュと要素の選択）

■ 使う，用いる

□ make **use** of the information on ... given in Chap.9（9 章にある…に関する情報を**使う**）

□ make the best **use** of ...（…を最も有効に**使う**）▶ best の用法

□ Making **use** of the immense magnetic power, ...（巨大な電磁力を**利用して**）▶ 巨大な

□ **employ** a polariscope（偏光器を**用いる**）

□ **employ** the convention that hogging moments are positive.
（ホッギング（上に凸に変形）モーメントが正という慣例を**採用**する）▶ 慣例，negative：負の

□ Various means have been exhaustively **employed**.
（さまざまな手段が徹底的に**使われた**）▶ 徹底的

□ **Utilizing** this assumption gave a good correlation between A and B.
（この仮定を**用いる**と A と B の間に良い相関が得られた）▶ 仮定，相関

□ It is customary to **work with** equivalent column length.
（等価な円柱長さを**使う**のが通例である）▶ 通例，等価

□ They stabilize after a few hours **in service**.（数時間**使うと**安定する）▶ 安定，時間

□ We **introduced** a finite element model for stress analysis.
（応力解析のために有限要素モデルを**導入した**）

■ 使用，使い方

□ working voltage and working current（使用電圧と使用電流）

□ a rental fee, the rental, the rent（使用料）

□ in view of their large **usage** of computing time
（計算時間を多く**使用**する観点から）▶ in view of の用法，計算

□ It will withstand rough **usage**.（それは乱暴な**使い方**にも耐えるだろう）▶ 耐える，乱暴な

□ in the anticipated **service** environment（予期される**使用**環境において）▶ 予測，環境

□ the maximum **service** temperature（最高**使用**温度）▶ 最大

□ the **service** r.p.m.（**使用される**毎分回転数）▶ r.p.m.：revolutions per minute

■ …を使って

□ by **use** of different elements（別の要素**を用いて**）

□ **Using** FEM together with an experimental technique, ...
（実験的手法と一緒に有限要素法**を用いて**）▶ together with の用法

□ through **use** of the concept of ...（の概念**を使って**）▶ 概念

□ **In terms of** the existing principal stresses, ...
（現状の主応力**を用いて**（によって））▶ in terms of の用法

□ **With** A at least tentatively selected, ...
（少なくとも試しに選ばれた A **を用いて**）▶ 選択，with の用法

□ It is modeled **by** a coarse mesh.（粗いメッシュを**用いて**モデル化される）▶ fine：細かい

■ 使用中

□ It is now **in use** (currently utilized).（現在**使用中**である）

□ ..., both during tightening and **in use**.（締め付け中と**使用中**のいずれも）▶ both の用法

□ generators **in operation**（**使用中の**発電機）

□ It is called **in-service** tension in the bolts.（それはボルトの**使用中の**張力と呼ばれる）

□ ... when the joint is put **in service**.（継手が**使用状態**になったとき）▶ put の用法

□ The millions of bolts and nuts are **in service** in all manners of applications.
（数百万というボルト・ナットがあらゆる適用方法で**使用中**だ）▶ あらゆる，application の用法

■ others

□ They would not be **reusable**.（それらは**再使用**できないだろう）

□ It **lasts** for years under daily usage.（毎日使用しても何年も**持つ**）▶ 毎日の

□ This machine is good for many years because of its durable quality.
（この機械は丈夫なので長年使用できる）▶ 丈夫

□ A minimum of hydraulic piston movement is **consumed** in bringing the shoes into contact with the drum.（油圧式ピストンの最小の動きがブレーキシューをドラムに接触させるために**消費される**）▶ 最小の，maximum：最大の，bring ... into contact の用法

適用する

■ 適用する

□ It can be **applied** with greatest confidence.（最大級の確信を持って**適用**できる）▶ 確信

□ It cannot be properly **applied**.（うまく**適用**できない）▶ 適切に

□ The principle that normally **applies** is that ...（通常**適用される**原理は…である）▶ 原理

□ These **apply** to operation in second and fourth gears.
（これらは２番目と４番目の歯車の動きに**適用**する）▶ 動き方

□ The same natural coordinates **apply** if ...
（もし…ならば同じ自然座標系が**適用**できる）▶ 座標

□ ..., so that the above relations no longer **apply**.
（したがって上記の関係はもはや**適用**できない）▶ so that と no longer の用法

□ the results of **applying** this technique to ...（この技術を…に**適用**した結果）

■ 適用，適用性 ▶▶▶ application の用法

□ It is **applicable** to ...（それは…に**適用できる**）

□ Another common **application** is ...（もう一つの一般的な**適用例**は…である）▶ 一般的

□ They are limited in their **applications** to ...（それらの**適用**は…に制限されている）▶ 制限

□ A specific **application** is best made using the manufacturer's literature.
（特定の**使い方**については，製造業者の文献を使うと一番うまくいく）▶ best made の用法

□ **in applications** involving static loading and elevated temperatures
（静荷重と高温状態を含む**応用では**…）

□ Other plastic coatings are used for **applications** requiring a high coefficient of friction.
（その他の塑性コーティングは，高い摩擦係数が必要とされる**適用例**に使用される）▶ require の用法

□ ... can be used due for easy **applicability** of the sensor.
（…はセンサの**適用性**の容易さゆえに使用することができる）▶ 使用，due for の用法

□ The above test problems illustrate the general **applicability**.
（上記の試験問題は一般的に**適用できること**を説明している）▶ illustrate の用法

□ The **conformability** to curved surfaces is extremely poor.
（曲面への**適用性**は極端に悪い）▶ 曲面，極端，poor の用法

示す，表す

■ fundamentals

show（示す，明らかにする），present（示す），represent（表す，はっきり述べる），demonstrate（明示する，証明する），reveal（示す，明らかにする），designate（明示する，指摘する，と呼ぶ），indicate（指し示す，ほのめかす），illustrate（説明する，図解する），exhibit（表す，見せる），denote（示す，表示する，意味する），suggest（それとなく示す，提案する），seem（のように見える），appear（外見上そう見える（違う可能性あり）），depict（描写する，（図で）示す），express（表現する，述べる），discuss（討論する），point out（指摘する），reproducible（再現できる）

■ 示す，表す

□ The x and y directions are **as** in Fig.1.（x と y の方向は図１のとおりである）

□ Figure 1 **shows** a simplified drawing of ...
（図１は…の簡略化したスケッチを**示している**）▶ 簡略化，図

□ ..., which is **shown** to significantly reduce vibration levels.
（それは振動レベルを大きく下げるために**示される**）▶ significantly の用法

□ ... using the test equipment **shown** in Fig.2.（図２に**示した**実験装置を使って）

□ the curve such that **shown** in Fig.2（図 2 に**示された**ような曲線）

□ This situation **presents** no difficulties for ...
（この状況は…が難しくないことを**示している**）▶ no の用法，困難

□ ... will be **presented** to illustrate particular examples of propagation problems.
（…は伝播問題の特別な例を説明するために**示される**だろう）▶ 説明する

□ This does not accurately **represent** the situation.（このことは状況を正確に**示して**いない）

□ The complete **representation** of states of stress and strain is **plotted**.
（応力とひずみの状態の完全な**表示がプロットされている**）▶ 状態

□ Experience **indicates** that ...（経験によると…**である**）▶ 書き出し

□ The results of the temperature analysis **indicated** that ...
（温度解析の結果は…であることを**示した**）

□ It **indicates** the relative influence of a number of major parameters in the design of this type of component.（そのことは，このタイプの部品の設計における多数の主要なパラメータの相対的な影響を**示している**）▶ 相対的，影響，a number of の用法

□ All their results **indicate** a concentration of the load of between two and three times the mean value.
（彼らすべての結果は，平均値の 2，3 倍荷重が集中することを**示している**）▶ 倍，of + between の用法

□ ... is cited to substantiate **indicated** improvement.
（…は**指摘された**改善を実現するために引用される）▶ 引用，実現，改善

□ ... is clearly **indicative** of changes in structural integrity.
（…は明らかに構造の完全さの変化を**示している**）▶ 明らかに，完全さ

□ to **illustrate** the effectiveness and usefulness（有効性と役に立つことを**示す**ために）

□ We can **illustrate** the approach through a one-dimensional example.
（一次元の例によってその手法を**説明する**ことができる）▶ 手法，through の用法

□ The above points are **illustrated** in Fig.1.（上記のポイントは図 1 に**示されている**）

□ It should **exhibit** tensile stress.（それは引張応力を**示す**だろう）

□ **exhibit** a lower stiffness（より低い剛性を**示す**）

□ Figure 1 **demonstrates** symbolically that ...（図 1 は…を象徴的に**示している**）▶ 象徴的

□ This analysis **reveals** that ...（この解析は…を**明らかにしている**）

□ The asterisk superscript **designates** a local reference system.
（上付きの星印は局所座標系 **を表す**）

□ ... as **suggested** in Fig.1.（図 1 に**示される**ように）

□ ... as **noted** in the previous section.（前の節で**示した**（注意した）ように）

■ 表示する

□ ... **represented** by the top (bottom) line（一番上（下）の線で**示された** ...）

□ F, M and w are more generally **represented** by S_i.
（F と M と w は，より一般的に記号 S_i で**表される**）▶ 一般的

□ Figure 1 **depicts** a graphical solution.（図 1 は図式解法を**示している**）▶ 解法

□ ... **depicted** (shown) in Fig.1.（図 1 に**示された**…）

□ as **indicated** in Fig.1（図 1 に**示した**ように）

□ The calculated temperatures at selected nodes **appear** in Table 1.
（選ばれた節点で計算された温度が表１に**示されている**（現れる））▶ 過去分詞の用法

□ Input signals, **denoted** by the vectors X and Y, are ...
（ベクトル X と Y で**表される**入力信号は…）▶ 信号，挿入の文法

□ **Denoting** a typical node i by three numbers I, J and K corresponding to the coordinates L_1, L_2 and L_3, ...（典型的な節点 i を座標（の位置）L_1，L_2，L_3 に対応して三つの数字 I，J，K で**表示すると**）▶ 対応する，数値解析

□ the element boundaries **identified** with heavy lines
（太い線で**示された**（区別された）有限要素の境界）▶ identify の用法

□ Not only does the study of such classical problems serve to **portray** the underlying principles but it serves ...（そのような古典的な問題の研究は，基礎となる原理の**描写**に役立つだけではなく，…の役割もする）▶ not only but (also) の用法，基礎となる，serve の用法

■ 表現する

□ This situation is figuratively **expressed** as "seven unknowns and four equations".
（この状況は比喩的に七つの未知数と四つの方程式と**表現される**）▶ 比喩的，literally：文字どおり

□ This is most conveniently given in terms of local coordinates by the usual **expression**.
（これは通常の**表現方法**の局所座標によって最もうまく提供される）▶ 使って，most の用法

持つ，含む

■ fundamentals

include（含む），involve（必然的に含む），bear（持つ，身に着ける，支える），contain（含む，持っている），encompass（包含する），content（中身，内容）

■ 例文

□ Parts **having** surfaces subjected to extreme heat can be ...
（極端な熱にさらされる面を**持つ**部品は…となりなり得る）▶ having の用法

□ Additional factors **include** ...（追加の因子は…を**含む**）

□ If failure **involves** static yielding, ...（もし破損が静的な降伏を**含む**のであれば…）

□ The mechanical behaviors **involved** during the manufacturing process is ...
（製造工程に**含まれる**力学的な挙動は…）▶ 挙動，製造，during の用法

□ It **bears** some similarity to the interface element.
（それは界面要素といくらか類似点が**ある**）▶ 類似，数値解析

□ A detailed discussion of lubricants is **contained** in Ref.1.
（潤滑剤の詳細な議論は文献１に**含まれている**）▶ 詳細な，議論

□ in the component **incorporating** a groove（溝を持つ（**組み込んだ**）部品において）

□ large quantities of spent fluids of high cadmium **content**
（カドミウムの**含有**率が高い多量の消費された流体）▶ large quantities of と spent の用法

□ **encompass** those complex structures（そのような複雑な構造を**含む**）

扱う

■ fundamentals

treat，handle（扱う，処理する），deal with（扱う，論じる，関係がある），grapple with，tackle（に取り組む）

■ 例文

□ ... to **handle** nonlinearities（非線形性を**扱う**ために）

□ in order to **handle** other than very simple cases
（非常に単純なケース以外を**扱う**ために）▶ other than の用法

□ The problems are best **handled** by ...（その問題は…により最もうまく**扱える**）▶ best の用法

□ Bending of the members may be **handled** by decreasing the stiffness.
（部材の曲げは剛性を下げることにより**扱われる**だろう）▶ 下げる

□ **treat** joint members as springs in series（継手部材を直列のばねとして**扱う**）▶ 直列

□ It can be **treated** in the normal fashion.（通常の方法で**扱える**）▶ 通常，方法

□ **deal with** the uncertainties covered in this chapter
（この章に含まれる不確かさを扱う）▶ 不確か，含む

□ Having **dealt with** gear geometry and force analysis, we now turn to ...
（歯車の形状と力の解析を**扱い**，今から…にとりかかる）▶ 着手する，having の用法

□ **grapple with** the difficult problems（困難な問題に**取り組む**）

□ **tackle** design changes very quickly（設計変更にきわめて迅速に**取り組む**）

□ Chapter 1 **works with** a one-dimensional problem.（第 1 章は一次元問題を**扱っている**）

□ It is **tractable**.（それは**扱いやすい**）

□ The nonlinear problem is **unwieldy**.（その非線形問題は**扱いにくい**）▶ 非線形

□ The main locations of stress concentrations are at the fillet, which are **inaccessible**.
（応力集中のおもな位置は**近づきにくい**隅肉の部分である）

選ぶ

■ fundamentals

select（多くの中から選ぶ），choose（単に選ぶ），elect（本来は選挙で選ぶ），selection（選択），choice（入念に選ぶ），elect，make a selection (choice)（選択する），in favor of（のほうを選んで，に有利になるように）

■ …の選択

□ the **selection** of A（A を**選ぶ**こと）

□ all **selections** of the coefficient A（係数 A のすべての**選択**）

□ These **selections** are sometimes extremely difficult.
（これらの**選択**はしばしばきわめて困難である）

□ Bearing **selection**（軸受の**選択**（見出し））

□ First, consider material **selection**.（最初に材料の**選択**を考える）▶ 考える

□ The **selection** of the safety factor comes down to engineering judgment.

（安全率の**選択**は最終的には工学的な判断による）▶ come down to の用法

□ the **selection** of an appropriate value of A（A の適切な値の**選択**）▶ 適切な

□ It is a proper **selection** to represent the structural behavior in the model.
（それはモデルの構造上の挙動を表すのに適切な**選択**である）▶ 適切な

□ to automate this **selection** process（この**選択**の過程を自動化するために）▶ 自動化

□ It provides a representative **selection** of machine finishes.
（機械仕上げの代表的な**選択肢**を提供する）▶ 仕上げ

□ **Selection** would be based on such things as the size of gap to be filled.（充填されることになるすきまの寸法などに基づいて**選択**されるであろう）▶ based on と such ... as の用法，書き出し

□ the **choice** of a value of 12 for ...（…に対して 12 という値を**選ぶ**こと）

□ a logical **choice** for a trial solution（試行的な解の論理的な**選択**）▶ 論理的

□ The **choice** of A is discussed in ...（A の**選択**は…で議論される）

□ Critical **choices** have to be made to describe ...
（…を記述するために重大な**選択**をしなければならない）▶ 重大な

□ The **choice** of which to use may be determined by the following considerations.
（どれを使うかの**選択**は以下の考察によって決定されるだろう）▶ 決定，which to use の用法

■ 選択において

□ We calculate temperature distributions as a first step in the **selection** of materials.
（われわれは材料**選択**の最初のステップとして温度分布を計算する）▶ 計算する，step の用法

□ In **selecting** a washer appropriate for assembly application, the functions of the many washer options available must be understood.
（組み立てに適したワッシャの**選択**において，利用可能な多数のワッシャのオプションの機能を理解しなければならない）▶ 適切な，組み立て，understand の用法

■ 選ぶ，選ばれた

□ It is **selected** because of ...（それは…ゆえに**選ばれる**）

□ It was tentatively **selected**.（試しに**選ばれた**）▶ 試験的に

□ ... before making a final **selection**（最終的な**選択する**前に）

□ a component **selected** to match its behavior
（その挙動に適合するように**選ばれた**部品）▶ 調和する

□ **selected** existing machines（**選ばれた**既存の機械）▶ 過去分詞の用法

□ ... is **chosen** as the research topic.（…が研究の話題として**選ばれる**）▶ topic の用法

□ These include **choosing** A as $A = B$.（これらは $A = B$ となるように A を**選ぶ**ことを含んでいる）

□ But rather than update the equation, we **elect** to rewrite Eq.(1).
（その式を更新するより，むしろ式（1）を書き換えるほうを**選ぶ**）▶ rather than の用法，updating も可能

■ 選び方の表現

□ **Whichever** equation you may use, ...（**どちらの**式を使っても…）▶ whichever の用法

□ **Select** whichever method you like best.（どれでも一番好きな手法を**選び**なさい）

□ It is determined by the friction forces or by the friction value, **whichever** is less.
（どちらが小さくても，摩擦力か摩擦の値か**いずれか**によって決定される）▶ less の用法

□ The bottlenecks are **preferentially** controlled to efficiently develop the project.

（効率的にプロジェクトを進めるために，障害（問題点）は**優先的に**制御される）▶ 障害

■ 代表的な

□ to give a **typical** example（**代表的な**例を挙げるために）

□ It is a **typical** example of ...（それは…の**代表的な**例である）

□ This type of brake is **typified** by conventional automotive drum brakes.
（このタイプのブレーキは従来の自動車のドラムブレーキに**代表**される）

呼ぶ

■ 例文

□ We shall **refer to** A as B.（A を B と**呼ぶ**ことにする）

□ This is **referred to as** the biaxial effect of stress raisers.
（これは応力を上昇させる二軸効果と**呼ばれている**）

□ The word bearing **refers to** contacting surfaces through which a load is transmitted.
（軸受という単語は，それを通して荷重が伝えられる接触面を**意味する**）▶ through which の用法

□ ..., which is **termed** S here.（それはここでは S と**呼ばれる**）

□ The equation **bears** his name.（その式は彼の名前を**冠している**）

□ ..., **calling** these simply Ni.（これらを単純にニッケルと**呼んで**）

□ Two **calls** are made to this subroutine.（このサブルーチンに対して 2 回**呼ばれる**）

発生する，現れる

■ fundamentals

occur（起こる），produce（引き起こす，もたらす），induce（引き起こす，誘引する），cause（結果として引き起こす，もたらす），develop（発達する，現れる），create（創造する），yield（生じる，もたらす），initiate（始める，起こす），originate（起こる，始まる），generate（発生させる），give rise to（引き起こす），set up（引き起こす），onset（開始）

■ occur の用法

□ the frequency of **occurrence**（**発生**頻度）▶ 頻度

□ to prevent this **occurrence** of large numbers（このことが多く**発生する**のを防ぐために）

□ ... **occurs** in the majority of conventional applications.
（…は従来の応用例の大部分で**起こる**）▶ 大部分

□ An interesting phenomenon **occurred**.（興味のある現象が**起こった**）▶ 現象

□ Most creep relaxation **occurs** in the first 15 to 20 minutes.
（大抵のクリープし緩は最初の 15 ～ 20 分で**起こる**）▶ 大抵の，時間

□ Failure will **occur** in the bolt at the root of the first thread.
（破損はボルトの第 1 ねじ谷底で**発生する**だろう）▶ 破損

□ The best known examples of seizure **occur** in engines that continue to operate after losing their liquid coolant.（最もよく知られた焼き付きの例は，液体の冷却剤がなくなった後も運転を続けたエンジンで**発生する**）▶ 運転する，after と lose の用法

☐ It **occurs** within one pitch of load bearing surface of the nut.
（ナット座面から 1 ピッチ以内で**発生する**） ▶ within の用法

☐ It lowers the high stress concentration that **occurrs** at the loaded surface of nut.
（ナットの座面に**発生する**高い応力集中を下げる） ▶ 下げる

☐ Unexpected events **occurred** which seemed to deny this phenomenon.
（この現象を否定するような予期せぬことが**起った**） ▶ 予期しない，event の用法

☐ the polynomial terms **occurring** in such expressions as Eq.(3)
（式 (3) のような式で**生じる**多項式の項） ▶ 数学

☐ ... **occurring** in the threads of bolt-nut connection
（ボルト・ナット締結体のねじ山で**発生する**…）

■ produce ほかの用法

☐ The proposed heating method **produces** a more uniform temperature distribution.
（提案された加熱方法はさらに一様な温度分布を**生じる**） ▶ 一様

☐ It **produces** a difference in thread pitch between the two components.
（それは二つの部品の間でねじのピッチの差を**生じる**） ▶ 差

☐ It **produces** heat by ...（それは…によって熱を**発生する**）

☐ the stress concentration **produced** at ...（…で**発生した**応力集中）

☐ It will **induce** the concentration of ...（それは…の集中を**引き起こす**だろう）

☐ A compressive stress is **induced**.（圧縮応力が**発生した**）

☐ A new problem to be overcome **arose**.（克服すべき新たな問題が**発生した**） ▶ 克服

☐ Nonlinear terms **arise** from ...（非線形項は…から**生じる**） ▶ 非線形

☐ The tension **develops** upon cooling and thermal contraction.
（引張りは冷却と熱収縮により**発生する**） ▶ upon の用法，収縮

☐ the load **developed** in a given component（与えられた部品で**発生した**荷重）

☐ The force is **created** when we turn the nut.（その力はナットを回したときに**生じる**）

☐ the **creation** of surface residual compressive stresses by heat-treatment
（熱処理によって表面の残留圧縮応力を**つくり出す**こと）

☐ These factors can **introduce** even more uncertainty than does friction.（これらの因子は摩擦よりもさらに大きな不確かさを**持ち込む**ことになる） ▶ even と more ... than の用法，不確かさ

☐ **give rise to** stress concentration（応力集中を**引き起こす**）

☐ stresses **set up** by locking the component at the bottom of the hole.
（部品を穴の底に固定することによって**引き起こされた**応力）

☐ in order to **give off** light（光を**発する**ために）

☐ The test specimen **gave off** a strong smell.（その試験片は強い臭気を**発した**）

☐ the part **exhibiting** the largest stress（最大応力が**発生する**（示す）部品）

■ 現れる，出現

☐ the **advent** of large-scale computers（大形コンピュータの**出現**） ▶「-」の用法

☐ A distinct indication **appears**.
（まったく別の（はっきりした）徴候が**現れる**） ▶ distinction：区別，特徴

☐ The defect **appears** in the bent part.（曲がった部分に欠陥が**現れる**） ▶ 欠陥

□ Strong shrinkage **appears.**（大きな収縮が**現れた**）

□ Some of the early developments **appear** in Ref. 1.
（初期の進展のいくらかが文献 1 に**見られる**）

□ ... does (do) not **appear** explicitly.（…は明白には**現れ**ない）▶ 明白に

□ ... does (do) not **show** clearly.（…は明瞭には**現れ**ない）

□ **emerging** ultrasonic techniques（**出現してきた**超音波技術）▶ 技術

□ As the thread **emerges** from the loaded end of the bolt, ...
（ねじ山がボルトの荷重を受けた端部から**現れる**につれて）

□ The achievements of Mr.A have **distinguished** themselves in the field of ...
（A 氏の業績は…の分野で**目立っている**）▶ 業績，in the field of の用法

□ **symptoms** of excessive misalignment（過大な（軸の）芯のずれの**兆候**）

実行する，達成する

■ fundamentals

perform（行う，成し遂げる），conduct（行う，導く），implement（実行する，履行する），practice（実行する，実施する，行う），carry out（行う，遂行する），achieve, accomplish（成し遂げる，達成する），establish（設立する，確立する）

■ 実施

□ in accordance with good **practice**（うまい**実施方法**に従って）▶ うまい

□ to adopt the **practice** of site welding（現場溶接の**実施**を採用するために）▶ 現場

□ Conservative standard **practice** does not give the weld credit for this extra throat area.
（保守的で標準的な**実施方法**は，この余分なのど部分の面積に対して溶接の信頼性を与えていない）
▶ 保守的，信頼，余分な

■ 実施する，実行する

□ **practice** the FEM（有限要素法を**実行する**）

□ They **conduct** a comprehensive study of the phenomenon.
（その現象の包括的な研究を**実施する**）

□ Manufacturers have **conducted** tests.（製造者は試験を**実施**した）▶ 製造者

□ They **perform** a few experiments.（数回**実験**する）

□ It is **performed** manually.（それは手動で**実行される**）

□ They **perform** three-dimensional analyses on a series of modified nuts.
（修正した一連のナットに対して三次元解析を**実施する**）▶ a series of の用法，修正

□ the smallest part that will **perform** the task（その仕事**ができる**最小の部品）

□ When **implementing** ...（…を**実行する**とき）

□ They have not yet been **implemented** in most commercially available computer programs.（それらは商用となっている大抵のコンピュータプログラムにおいて，依然**実行**されていない）▶ not yet と available の用法，商用の

□ Aftercare countermeasures were only reluctantly **implemented**.
（アフターケアの対策はいやいや**実行された**にすぎない）▶ 対策，only の用法，しぶしぶ

□ Much of the work described above was **done** only once.
（上述の仕事の多くは 1 回だけ**実施された**）▶ much of と only once の用法

□ This modification was **done** to make comparison of the connections easier.
（この修正は，それらの継手の比較を簡単にするために**実施された**）▶ 修正，比較，easier の用法

□ **doing** a fully three-dimensional analysis（完全な三次元解析**の実行**）

□ **Carrying out** the matrix multiplication of Eq.(1), ...
（式（1）のマトリックスの掛け算を**実行すると**，…）▶ 数学

□ ... **runs** two of the operations in a parallel, double-tasking mode.
（…は，その作業の二つを並列の二重実行モードで**実行する**）▶ 並列，数値解析

■ 達成する

□ It will be **accomplished** expediently.（それはうまく**達成される**だろう）▶ 都合よく

□ Sealing of the fluid is **accomplished** by a gasket in the form of a rubber O-ring.
（流体のシールはゴム製の O リング形状のガスケットによって**達成される**）▶ in the form of の用法

□ The desired bending can sometimes be **accomplished**.
（望ましい曲げがしばしば**達成できる**）▶ 望ましい，sometimes の用法

□ He **achieved** a 19.5 percent reduction in the maximum stress.
（彼は最大応力の 19.5 % の低下を**達成した**）

□ If reasonable agreement is **established**, ...（もし適度な一致が**確立**できれば）▶ 一致

□ **complete** the steps（そのステップを**完遂する**）

発展する，開発する

■ 発展，進展

□ after years of **development**（長年にわたる**発展**の結果）▶ 長年の

□ The ensuing **development** might ...（その後の**発展**は…かもしれない）▶ 続く

□ speed up **development** time（**開発**速度を上げる）

□ The above **development** of residual stress curves is ...
（上記の残留応力曲線の**進展**は…である）

□ It offers computational **advances**.（それは計算上の**進展**を提供する）

■ 発展する，開発する

□ **develop** a technique（技術を**発展させる**）▶ 技術

□ **develop** analytical expressions（解析的な式を**展開する**）

□ **well-developed** methods and theories of structural dynamics
（構造の動力学の**十分に発展した**手法と理論）▶ well-... の用法（well-built：頑丈な）

□ They **developed** a method for estimating ...（…を推定する方法を**開発した**）▶ 開発，推定

□ It presents an insight into how a number of computer systems **evolved**.
（それは多くのコンピュータシステムがどのように**発展**したかについての見識を与える）
▶ 見識，how と a number of の用法

□ It is the use of infinite elements **pioneered** by Prof.K.
（それは元々 K 教授によって**開発された**無限要素を使うことである。）▶ 無限の，finite：有限の

□ Real problems frequently possess symmetries that can be **exploited** in this manner to reduce the size of the problem.（実際の問題はしばしばそのサイズを小さくするために，この方法で**開発**できる対称性を有している）▶ しばしば，所有する，対称性，in this manner の用法

意味する

■ fundamentals

mean（意味する），imply（暗に意味する），meaning（意味），implication（含蓄のある意味），meaningless（無意味な），physical meaning（物理的意味），in a general sense（一般的な意味で），in a restrictive sense（限定的な意味で），in an extremely broad sense（極端に広い意味で）

■ 例文

□ The assumption of axi-symmetric **implies** that ...
（軸対称と仮定することは…を**意味する**）▶ 仮定，対称

□ The words classical optimization are **implied** here to encompass those simple structures.
（ここで古典的な最適化という用語は，そのような単純な構造を含むことを**意味する**）▶ 含む

□ The **implications** of all this are significant.（このすべての**意味**が重要である）▶ all this の用法

□ The fact that its behavior is nonlinear does not **mean** that it is deforming plastically.（その挙動が非線形であるという事実が塑性変形することを**意味する**わけではない）
▶ fact と that の用法，挙動，非線形，変形

□ In the case of ..., the **meaning** of "consistent" can be debated.
（…の場合には，consistent の**意味**を議論することができる）▶ case の用法

□ They are known functions with **meanings** similar to those in the one-dimensional problem.（それらは一次元問題と似た**意味**を持つ既知の関数である）▶ 既知の，similar to の用法

□ Rewrite Eq.(1) more **meaningfully** as ...（式（1）をより**意味深く**…と書き改めなさい）

□ The assumptions of static analysis should be justified, since otherwise the analytical results are **meaningless**.（静的な解析という仮定は正当化されるべきである。さもなければその解析結果は**意味がない**）▶ 仮定，正当化，since otherwise の用法

□ It is used in a general **sense** to indicate ..., and also in a specific **sense** to indicate ...
（それは一般的な**意味**で…を示すために，また特別な**意味**で…を示すために使われる）▶ 示す

期待する

■ fundamentals

in expectation of, in anticipation of（を期待して），beyond expectation（予想以上に），against all expectations, against all odds（期待に反して），come up to one's expectation（期待に添う），run counter to one's expectation（期待に反する）

■ 例文

□ The result was better than **expected**.（結果は**期待**以上であった）▶ better than の用法

□ The success of the experiments cannot be **expected** for a while.

（しばらくの間，実験の成功は**期待**できない）▶ しばらくの間

- □ in **expectation** of your follow-up tests（あなた方の追試験を**期待**して）
- □ Do you have any **expectations** of succeeding (success)?（成功の**見込み**はありますか）
- □ Contrary to the **expectation**, the results of the test were not good.
  （**期待**に反して試験の結果はよくなかった）
- □ They have especially high **promise** for engineering problem solving.
  （それらは工学の問題解決に対して特別に大きく**期待**できる）▶ 特に
- □ Future studies are **anticipated**.（将来の研究が**期待される**）

考慮する

■ fundamentals

consider（考慮する，よく考える），take account of ..., take ... into account，take into consideration ...，take ... into consideration（…を考慮する）

■ 考慮する，考慮しない

- □ **consider** the factors that affect the method（その方法に影響する因子を**考慮**する）▶ 影響する
- □ lay a necessary foundation by **considering** ...
  （…を**考慮する**ことによって必要な基盤を築く）▶ 基盤
- □ ... by **considering** the stresses caused by pressure plus possible sliding.
  （圧力と起こり得る滑りによる応力を**考慮する**ことによって）▶ caused by と possible の用法
- □ The joints **considered** are typical examples.（**考えている**継手は典型的な例である）
- □ The model **takes into consideration** the coefficient of friction.
  （その（解析）モデルは摩擦係数を**考慮している**）▶ 摩擦係数
- □ **Taking** all of this **into account**, ...（これのすべてを**考慮して**）▶ all の用法
- □ They are calculated for several examples of joints, **taking into account** the normal and shear stiffness of machine surfaces.（機械の面の垂直方向とせん断方向の剛性を**考慮して**，数例の継手について計算される）▶ 垂直方向，剛性
- □ **In view of** Eq.(1) we have ...（式（1）**を考慮して**…を得る）
- □ None of this is **taken into account**.（このことはなにも**考慮**されていない）▶ none of の用法
- □ Not **accounting for** the pressure effect should introduce a negligible error.
  （圧力の**影響**を考慮しなくても，無視できる程度の誤差しか生じない）▶ 否定，影響，無視できる

■ 考慮すべき

- □ Two things to **consider** are ...（**考慮**すべき二つの項目は…である）
- □ Friction and wear due to rubbing on the surface have to be **considered**.
  （面の上を擦ることによって発生する摩擦と摩耗を**考慮**しなければならない）▶ 摩擦，摩耗，擦る
- □ Ecological considerations must be increasingly **considered**.
  （生態学的な考察はますます**考慮**されなければならない）▶ 考察，increasingly の用法
- □ The presence of relatively large flatness deviations must also be **considered**.
  （比較的大きな平面度の誤差が存在することも**考慮**しなければならない）▶ presence の用法，比較的
- □ This difference should be **taken into account**.（この違いを**考慮**すべきである）

■ allow の用法

□ **allow for** the loss in weight beforehand（あらかじめ重量の損失を**考慮に入れる**）▶ 前もって

□ **allow for** possible damages beforehand
（あらかじめ起こり得る損傷を**考慮に入れる**）▶ possible の用法，損傷

□ **allow** in advance **for** the reduction of section due to hammering
（つち打ちよる断面の減少をあらかじめに**見込んでおく**）▶ あらかじめ，挿入の文法

□ **allow** interference between the shaft and hole（軸と穴の間にシメシロを**取っておく**）

□ **allow** about 3 mm for cutting（3 mm くらいの切削シロを**見込む**）

□ ... **allows** the operator to determine a focal point.
（…によってオペレータは焦点を決めることができる）

分類する，分ける

■ 分類

□ ... can be **classified** into one of three categories.（…は 3 種類のうちの一つに**分類**できる）

□ **classifying** ... into one of three categories（…を 3 種類のうちの一つに**分類**して）

□ Lubrication is commonly **classified** according to the degree with which the lubricant separates the sliding surface.
（潤滑は通常潤滑剤が滑り面を隔てる程度によって**分類**される）▶ 程度，according to と with which の用法

□ They **fall into** two categories, direct and iterative methods.
（それらは直接法と繰り返し法の 2 種類に**分類**される）▶ 種類

□ They do not **fall into** these categories.（これらの種類には**分類**されない）

□ They are **divided** into three categories in order of increasing severity.
（厳しくなっていく順番に 3 種類に**分類**される）▶ 種類，in order of の用法，厳しい

□ Internal combustion engines are roughly **grouped** into ...
（内燃機関は大まかに…のように**分類**される）▶ roughly の用法

□ **break down** the treatment **into** three analyses and modeling categories
（その処理を三つの解析とモデリングの種類に**分類する**）

■ 分ける

□ It is **partitioned** into 21 elements.（それは 21 要素に**分割**される）

□ Equating A to B yields in the **partitioning** of the total shearing energy between the workpiece and the chip.（A を B と等しいとおくと，（旋盤加工の）被削材と切りくずの間の全せん断エネルギーの**分担率**が得られる）▶ yield の用法

□ ... can be developed in the fluid film **separating** two closely spaced surfaces moving in relation to one another.（…は，相対的に動いている二つの接近した面を**分離する**流体の薄膜の中で成長させることができる）▶ 発達，接近，相対的

□ The total forces are **distributed** to the nodes in three equal parts.
（全体の力は三つの同じ部品のつなぎ目に**分配**される）▶ 等しい

比較する

■ 比較

- □ **comparison** between numerical and experimental results（数値解析と実験結果の**比較**）
- □ **comparison** of the experimental results with the calculated results
  （実験結果と計算結果の**比較**）
- □ A more commonly used **comparison** is the results of 3-D analysis.
  （より一般的に使われる**比較**の対象は三次元解析の結果である）▶ more commonly の用法

■ 比較する

- □ **compare** A with B，**compare** A to B（A と B を**比較する**）
- □ make direct **comparison**（直接**比較**する）
- □ **compare** the observation data（観察結果を**比較する**）
- □ **compare** the size of the values（値の大小を**比較する**）
- □ It is used as a standard to **compare** previously published results.
  （それは以前に公表された結果を**比較**するための基準として使われる）▶ 基準
- □ He **compared** his theoretical results with the experimental results of Mr.A.
  （彼は自分の理論値と A 氏による実験値を**比較**した）
- □ The predicted results are **compared** with experimental results.
  （予想した結果は実験結果と**比較**された）▶ 予測
- □ The analysis has been **compared** indirectly to the experimental load distribution.
  （解析（結果）は間接的に実験による荷重分布と**比較**された）▶ 間接的に
- □ It has yet to be **compared** to the experimental values.
  （それは依然として実験値と**比較**しなければならない）▶ yet の用法，挿入の文法

■ 比較すると…

- □ **Compared to** other effects, ...（ほかの効果と**比較すると**）▶ 書き出し
- □ The maximum stress in the bolt was 4.64 **compared to** 3.39 in the connection with the tapered thread form.（ボルトの最大応力はテーパねじ形状継手の 3.39 に対して 4.64 であった）
- □ The equation converges if A is small **compared to** B.
  （その式は A が B に**比べて**小さいと収束する）▶ 収束，数値解析
- □ They are very elementary **compared with** the operations usually employed in the solutions of practical problems.（実際の問題の解法に通常使われる操作と**比較する**と非常に初歩的である）▶ elementary と employ の用法，実際の
- □ **Comparison** of some of these data with Fig.1 will show ...
  （これらのデータのいくつかを図 1 と**比較**すると…がわかるだろう）

■ 比較して，比較のために

- □ determine ... **comparing** with the results（結果と**比較**して…を決定する）▶ 決定
- □ By way of **comparison**, ...（**比較**のために（を目的として））
- □ In **comparison** with welding, ...（溶接と**比較**して）
- □ It is presented for **comparison**.（**比較**のために示されている）
- □ Relatively, it is not as long when **compared** with width L.

（幅 L と**比べて**相対的に長くない）▶ not as long の用法

□ It is fundamentally suited for under-water wet welding as **compared** to other welding processes.（それはほかの溶接方法と**比較**して，基本的に湿式の水中溶接に向いている）

▶ 基本的に，suited for と as compared to の用法

□ ... are controlled **more** by A **than** B.（…は B より A によって支配される）

■ 相対的 ▶▶▶ ほかにも例文多数

□ If a **relatively** soft gasket is used, ...（もし**相対的に**柔らかいガスケットが使われると）

□ the displacements of one element face **relative to** displacements of the opposite face（反対側の面の変位に対して**相対的な**ある（有限）要素の面の変位）

□ **relative** motion of the parts on either side of the interface（界面のどちらかにある部品の**相対的な**動き）

求める

■ 例文

□ to **obtain** the best overall performance（最高の全体性能を**得る**ために）▶ 全体の，性能

□ They have recently **obtained** load distributions experimentally.（彼らは最近実験で荷重分布を**求めた**）▶ 実験

□ It was **obtained** in a direct manner.（それは直接的な方法で**求められた**）▶ 方法

□ to **produce** satisfactory results（満足な結果を**得る**（もたらす）ために）

□ Previous studies have **produced** ...（以前の研究は…（という結果）を**得た**）

□ to **produce** a good solution（良い解を**得る**ために）▶ 解

□ The stiffness of this combination of parts is **found** by ...（部品のこの組み合わせの剛性は…から**求められる**（わかる））

□ the **derivation** of load distributions from measurements of the deformation of the nut（ナットの変形の測定から荷重分布を**求める**（誘導する）こと）▶ 分布，測定

改善する

■ improvement などの用法

□ an **improvement** in working conditions（労働条件**の改善**）

□ **improvement** of the accuracy（精度の**改善**）▶ 精度

□ qualitative **improvement**（質的な**改善**）▶ quantitative：量的な

□ the **improvement** of health（健康**の増進**）

□ ... with (through, by) remarkable **improvements** in the technology（技術の顕著な**改善**により）▶ 顕著な，前置詞の用法

□ It shows significant **improvement**.（顕著な**改善**がある）

□ Substantial **improvement** can be made by ...（実質的な**改善**は…により実施できる）▶ substantial の用法

□ It brings product **improvements** to market faster.

（それは市場により迅速に製品の**改善**をもたらす）▶ faster の用法

□ It provides some **improvement** over ...（…についていくらか**改善する**）▶ 提供する

□ The modifications to the part gave no **improvement** in the stress distribution compared to the conventional ones.（部品を修正しても，従来のものに比べて応力分布になんら**改善**はなかった）▶ 修正，否定，比較，従来の

□ This technique still requires further **refinement** to be capable of accurately analyzing ...（この技術は依然として…を正確に解析できるためにさらなる**改善**する必要とする）▶ still，further と capable of の用法

■ improve の用法

□ She has very much **improved** in speaking English.（彼女は英会話がとても**うまくなった**）

□ The computational advantage is **improved** efficiency.（計算上有利な点は効率の**改善**である）▶ 計算の，長所，過去分詞の用法

□ Figure 1 also shows **improved** results.（図１は**改善**された結果も示している）

□ Sealability is **improved** or degraded.（シール性能が**改良**あるいは悪くなる）▶ 劣化

修正する

■ fundamentals

modify（修正する），modification（修正），revise（修正する，改訂する，校閲する），revision（改訂，校閲，修正），revised manuscript（修正原稿），amend（修正する，改正する（法律など）），amendment（修正，改正）

■ 例文

□ The **modifications** are listed in Table 1.（**修正箇所**は表１にまとめている）

□ various empirical **modifications**（さまざまな経験的な**修正**）▶ theoretical：理論的

□ through a **modification** to the part form（部品形状の**修正**により）▶ through の用法

□ Four models have **modifications** to the shape of the component.（四つのモデルがその部品の形状を**修正**したものである）

□ It requires no **modification** to the other components unlike the latest product.（最新の製品と違ってほかの部品を**修正**する必要はない）▶ 必要，no と unlike の用法

□ Using this **modified** theory, ...（この**修正**理論を用いて）

□ a sensor **modified** in the manner suggested by Dr.A（A 博士が提案した手法で**修正**したセンサ）▶ 手法

□ The design has been **modified** accordingly.（設計は適宜**修正**された）

□ His theory has been **modified** to allow for this effect.（彼の理論はこの影響を考慮するために**修正**された）▶ allow for の用法

□ If the following issues are **amended** or **revised**, ...（もし以下の問題点を**改める**あるいは**修正する**なら…）▶ 問題

6. 値と量に関する表現

算数の表現

■ 足し算，引き算

□ **Add** 4 and 3 and you have 7. / Three **added** to four make seven.（4 **足す** 3 は 7 になる）

□ **Add** up these figures.（これらの数字を**合計**しなさい）

□ **summation** of moments（モーメントの**合計**）

□ **subtract** 3 from 8 and **add** 2（8 から 3 を**引いて** 2 を**足す**）

□ **subtract** the approximate value of a certain number, x, **from** its true value
（ある数 x の 真の値から近似値を**引く**）▶ およそ，certain の用法

■ 掛け算，割り算

□ Three **times** four is (equals) twelve.（$3 \times 4 = 12$，4 を 3 **倍**すると 12 になる：順序に注意！）

□ Stored elastic energy is equal to deflection **times** average force.
（蓄えられた弾性エネルギーは平均の力とたわみの**積**に等しい）▶ 蓄える

□ The work output is the product of distance **times** force, or $W^* L$.
（仕事の出力は力**掛ける**距離（力と距離の積），すなわち $W \times L$ である）

□ **multiply** A **by** B（A に B を**掛ける**）

□ **multiply** the number of MPa **by** 3.1（MPa（圧力の単位）で表した数字に 3.1 を**掛ける**）

□ ... is taken into account by **multiplying** A **by** a load factor ϕ of 0.1.
（…は，A に内力係数の $\phi = 0.1$ を**掛ける**ことによって考慮される）▶ 考慮する

□ We **multiply** the shear strength **by** the cross-sectional area of A.
（せん断強さに断面積 A を**掛ける**）

□ The **product** of area times pressure is ...（圧力と面積の**積**は…である：順序に注意！）

□ ... is increased to a value equal to the **product** of area times yield strength.
（…は降伏応力と面積の**積**に等しい値まで増加される）▶ 増加

□ It is obtained by **dividing** the numerator and denominator **by** A.
（それは分子と分母を A で**割る**ことにより求められる）

□ They normalized the maximum root stresses by **dividing** these **by** the average root stress of the bolt.
（最大谷底応力については，その値をボルトの平均谷底応力で**除す**ことにより正規化した）

■ …倍 ▶▶▶ 程度，量，値

基本 twice（2 倍），three times, four times ...（3 倍，4 倍…），hundreds of times, thousands of times（数百倍，数千倍）

□ **quadruple** the load capacity（荷重の容量を **4 倍にする**）

□ The friction load capacity would be **twice** this amount.
（摩擦荷重の容量はこの量の **2 倍**になるだろう）

□ Recommended practice is to make the radius greater than **twice** the wire diameter.
（推薦されるやり方は，その半径をワイヤの直径の **2 倍**以上にすることである）▶ 推薦，以上

□ **Doubling** the load on a bearing reduces its life **by a factor of** about 10.
（軸受の荷重が **2 倍**になると寿命が 10 **分の 1** 程度になる）

□ **Doubling** the diameter increases the capacity **by a factor of** 32.
（直径を **2 倍**にすると容量は 32 **倍**になる）

□ **by a factor of** 64（64 **倍**に）

□ It increases the amount of ... **by a factor of** 10 or more.
（…の量を 10 **倍**かそれ以上増加させる）▶ 量，以上

□ The term is reduced **by a factor of** 3, thereby giving a stress **three times** as high, or 11 MPa.
（その項は 1/3 に小さくなり，その結果応力は **3 倍**高く 11 MPa になる）▶ thereby と as high の用法

□ a torque multiplication ratio of the **order** of 3（3 の**オーダー**のトルク倍率比）▶ かけ算

■ times の用法 ▶▶▶ 程度，量，値

□ **ten times** this much life or **one-tenth** of it（これの **10 倍**あるいは **1/10** の寿命）

□ ... which are **several times** larger than A.（A より**数倍**大きい…）

□ The tensile strength is **about 500 times** the Brinell hardness.
（引張強さはブリネル硬度の**約 500 倍**である）

□ If *A* is at least **10 times** *B*, ...（もし *A* が *B* の少なくとも **10 倍**大きいなら…）

□ It lasts **ten times** as long as ordinary lamps.（普通の電球の **10 倍**寿命がある）▶ 持続する

□ Filler alloys permit clearances **ten times** as great (ten times this amount).
（充填される合金はこの **10 倍**のすきまを許容する）▶ 許容

□ It is at least **15 or 20 times** as great as the thickness.
（少なくとも厚さの **15 あるいは 20 倍**大きい）▶ times as ... as の用法

□ It requires ***n* times** as much computational effort as is needed to find A.
（A を見つけるために必要な ***n* 倍**の計算の労力が必要である）▶ 必要，労力

□ It requires **three times** as much off-torque to start loosening the nut.
（ナットのゆるみを開始するには **3 倍**のゆるめトルクが必要である）

□ About **four times** as much white light can be produced.（白色光のおよそ **4 倍**つくり出せる）

□ The results indicate a concentration of stress between **two and three times** the mean stress.
（その結果は平均値の **2 ～ 3 倍**の応力が集中していることを示している）▶ 示す，between の用法

□ They are **1.3 to 1.5 times** those shown in Table 1.（表 1 に示した値の **1.3 ～ 1.5 倍**である）

□ The endurance limit corresponds to about **0.4 times**, rather than **0.5 times**, the ultimate strength.（耐久限度は極限強さの **0.5 倍**というよりおよそ **0.4 倍**に相当する）
▶ 相当する，rather than の用法，挿入の文法

□ A regular nut has a thread length equal to **0.875 times** the nominal diameter of the bolt.
（標準のナットはボルトの呼び径の **0.875 倍**に等しいねじ部の長さを持つ）▶ 標準の，equal to の用法

□ If there are eight bolts in the joint and an average tension of 10,000 lb in each of the eight bolts, then, simply put, the joint is clamped together with an interface force equal to **eight times** 10,000, or 80,000 lb.（もし継手に 8 本のボルトがあって平均張力が 10 000 ポン

ドの場合，簡単に言えば継手は 10 000 の **8 倍**，すなわち 80 000 ポンドの界面の力で締め付けられることになる）▶ 等しい，then の用法，簡単に

値

■ value の用法

□ the specified **value**（規定された**値**）

□ the estimated **value** of S（S の推定値）

□ experimentally determined **values**（実験で求めた**値**）▶ 実験

□ an instantaneous **value**（ある瞬間の**値**）▶ 瞬間

□ design **values** of ...（…の設計**値**）

□ the lower **values** of temperature（温度の低いほうの**値**）

□ the **value** of A at one instant of time t（ある瞬間の時間 t における A の**値**）

□ It returns to the original **value**.（それは最初の**値**に戻る）

□ They have **values** of S of 66.（66 という S の**値**を持つ）

□ It is equal to **the 0.15 value** usually cited for steel.
（それは鋼に対して通常引用される **0.15 という値**に等しい）▶ 等しい，引用

□ The time variable t may take on any **value** from zero to the maximum time of interest.
（時間変数 t は，零から関心のある最大時間の間の任意の**値**を取るだろう）▶ any の用法，関心

□ These have **a value** of unity at the point in question.
（これらは問題となる点で 1 という**値**をとる）▶ unity と in question の用法

□ The calculated result would be 90 ksi, a **value** well above the ultimate strength.
（計算結果は極限強さを十分超える**値**である 90 ksi になるだろう）▶ well above の用法

□ ..., with maximum **values** at the neutral axis of A.
（A の中立軸において最大**値**が発生して）▶ 最大，with の用法

□ a **value** of J at least intermediate between A and B
（少なくとも A と B の中間となる J の**値**）▶ intermediate の用法

■ 数値による表現

□ Axial displacements are **nonzero**.（軸方向変位は**零ではない**）

□ The **number** should preferably be written as $5.02 * 10^3$.
（その**数**は好んで 5.02×10^3 と書かれる）▶ preferably の用法

□ Coulomb friction **coefficient** of 0.05（0.05 というクーロンの摩擦**係数**）

□ The **coefficient** of friction between nut and bolt was **taken as** 0.2.
（ナットとボルトの間の摩擦**係数**は 0.2 という**値とされた**）

□ It varies over a range of **five or ten to one**.（それは **5：1 と 10：1** の範囲で変化する）▶ 範囲

□ Short columns are commonly regarded as those having L **less than 10**.
（短い柱は通常 L が **10 より小さい**ものと見なされる）▶ 見なす，having と less than の用法

□ This is **one-fifth to one-tenth** what we would expect the coefficients to be under normal conditions.
（これは正常な条件下で期待する係数の値の **1/5 ～ 1/10** である）▶ under の用法，正常な

□ The ratio A/B is called ..., and is commonly on the **order** of 500 to 1,000.
（比率 A/B は…と呼ばれ，通常 500 ～ 1 000 の**オーダー**である）

■ 平均値

□ the **mean** of A and B（A と B の**平均**）

□ the **mean** tensile stress（**平均**引張応力）

□ shear stress of **average value** S（**平均値**が S のせん断応力）

□ The result was obtained from the **averaged value** of several measurements.
（結果は数回の測定の**平均値**から求められた）▶ 測定

□ It is the **averaged value** at the three points as measured by a spot-type infrared thermometer.
（それはスポットタイプの赤外線温度計で測定した 3 点における**平均値**である）▶ 測定する

数と量

■ fundamentals

a large amount of, large amounts of（たくさんの），the amount of change（変化量）

■ 数のイメージ

□ several：二つ以上から五つ，六つくらいまで。ときには 10 ぐらいまで可能

□ a few：いくつかの，a few days（数日）

□ some：一般に several より少ない不定の数（訳さないことが多い），about より漠然とした数を表す

□ a couple of：二つの，二，三の。最高 4 ぐらいまで（技術英語であまり使わない）

□ some time (sometime)：しばらくの間，かなりの時間

■ …の量，…の大きさ

□ the **amount** of substance and volume（物質の**量**と体積）

□ the **amount** (quantity) of something used（使用**量**）

□ an **amount** of mass coefficient（質量係数の**大きさ**）

□ the **amount** of torque produced by a given tool
（与えられた工具により発生するトルクの**大きさ**）

□ The **amount** of clamping force reduction decreases with preload.
（締め付け力の減少**量**は初期軸力の大きさとともに減少する）▶ 減少

□ The **amount** of creep will depend on the materials of which it is made.
（クリープの**大きさ**は，それがつくられている材料に依存するだろう）▶ 依存，of + which の用法

□ It can be converted into an **amount** of work.（それは仕事**量**に換算できる）▶ 仕事，換算

■ 量，大きさの程度

□ a particular **amount** of ...（特定の**量**の…）

□ a considerable **amount** of numerical data（かなりの**量**の数値データ）

□ a considerable **amount** of scatter（かなりの**量**のばらつき）▶ ばらつき

□ absorb large **amounts** of energy（たくさんのエネルギーを吸収する）

□ ..., even for a small **amount** of modification.

（たとえわずかな修正**量**についても）▶ even の用法，修正

□ for varying **amounts** of relaxation（異なった**量**のゆるみに対して）▶ varying の用法

□ A certain **amount** of initial stress is created.
（ある**大きさ**の初期応力が発生する）▶ certain の用法

□ It carries a certain **amount** of thrust.（ある**大きさ**のスラストを支える）

□ The fasteners must create a significant **amount** of clamping force, holding the joint elements together and preventing any motion of slip.
（その締結部品はかなりの**大きさ**の締め付け力を発生し，継手の要素を保持して，あらゆる滑りを防止しなければならない）▶ 動詞 + ing の用法

□ Bolts A and B have a slightly lower **amount** of preload in them than bolts C and D.
（ボルト A と B の軸力の**大きさ**は，ボルト C と D に比べて少し低めである）▶ 少し

□ a bending moment of **intensity** M（**大きさ**（強さ）M の曲げモーメント）

□ a load of 2,000 kN（2 000 kN の荷重）

□ a stress of 200 MPa（200 MPa の応力）

□ The preload is 100 lb of tension.（初期軸力は大きさ 100 ポンドの張力である）

□ We applied 150 lb-ft of torque.（大きさ 150 lb-ft のトルクを与えた）

■ …の量だけ ▶▶▶ 程度

□ ... by an **amount** determined by the permanent deformation（永久変形で決まる**量**だけ…）

□ It decreases by a lesser **amount**.（より少ない**量**だけ減少する）▶ lesser の用法

□ K must be changed by an **amount** of ΔK.（K は ΔK だけ変化しなければならない）

□ Let the force and the moment increase by **amounts** ΔF and ΔM over the length Δz.
（力とモーメントを長さ Δz にわたって ΔF と ΔM だけ増加させる）▶ 増加

□ They are changed by **angle** θ from their original 90 degrees.
（それらは元の 90° から**角度** θ だけ変化する）▶ 変化

■ others

□ traffic **loading** of 7,000 vehicles per day（1 日当り 7 000 台の交通**量**）

□ There are other physical **quantities** of interest.
（ほかにも興味のある物理**量**がある）▶ of interest の用法

□ ask how much **stuff** is in a container.（コンテナにどれだけ（の**もの**）入っているかたずねる）

半分，half

■ 例文

□ **one-half** the thickness of ...（…の**半分**の厚さ）▶ half the thickness も可能

□ **One-half** of the pipe flange connection is modeled.
（管フランジ継手の**半分**をモデル化する）▶ a half of も可能

□ Because of symmetry, only **one-half** of the structure is modeled.
（対称性から構造物の**半分**のみがモデル化される）▶ because of の用法，対称

□ cross section of a **half** of ...（…の**半分**の断面）

□ **half** as much as ...（…の**半分**）

□ **Two halves** make a whole.（**半分**が二つで全体になる）▶ 全体
□ divide ... into **halves**（…を**半分**に分ける）▶ 分割
□ Yielding will begin at only **half** the load.（降伏はその荷重のわずか**半分**で起きるだろう）
□ It is only about **half** the stiffness of the bolt alone.
（それはボルト単体のほんの**半分**程度の剛性である）▶ about と alone の用法
□ It is less than **half** that produced on the other two.
（ほかの二つで作り出される値の**半分**より小さい）▶ more than：より大きい
□ Integer variables take **half** the number of bytes of single precision.
（（コンピュータの）整数の変数は単精度の（数の）**半分**のバイトを使う）▶ 倍精度：double precision
□ ..., which occurs at **half** a pitch from the loaded face of nut.
（それはナット座面から**半**ピッチのところで起こる）▶ 位置
□ The theoretical shape of A is a **half** sine wave.
（A の理論的な形状は sine 曲線の**半分**である）▶ 理想的
□ reduce by **half**（**半分**だけ減らす）▶ 減少

変化

■ fundamentals

change（変える，取り替える），vary（変わる，変化する），alter（作り変える，改める），convert（変える，転換する），variation（変化，変動）

■ 変化

□ a **change** in temperature, **variations** in temperature（温度の**変化**）
□ compute the **change** in length（長さの**変化**を計算する）
□ There may be factors that require a **change** in the stiffness.
（剛性の**変化**を必要とする因子があるかもしれない）▶ there may be の用法，必要
□ with **changes** in axial bolt load（軸方向のボルト荷重の**変化**を伴って）▶ with の用法
□ to estimate the amount of **change** which will occur
（起こるであろう**変化**量を推定するために）▶ 推定，量
□ for **changes** in the interface connection（界面の接合における**変化**に対して）
□ the rate of **change** of displacement（変位の**変化**率）▶ rate の用法
□ $\varDelta T$ is the temperature **change**.（$\varDelta T$ は温度**変化**である）
□ a 20% **change** in the value of A（A の値の 20％の**変化**）
□ The material **change** had made vibrational loosening more likely for three reasons.
（三つの理由から，材料の**変化**は振動ゆるみをより発生しやすくした）▶ more likely の用法
□ It shows **discoloration** of the crack propagation surface.
（それはき裂伝播表面の**変色**を示している）▶ 伝播

■ 変化する ▶▶▶ with の用法

□ It **changes** from red to yellow.（赤から黄色に**変化**する）
□ It is **changed** by angle θ.（角度 θ だけ**変化**する）▶ 量
□ It **changes** by some 15%.（15％ほど**変化**する）▶ 量

□ It **varies** widely among ...（…の間で大きく**変化**する）▶ 程度
□ It **varies** considerably with ...（…によってかなり**変化**する）
□ It **varies** markedly with ...（…によって顕著に**変化**する）
□ It **varies** linearly with ...（…に対して線形に**変化**する）▶ 線形
□ It **varies** inversely with ...（…に反比例して**変化**する）
□ It **varies** by 8 to 1 between A and B.（A と B の間で 8 対 1 だけ**変わる**）▶ 程度
□ ... can **vary** from moment to moment as well as from user to user.
（…は使用者によって変わるのと同じく，時間によっても**変わる**）▶ as well as の用法
□ ... as **varying** linearly with pressure.（圧力に対して線形に**変化**するように）▶ 線形
□ It **varies** linearly from zero at the axis to a maximum at the outer surface.
（軸における零から外表面の最大値まで線形に**変化**する）▶ 線形，最大値
□ It is not uncommon for the stiffness to **vary** by two or three to one, or more.
（剛性が 2：1，3：1 あるいはそれ以上**変化する**ことは珍しいことではない）▶ まれな，値
□ to determine the **varying** stiffness of the threads（ねじの剛性**変化**を決定するために）
□ ... which produces **time-varying** stresses.（**時間によって変化する**応力を生じる…）▶ 時間
□ They have relatively little **variation** of viscosity with temperature.
（温度によって粘度はあまり**変化**しない（という結果を得ている））▶ 程度
□ It is interesting to note the wide **variation** in shear strengths predicted by the various theories.（さまざまな理論によって予測されたせん断強度の幅広い**変化**に注目することは興味深い）
▶ note の用法，予測，理論
□ It **shifts** to a shorter wave length.（それはより短い波長に**変わる**）

■ 変化しない ▶▶▶ 否定，with の用法

□ It shows little **variation** in A.（A にほとんど**変化**がない）
□ They do not **change** with **changes** in ...（…の**変化**によって**変化**しない）
□ ..., transmitting power without **change** in speed.
（速度の**変化**なしに動力を伝達して…）▶ 伝える
□ With no other **changes**, ...（ほかが**変化**することなしに）
□ The temperature undergoes no **change** in the new system.
（新しいシステムにおいて温度は**変化しない**（変化を受けない））▶ no change の用法
□ ... while A is kept **unchanged**.（A が**変化しない**状態に保たれている間）▶ keep の用法
□ The temperature remains **unchanged** at a very great distance from the source.
（原因となるものから大きく離れた位置では温度は**変化しない**）▶ remain の用法，離れて
□ ..., with the maximum order of differentiation **unchanged**.
（微分の最大の次数を**変えないで**）▶ 最大の，次数，数学
□ This set of equations, **unaltered** in dimension, is ...（次元が**変わらない**この式の集合は…）

■ 変化させる

□ When A is **varied**, ...（A を**変化**させたとき）
□ It is **changed** as 0, 0.1, 0.3, 0.5.（それを 0，0.1，0.3，0.5 と**変化**させる）
□ μ is **varied** from 0 to 0.4 with increment of 0.1.
（（摩擦係数）μ を 0 ～ 0.4 まで 0.1 の刻みで**変化**させる）▶ 刻みで（増分）

□ S is **varied** over the range from A to B.（S を A から B の範囲で**変化**させる）▶ 範囲
□ by **changing** geometry of the connector（コネクターの形状を**変える**ことによって）
□ ..., **varying** several parameters to determine the effects of A.
（A の影響を決定するために数個のパラメータを**変化**させて）

■ 変える

□ We must **change** our assumption and solve again.
（仮定を**変えて**もう一度解かなければならない）▶ 仮定，解く
□ It is obtained by merely **changing** the sign.（単に符号を**変える**だけで求められる）▶ 単に，符号
□ Subsequent deflections **alter** the geometry.（続いて起こるたわみが形状を**変える**）
□ It **alters** bolt integrity and surface condition.（それはボルトの完全さと表面状態を**変える**）
□ The most important criterion is to minimize **altering** the joint configuration
（最も重要な判断の基準は継手形状の**変化**を最小にすることである）▶ criterion の用法
□ It was **tampered with** by the layman.（それは素人によって**改ざん**された）

■ 変換する

□ **change** A for B（A を B に**取り替える**）
□ **convert** ... from A to B（…を A から B に**変換**する）
□ **convert** the actual load stresses into an equivalent stress.
（実際の荷重による応力を等価な応力に**変換**する）▶ 等価
□ **convert** the source program to the object program
（ソースプログラムをオブジェクトプログラムに**変換**する）▶ コンピュータ
□ Input work on the nut is **converted** to bolt preload.
（ナットに対する入力仕事がボルト軸力に**変換**される）▶ work の用法
□ **replace** the threads by a layer of quadrilateral elements
（ねじの部分を（有限要素法の）四辺形要素の層に**置き換える**）
□ Conventional mechanisms have been **superseded** by electronic devices.
（従来のメカニズムは電子装置に取って代わられた）▶ 従来の
□ Some of the torsional stress is **turned** into a little more tension stress.
（ねじり応力のある割合は，引張応力をわずかに大きくする成分に**変換される**）▶ some の用法

■ others

□ ... **as** A approaches zero.（A が零に近づくにしたがって）▶ 近づく
□ ... **as** it speeds up.（速くなるにしたがって）
□ ... **as** it rises from 0 to A.（零から A に上昇するにしたがって）

増加

■ 増加

□ a steep **increase**（急激な**増加**）
□ A great **increase** in shear stress would ...（せん断応力の大きな**増加**は…となるだろう）
□ ... represents the fractional **increase** of the resistance due to the constriction.
（…は収縮による抵抗のわずかな**増加**を表している）▶ わずかな，contraction：収縮

☐ How much **increase** in capacity would the design provide?
（設計によってどのくらい容量が**増加**するのか？）

☐ The percentage **increase** in clamping force is ...（締め付け力の**増加**の割合は…）▶ 割合

■ 増加する

☐ Truncating threads **increases** the maximum bolt stresses.
（ねじの端を切るとボルトの最大応力が**増加する**）

☐ All lubricating oils experience an **increase** in viscosity with pressure.
（すべての潤滑油は圧力とともに粘度が**増加する**）▶ with と experience の用法

☐ If the load carried by the bolt could be distributed uniformly, the maximum capacity would be **increased**.（もしボルトが受け持つ荷重を一様に分布させることができれば，最大容量は**増加**するだろう）▶ 受け持つ，一様に

☐ As the depth **increases** until it reaches the neutral axis, the area remains the same, while greater imbalances build up.（深さが中立軸に達するまで**増加**するとき，面積は同じままだが，より大きな不均衡が生じる）▶ 到達，remain と while の用法，unbalance：不均衡

☐ The cumulative sum of the **incremental** shear deformations is ...
（**増加**していくせん断変形の累積した合計は…である）▶ 累積，合計

☐ The effect on axial tension is **magnified**.（軸方向引張力への影響が**拡大**される）

☐ The design overload needed to **bring** the stress **up** to the limiting value of 200 MPa is ...（応力を 200 MPa という限界値まで**上昇させる**ために必要な設計上の過負荷は…）

■ 増加の仕方

基本 **increase** rapidly（速やかに**増加する**），**increase** sharply（急に**増加する**）

☐ It **increases** slightly as the spring is compressed.（ばねが圧縮されるとわずかに**増加**する）

☐ The theoretical load distribution continues to **increase** in a parabolic fashion.
（理論的な荷重分布は放物線状に**増加**し続ける）▶ 放物線，fashion の用法

☐ The number of pages is continuously **increasing**.（ページ数は**増加**し続けている）

☐ It **increases** with **increasing** bevel angle.
（それは面取り角度の**増加**とともに**増加**する）▶ with larger bevel angle も可能

☐ ... shows a steady **increase** in strength as hardness is **increased**.
（…は硬度が**高く**なると強度が単調に（着実に）**増加**する）▶ 変わらない

☐ If it is **increased** only slightly, ...（もしそれがほんのわずか**増加**すると…）▶ わずか

☐ Wrench torque is progressively **increased** to the full specified value with continuous rotation of the nut.（ナットを連続的に回転させて，レンチのトルクを指定した最大値まで次第に**増加**させる）▶ 次第に，指定の

☐ **Increasing** the normal force **increases** the friction force correspondingly.
（垂直力が増加すると，摩擦力がそれに対応して**増加**する）▶ 対応して

■ 増加の程度 ▶▶▶ 程度

☐ It permits the coefficient of friction to be **increased** from 0.1 to 0.2.
（それによって摩擦係数を 0.1 ～ 0.2 まで**増加**できる）▶ permit の用法

☐ Efficiency also decreases slightly as the thread angle is **increased** from 0 to 14.5 degrees.（ねじの角度を 0 ～ 14.5° まで**増加**すると，効率も少し減少する）▶ 効率，減少

□ If the diameter is **increased** to much more than 0.4 inch, ...
（もし直径が 0.4 インチよりずっと**大きくなる**と）▶ much more than の用法

□ **Increasing** the gas about five times in volume, ...
（ガスが体積で 5 倍程度**多くなる**と）▶ 倍，体積

□ ... as it **rises** from 0 to something approaching initial load.
（それが零から初期荷重に近い値まで**増加**するにつれて）▶ something の用法，近い

■ increase，increasing，increased の用法 ▶▶▶ 過去分詞の用法

□ It occurs with an **increase** in temperature.（それは温度**上昇**を伴って起こる）▶ with の用法

□ The entire separating force is balanced by decreased clamping force, with no **increase** in bolt tension.（ボルト張力の**増加**なしに，全体を分離させる力は低下した締め付け力と釣り合う）
▶ 釣り合う，低下，no の用法

□ a progressively **increasing** number of nodes（次第に**増加する**節点数）

□ An **increasing** number indicates **increasing** tensile strength.
（数が**増える**ことは引張強さの**増加**を示す）▶ indicate の用法

□ **Increasing** air flow passed by these surfaces.（**増加**した空気の流れがこれらの面を通過した）

□ For longer columns, A is represented by **increasing** values.
（柱が長くなると A は**より大きな**値で表される）▶ 比較級

□ Table 1 shows the yield strength as a function of **increasing** hardness.
（表 1 は，硬度の**増加**に対する関数として降伏強度を表している）▶ 関数

□ The **increased** circumference gives rise to a tangential stress.
（円周が**増加**すると接線方向応力が発生する）▶ give rise to の用法

□ **Increased** interest in underwater welding can be seen.
（水中溶接に対する興味が**増加**しているようだ）

□ ... provides **increased** resistance to loosening.（…はゆるみに対する抵抗の**増加**を提供する）

減少

■ fundamentals

reduce（減らす，減少する），decrease（低下させる，減少する，減少），lessen，diminish（減らす，減る），reduction（低下，縮小）

■ 減少，低下

□ This results in a **reduction** of the load.（これが結果として荷重を**低下**させる）

□ It results in significant preload **reduction**.（結果として大きく予張力が**低下**する）

□ It gave the largest **reduction** in ...（それによって…を最も大きく**減少**させた）

□ a theoretical 50:1 **reduction** in joint stiffness（理論的な継手の剛性の 50 対 1 の**減少**）

□ The amount of clamping force **reduction decreases** with increasing friction.
（摩擦の増加に伴って，締め付け力の**低下**量が**減少する**）▶ 量，with の用法

□ There was a **reduction** in the root stresses.（谷底部分の応力が**減少**した）

□ produce a **reduction** in the maximum stress concentrations（最大の応力集中を**減少**させる）

□ In this situation there is a **decrease** in the load.

（この状況で荷重の**低下**が見られる）▶ 状況

□ the **loss** of initial tension（初期張力の**低下**）

□ additional **loss** in preload of bolt 1（ボルト 1 の予張力のさらなる**低下**）▶ さらなる

□ The **fall-off** in stress is not linear.（応力の**低下**は線形ではない）

■ 減少する，低下する

□ It tends to **decrease** ...（…を**低下させる**傾向がある）▶ 傾向

□ The population has **decreased** to 700.（人口が 700 人**に減少した**）

□ The pressure **decreased** toward this face.（圧力はこの面に向かって**減少**した）▶ 向かって

□ **decrease** the work of programmers（プログラマーの仕事を**軽減する**）

□ They **decrease** from a maximum at the bolt edge to zero at a comparatively small distance from the edge.（ボルトの端の最大値から，端から比較的短い距離だけ離れたところの零まで**減少する**）▶ 最大値，比較的，位置

□ The stresses **decreased** due to the proximity of the more slightly stressed full section.（その応力は，もう少し多く全面に応力を受けた面が近接していることが原因で**減少した**）▶ 近接

□ This gives drastically **decreased** friction, with efficiencies commonly 90% or higher.（これにより摩擦を徹底的に**下げて**，効率は通常 90％かそれ以上となる）▶ 徹底的，with の用法

□ Tapering the whole thread form **reduces** the maximum stress.（全体のねじ形状をテーパにすると最大応力が**減少する**）▶ 全体，形状

□ Various attempts have been made to **reduce** the maximum stress concentration.（最大の応力集中を**低下**させるために，さまざまな試みがなされた）▶ 試み

□ A lubricant is used to **reduce** the friction of bearings and thus **diminish** the wear, heat, and possible seizure of the parts.（潤滑剤は軸受の摩擦を**減らし**，その結果摩耗，熱および部品が焼き付く可能性を**下げる**ために使われる）▶ thus の用法，可能性，焼き付き

□ It has a **reduced** cross-sectional area.（それは**小さくなった**断面を持っている）

□ various progressively **diminishing** spring rates（さまざまに次第に**小さくなる**ばね定数）▶ 次第に

□ If the temperature is **lowered**, ...（もし温度を**下げる**と）

□ The air pressure is **lessened**.（空気の圧力が**低下**する）

□ It is employed to **attenuate** noise.（それはノイズを**弱める**ために使われる）

□ ... **degrades** the apparent strength.（…は見かけの強度を**下げる**）

■ 減少の程度 ▶▶▶ 程度

□ the rapid **drop** in stress level（応力レベルの急激な**低下**）

□ **Drops** in clamping force by as much as 50% are found.（締め付け力の 50％ほどの**低下**が見つかる）▶ as much as の用法

□ The load **drops** to zero.（荷重は零**になる**）

□ ..., which is a 27% **reduction.**（それは 27％の**減少**である）

□ The temperature was **reduced** at a rate of 1 degree per hour to room temperature.（温度は室温まで 1 時間に 1 度の割合で**低下**した）▶ rate の用法

□ It may be **reduced** by as much as 90%.（90％ほど**減少する**かもしれない）

□ It is said to **reduce** the resistance to thread stripping by as much as 10%.

（それはねじの抜けに対する抵抗を10％ほど**減少**するといわれている） ▶ it is said の用法
□ The groove **reduces** ... by a factor of 6.（溝を付けると…は6分の1に**下がる**）
□ It can **reduce** the clamping force to the point where a leak starts.
（それは漏れが始まるところまで締め付け力を**低下**させることになる） ▶ point の用法
□ It tends to **decrease** the accuracy of a manual wrench somewhat.
（手動レンチの精度を多少**低下**させる傾向がある） ▶ 傾向，精度，いくらか
□ The rate constant **decreases** from a value of A for the first 2 hours to a value of B.
（その割合の定数は最初の2時間でAからBまで**減少**する） ▶ 時間
□ the **loss** of about another 5%（もう5%程度の**低下**）
□ The rise in temperature will **come down** substantially.
（温度上昇は実質的に**低下**するだろう） ▶ substantially の用法

■ 緩和，軽減

□ One approach to **alleviate** this problem is ...
（この問題（の難しさ）を**軽減する**一つの手法は ...） ▶ 接近
□ The procedure can **alleviate** the difficulty of 3-D modeling of a threaded joint.
（その手法はねじ継手の三次元モデリングの難しさを**緩和**できる）
□ They **mitigate** most of the theoretical and numerical uncertainties.
（それらは大部分の理論と数値解析の不確かさを**軽減する**） ▶ 不確かさ

■ others

□ The popularity of the numerical method is **waning**.（その数値解析手法の人気は**衰えている**）
□ a **sagging** cabinet door（**垂れ下がっている**キャビネットの扉）

一定

■ 一定

□ S is always **constant**.（Sはつねに**一定**である） ▶ a constant とすると「定数」
□ They are **all constant** with varying ...（…が変化してもすべて**一定**である） ▶ with の用法
□ It is no longer **constant** around the annulus.
（もはやそれは環形のまわりで**一定**ではない） ▶ no longer の用法
□ at **constant** temperature (pressure)（**一定**温度（圧力）で）
□ at a **uniform** rate, at a **constant** speed（**一定**の速度で）
□ at a **constant** supply pressure（**一定**の供給圧力で） ▶ 供給，圧力
□ the **constant** 10^{-3} leak rate line shown in Fig.1（図1中に示した漏れ率が10^{-3}**一定**の線）
□ Since we are considering the case of **constant** thermal conductivity, ...
（熱伝導率が**一定**の場合を考えているので） ▶ 場合
□ The threads of the mating nut are then made with a **constant** pitch diameter.
（対応するナットのねじは，それで有効径が一定となるように製造される） ▶ then の用法

■ 一定に保つ

□ keep ... at a **constant** state（…を**一定**の状態に保つ）
□ The plate thicknesses were held **constant**.（板厚は**一定**に保たれた）

□ Variables such as temperature, lubrication and assembly method were held **constant**.
（温度，潤滑，組み立て方法などの変数は**一定**に保たれた）

□ ... whose depth is held **constant** and the width is varied.
（深さは一定に保ち，幅が変化するような…）

□ with the width remaining **constant**（幅を**一定**に保ちながら）▶ with の用法

□ ... is based upon the assumption that the pressure remains **constant** over the element.
（…は要素にわたって圧力が**一定**のままという仮定に基づいている）▶ based upon の用法，仮定

□ The most obvious way is to first evaluate ... keeping E **constant**.
（最もわかりやすい方法は，E を**一定**に保ち，最初に…を評価することである）▶ 明白，最初に

■ 定数

□ They are in inverse proportion to individual spring **constants**.
（それらは個々のばね**定数**に反比例する）▶ 個々の，反比例

□ The spring **constant** of a group of bodies, connected in series, is ...
（直列に結合した一群の物体のばね**定数**は…となる）▶ 結合，直列，a group of：単数・複数扱い

□ The gasket factors m and y are not unique **constants** for a given material.
（ガスケット係数の m 値と y 値は与えられた材料に固有の**定数**ではない）▶ unique の用法

□ The linear relationship between force and deflection may be expressed by a stiffness **constant**.（力とたわみの間の線形関係は剛性**定数**で表されるだろう）▶ 線形，express の用法

□ They are combined with the other **constants** to give a single **constant** k.
（それらは単一の**定数** k にするためにほかの**定数**と組み合わせられる）▶ single の用法，組み合わせ

違い，差

■ 違い，差

□ the **difference** between A and B（A と B の**違い**）

□ the **difference** between the two（二つの間の**違い**）

□ the **difference** in area between A and B（A と B の面積の**差**）

□ the **difference** between (among) the three quantities introduced so far
（これまでに導入した三つの量の**違い**）▶ 導入する，so far の用法

□ the **difference** in spring length between maximum load and spring original position
（最大荷重と元の位置におけるばねの長さの**差**）

□ an important **difference** between static and impact loads（静的荷重と衝撃荷重の重要な**違い**）

□ the **difference** of pressure or of electrical potential
（圧力あるいは電気ポテンシャルの**差**）▶ of の用法

□ It won't make an appreciable **difference** in force levels.
（力のレベルにおいて検知できるほどの**差**は作り出せないだろう）▶ 検知できる

□ If there is too big a **difference** between the two materials, ...
（もし二つの材料の間の**差**が大きすぎると…）▶ 程度，too の用法

□ They found significant **differences** in the response between the structure in the ambient and vacuum conditions.

（構造物の大気中と真空環境における応答に重大な**差**があることを発見した）▶ 応答，between の用法

□ **differential** thermal expansion or contraction（熱膨張や収縮の**差**）

□ ... by **differential** temperature expansion between joint members and bolt
（継手の部材とボルトの温度による膨張**差**によって）

■ 違いは…

□ An important **difference** is ...（重要な**違い**は…である）▶ 書き出し

□ The only **difference** will be in the dimension of [*K*].（唯一の**違い**は [*K*] の次元であろう）

□ The main **difference** between the model employed by Dr.A and the current study is ...
（A 博士が採用したモデルと本研究とのおもな**違い**は…）▶ employ の用法

■ 差がある，差がない

□ Two important **differences** arise.（二つの重要な**違い**が生じる）▶ 発生する

□ The **difference** is 2% at most.（**差**はせいぜい 2％である）▶ at most の用法

□ A certain **difference** is showing (coming out).（ある程度の**差**が現れる）

□ There is no significant **difference** between A and B.（A と B の間に重大な**差**はない）▶ 否定

□ It usually won't make as big a **difference** in the results as will other uncertainties.
（結果において，通常はほかの不確かさと同じような大きな**差**は生じないだろう）
▶ as ... as の用法，不確かさ

比率，割合

■ 比率

□ reduction **ratio**（（歯車の）減速**比**）

□ an angular velocity **ratio**（角速度**比**）

□ an *h*/*t* **ratio** of up to 1.4（1.4 までの *h* と *t* の比）
▶ up to の用法，an の用法：最初の記号の読み方が母音（H，S，M，L，F など）となる場合

□ The **ratio** *A*/*B* is called ...（**比率** *A*/*B* は…と呼ばれる）

□ the **ratio** of *A* to *B*（*A* と *B* の**比**）

□ the **ratio** of fatigue strength to static tensile strength（疲労限度と静的引張強さの**比**）

□ It depends on the **ratio** of inside to outside diameter.（内外径**比**に依存する）

□ the length-to-diameter **ratio** of the bolt（ボルトの長さと直径の**比率**）▶「-」の用法

□ With a contact **ratio** necessarily greater than unity, ...
（必然的に 1 より大きい接触比で…）▶ 必然的に，unity の用法

□ ... was multiplied by the **ratio** of the two thicknesses.
（…に二つの（板の）厚さの**比**が乗じられた）▶ かけ算

□ The basic requirement of ... is the provision of angular velocity **ratios**.
（…の基本的な必要条件は角速度の**比**を提供することである）▶ 提供

□ These converters typically provide a torque multiplication **ratio** of the order of 3.
（これらのコンバータは，一般に 3 のオーダーのトルク倍率**比**を提供する）▶ 一般に，オーダー

■ 割合

□ **at a rate of** 3 degrees per hour（1 時間に 3 度の**割合で**）

□ oil **flow rate** to and from the bearing（軸受に出入りする潤滑油の**流量**）▶ to and from の用法

□ **percentage** of initial load retained（初期荷重が保持される**割合**）▶ 初期の，保持

□ If a significant **percentage** of the total thread surface shares that load, ...
（全部のねじ面のかなりの**割合**がその荷重を支えているなら…）▶ significant の用法

□ Their flexibility can account for a fairly large **percentage** of the deflection occurring at the cutting edge.（その柔軟性のために，工具の刃先で生じるたわみのかなり大きな**割合**を占める原因となり得る）▶ account for の用法，大きい，生じる

□ The area of the zone of the actual contact is **only a fraction** of the total area at the interface.（実際に接触する領域の面積は，界面の全面積の**ほんの一部**である）▶ 面積

□ It results in gaps of this order or a significant **fraction**.
（このオーダーのすきまか，あるいはかなりの**部分**を占める結果となる）▶ オーダー

□ a **small part** of the books（それらの本の**一部**）

7. 基本的な性質に関する表現

基本的

■ fundamentals

basic（基礎の，初歩的な），basics，basis（基礎），fundamental（基本的な，重要な），fundamental principle（基本原理），basically, fundamentally（基本的に），on the basis of（に基づいて）

■ 基本的

□ the most **basic** requirements（最も**基本的な**必要条件）

□ the **basic** relationship between input and reaction torques
（入力トルクと反トルクの**基本的な**関係）

□ the **basic** concern in designing springs（ばねの設計における**基本的な**関心事）▶ 関心

□ It is included as a **basic** machine operation.（それは**基本的な**機械の操作に含まれる）

□ ..., with emphasis on an understanding of the **basic** concepts involved.
（そこに含まれる**基本**構想の理解に重点をおいて）▶ with emphasis on の用法，理解

□ The **basic** requirement of A is ...（A について**基本的に**必要なことは…である）▶ 必要条件

□ Note that hydraulics and electricity demonstrate a high degree of similarity - at least in the **basic** quantities employed.（水力学と電気は，少なくとも使われている**基本的な**量において，高いレベルの類似性を示すことに注意しなさい）▶ 注意する，類似，a high degree of と「-」の用法

□ A **fundamental** consideration in FEM - the development of a suitable function approximations to field variables - has been ...（有限要素法における**基本的な**考察，すなわち場の変数に対する適切な関数近似の展開は…である）▶ 展開，適切な，近似，「-」の用法

□ the **fundamental** nature of thread assembly（ねじの組み立ての**基本的な**特性）▶ 特質

□ α is **essentially** unity.（α は**本質的に** 1 である）▶ unity の用法

□ explain the **underlying** mechanisms of the cutting process
（切削加工の**根本的な**メカニズムを説明する）

□ The **primary** loadings applied to bolts are tensile, shear, and a combination of the two.
（ボルトにかかる**主要な**荷重は引張りとせん断とこの二つの組み合わせである）▶ 組み合わせ

■ 基本，基礎

□ It is often used as a **basis** for more complex theories.
（それはより複雑な理論に対する**基礎**としてしばしば使われる）▶ as a basis for の用法、複雑

□ the **basic fundamentals** of impact loading（衝撃荷重の**基本**）

□ The research was begun once again from the **base**.
（研究はもう一度**根本**からやり直された）▶ once again の用法

□ think over the research from the **base**（研究を**根底**から考え直す）▶ 再考する

□ The present section lays a necessary **foundation** by considering ...
（この節では…を考慮することによって必要な**基盤**を築く）▶ lay の用法

同じ，類似，同様

■ fundamentals

same（同じ，同一の），identical（同一の，まったく同じ），similar，analogous（類似した），alike，likewise，similarly（同じように，同様に），as well as（と同様に），as well（その上，もまた），similarity（類似，相似），resemble（似ている），resemblance（類似点）

■ 同じ

□ the **same** form as Eq.(1)（式 1 と**同じ**形式）

□ Two legs are of the **same** length.（2 本の脚は長さが**同じ**である）▶ of + 名詞の用法

□ make each part exactly the **same** in size, materials and performances
（各部の寸法，材料，性能をまったく**同じ**にする）▶ exactly の用法

□ The two values should be very nearly the **same**.
（その二つの値はほぼ**同じ**となるだろう）▶ nearly の用法

□ The **same** is true for electrical currents as well.
（電流についても**同じ**ことが言える）▶ as well の用法

□ ... contains **as** many squares **as** there are rectangles in the cross section.
（…は，断面に存在する長方形と**同じくらい**の数の正方形を含んでいる）▶ as ... as の用法

□ **identify** A with B（A を B と同じと見なす）

□ Any two products are not **identical**.（どの二つの製品も**同じ**ではない）▶ any の用法

□ ..., when an **identical** structure is continuously repeated.
（**同じ**構造が連続的に繰り返されるとき）▶ 連続的

□ within the distribution of fatigue lives of a group of presumably **identical** parts
（おそらく**同じ**である部品のグループの疲労寿命分布の範囲内：of の繰り返しは 3 回程度までがベター）
▶ 寿命，おそらく，

■ 同じ方法 ▶▶▶ 方法

□ in the **same** manner (way)（**同じ**方法で）

□ in much the **same** way as FEM can be applied
（有限要素法が適用できるのとまさに**同じ**方法で）▶ much の用法

7
基本的な性質に関する表現

□ ... except an overloaded part in service to fail in the **same** manner as the standard tensile test bar（標準の引張試験片と**同じ**メカニズムで壊れる稼働中の過負荷状態の部品を除いて）▶ except の用法，稼働中

■ 同じような，同様に

□ a liquid with a density **similar** to water（水と**同じような**密度の液体）▶ 密度，with の用法

□ Some allowable stresses compiled from this and other **similar** sources are ...（これやほかの**同じような**情報源から集めたいくつかの許容応力は…である）▶ compile の用法

□ **similar** examples of direct shear（直接せん断を受ける**同じような**例）

□ When **like** metals are rubbed together with suitable pressure and velocity, ...（**同じような**金属が適切な圧力と速度で擦られるとき…）▶ 擦る，適切な

□ They correspond to the **like-numbered** sections in Fig.1.（それらは図１で**同じように番号を付けた**部分に対応する）

□ Bolts 1, 2, 3 behaved **alike**.（ボルト１，２，３は**同じように**振る舞った）▶ 挙動

□ **Likewise**, ...（**同じように**）▶ 書き出し

□ ... ; **likewise**, pure shear loading produces induced tension and compression.（**同じように**，純粋なせん断荷重が誘起された引張と圧縮を生じる）▶「；」の用法

□ Just **as** tabulated values of K are not reliable, ...（表にまとめた K の値が信頼できないのとまさに**同様に**）▶ just as の用法，信頼できる

■ 類似 ▶▶▶ similar to はほかにも例文多数

□ A is **similar** in complexity to B.（A は複雑さにおいて B と**類似**している）▶ 複雑

□ The curves in Fig.1 are **similar** each other.（図１中の曲線はたがいに**類似している**）

□ ... are **similar** to epoxies in that they have great versatility.（…は，非常に多機能な点でエポキシ樹脂と**似ている**）▶ in that の用法，多機能

□ It behaves rather **similarly** to ...（それはむしろ（かなり）... と**似たように**振る舞う）

□ It bears some **similarity** (similarities) to the interface element.（それは界面の（有限）要素とある程度の**類似性**がある）▶ bear と some の用法

□ It satisfies a symmetry condition **analogous** to that expressed by Eq.(1).（式（1）で表されたものと**類似の**対称条件を満足する）▶ 満足する，対称

□ ... are defined **analogously** to Eqs.(1) and (2).（…は式（1），（2）と**同じように**定義される）

□ Equation (1) very much **resembles** Ohm's law in electricity.（式（1）は電気のオームの法則と非常によく**似ている**）▶ 挿入の文法

■ as well as の用法 ▶▶▶ ほかにも例文多数

□ Bolts can, of course, be made from other kinds of steel **as well as** nonferrous metals.（もちろんボルトは，非鉄金属と**同様に**ほかの種類の鋼からつくることができる）▶ 挿入の文法

□ The equation holds true for concentric **as well as** eccentric joints.（その式は偏心継手と**同様**，同心継手に対しても成り立つ）▶ hold true の用法，成立する

□ When tightening a nut, we apply a torsional moment **as well as** stretching force to the bolt.（ナットを締め付けるとき，ボルトには張力と**同時に**ねじりモーメントを与えることになる）

□ The matrix is said to be banded **as well as** sparse, because it is not fully populated.（そのマトリックスは成分が詰まっていないので，スパース（まばら）であると同時にバンド形状と呼

ばれる）▶ 十分に，数値解析

□ The fatigue and impact loadings of ductile **as well as** brittle materials are ...
（ぜい性材料と**同様**，延性材料の疲労と衝撃荷重は…）▶ 疲労，衝撃，延性，ぜい性

□ Table 1 includes extreme **as well as** room temperature data on the modulus of elasticity.
（表 1 は弾性係数の室温データと**同時に**極端な温度のデータも含んでいる）▶ 極端な

■ as well の用法 ▶▶▶ ほかにも例文多数

□ The same problem exists for bending and torsion **as well**.
（同じ問題が曲げとねじりの場合も**同様に**存在する）▶ 存在

□ A list of ... is given in Table 1 **as well**.（表 1 に…のリストが**同じように**与えられている）

□ It appears to emanate from this point **as well**.
（この点からも**同じように**発散するようだ）▶ 発する

等しい，等価

■ equal の用法

□ a test specimen of **equal** size（寸法が**等しい**試験片）▶ of の用法

□ a length **equal** to the fastener's effective length（その締結部品の有効長さに**等しい**長さ）

□ cylinders of a height **equal** to the nut thickness（ナット高さに**等しい**高さの円柱）

□ ..., whose sum is **equal** to the product of the coefficient of friction and the axial load.
（その合計は摩擦係数と軸荷重の積に等しい）▶ 積

□ an **equivalent** cylinder having an external diameter **equal** to the nominal diameter
（呼び径に**等しい**外径を持つ**等価な**円筒）▶ having の用法

□ A is **equal** to B in size, but opposite in polarity.（A は B と大きさが**等しく**極性が逆である）

□ The bolt is not merely a cylinder **equal** in length to the grip length.
（そのボルトは，単にグリップ長さと長さが**等しい**円柱ではない）▶ merely の用法

□ The value of m can be considered **equal** to 0.5.（m の値は 0.5 に**等しい**と考えられる）

□ Assuming **equal** yield strength in tension and compression, ...
（引張側と圧縮側で降伏強度が**等しい**と仮定すると）▶ 仮定，書き出し

■ 等しい（equal 以外）

□ The shoes will wear about **equally**.（その靴はほぼ**等しく**摩耗するだろう）▶ 摩耗，about の用法

□ A fatigue strength of 10 MPa would **equate** to ...
（10 MPa という疲労限度は…に**等しい**だろう）

□ ... are only **identical** with A when B is used.
（…は B が使われた場合のみ A と**等しい**）▶ only の用法

□ They are **equidistant** from point A.（それらは A 点から**等距離**にある）

□ Force and moment **equilibrium** is obeyed.（力とモーメントの**釣合い**が守られる）

■ 等価 ▶▶▶ equivalent の用法

□ An **equivalent** to Eq.(1) is ...（式（1）に**等価**なものは…である）

□ ..., which is **equivalent** to a normalized tensile stress of approximately 0.03.
（それはおよそ 0.03 という正規化された引張応力と**等価**である）▶ 正規化，およそ

□ find a mathematical **equivalent** for K（数学的に K と**等価なもの**を見つける）

□ ... is a line element connecting two points with stiffness **equivalent** to a 1-D spring.（…は，一次元ばねと**等価な**剛性を持つ 2 点を結ぶ線要素である）▶ 結ぶ，with の用法

□ Assuming that the bolt can be replaced by an **equivalent** cylinder, ...（ボルトが**等価な**円筒に置き換えられると仮定して…）▶ 置き換える

□ Previous studies were used to replace the complex problem by the **equivalent** analytical expression.（過去の研究は，その複雑な問題を**等価で**解析的な式に置き換えるために使われた）

一致する

■ **fundamentals**

agree（一致する，符合する），agreement（一致，同意），coincide（一致する），coincident（一致した），coincidence（一致）

■ **一致する**

□ It must **agree** with its corresponding component in A to four digits, while displacements one order of magnitude less than the largest must **agree** to three digits.（それは A の対応する成分と 4 桁まで，最大値より 1 桁小さい変位は 3 桁まで一致しなければならない）▶ 程度，桁数

□ The nodes of the finite elements must be **coincident**, forming pairs of nodes.（節点のペアを形成して，有限要素のそれらの節点は**一致**しなければならない）▶ 形成する

□ The position is **coincident** with the maximum root stresses.（その位置は最大の谷底応力と**一致**している）

□ The unloading curves are **congruent** over the same range of pressure.（除荷曲線は同じ範囲の圧力に対して（正確に）**一致している**）▶ over の用法

■ **よく一致** ▶▶▶ 程度

□ The results **correlate closely with** ...（その結果は…と**よく一致**する）

□ Yielding of ductile materials has been found to **correlate well with** the theory.（延性材料の降伏はその理論と**よく一致**することがわかった）

□ ... until the analytical and experimental values **coincide closely**.（解析値と実験値が**よく一致**するまで）

□ The results of this modified theory **compare well with** those from 3-D analyses.（この修正理論による結果は三次元解析による結果と**よく一致**する）▶ 修正

□ His results **compare favorably with** the experimental results of Dr.A.（彼の結果は A 博士の実験結果と**よく**（好ましく）**一致**している）

□ Numerical results for conventional and tapered threads **agree well with** theoretical results.（従来のねじとテーパねじに対する数値解析結果は理論値と**よく一致**する）▶ 理論的

□ **Good agreement** between A and B is shown.（A と B は**よく一致**することが示されている）

□ The **agreement** would be **better**.（**さらによく一致**するようになるだろう）

□ They are essentially in **close agreement**.（それらは本質的に**よく一致**している）▶ 本質的

□ The finite element curve **follows** the experimental curve **closely**.（有限要素解析による曲線は実験曲線と**よく一致**している）

□ Utilizing this assumption gave a **good correlation** between A and B.
（この仮定を使うと A と B の間に**良い相関**が得られた） ▶ utilize の用法

■ 非常によく一致 ▶▶▶ 程度

□ The **agreement** between A and B is **surprisingly good**.（A と B は**驚くほどよく一致**している）
□ It **agrees extremely well with** the photograph of an actual test specimen.
（実際の試験片の写真と**きわめてよく一致**する） ▶ 極端に
□ ... demonstrates **excellent agreement**.（…は**素晴らしい一致**を示している） ▶ 優れた
□ It shows **excellent agreement** for the lower modes.
（それはより低い（振動）モードに対して**素晴らしい一致**を示す）
□ ... so that the direction **coincides exactly with** the geometric spring axis.
（その方向が幾何学的なばねの軸と**正確に一致**するように） ▶ 正確に
□ ... was found to give the **best comparison**.（…が**最もよく一致**することがわかった）

■ かなり一致，よりよく一致 ▶▶▶ 程度

□ A and B show **considerable agreement**. / A and B **agree reasonably well**.
（A と B は**かなり一致**する）
□ It **correlates better** with most experimental data than does his theory.
（それは彼の理論より大抵の実験値と**よりよく一致**する）
□ in order to obtain **better agreement** with experimental data
（実験値と**よりよく一致**させるために）
□ Use of ... gives **much better agreement** with the results.
（…を使うと，その結果と**ずっとよく一致**することになる） ▶ use の用法

■ 適度に一致 ▶▶▶ 程度

□ The **agreement** is reasonably good.（適度によく**一致**している）
□ It shows **reasonable agreement** with his theoretical load distribution.
（それは彼の理論荷重分布と**適度に一致**している）
□ It **correlates reasonably well** with test data for brittle materials.
（それはぜい性材料の試験結果と**ほど良い相関**がある）
□ They found a **reasonable correlation** between A and B.（A と B の間に**適度な相関**を見つけた）
□ The results are **in approximate agreement** with experiment.
（その結果は実験と**ほぼ一致**している）

異なる

■ fundamentals

unlike（と違って），in contrast to (with)（とは対照的に），distinct（まったく異なる）

■ different

□ S is **different** from B.（S は B と**異なる**）
□ It will be **different** from A in (in that) ...（…において A と**異なる**だろう）
□ for a given input torque at **different** coefficients of friction
（**異なった**摩擦係数における与えられたトルクに対して） ▶ given の用法

□ Dimension b will be **different** for various values of y.
（寸法 b は y のさまざまな値に対して**異なる**だろう）▶ 寸法，値

□ It is tightened to a **different** initial load.（それは**異なった**初期荷重まで締め付けられる）

□ They are all drastically **different** than would be predicted.
（それらはすべて予想と大きく**異なる**）▶ 予測，all の用法，劇的に

□ They are obtained for **different** surface conditions, **different** methods of machining, and **different** sizes of joint.
（**異なった**表面状態，加工方法，継手の寸法に対して求められる）▶ 繰り返しの文法

□ an approach **different from** the existing one（既存のもの**と異なった**アプローチ）▶ 既存の

□ My view became somewhat **different from** the theory which Dr.A advanced.
（私の観点は A 博士が進めた理論と少し**異なる**ようになった）▶ somewhat の用法

□ They are **different from** any that we have encountered so far.
（私たちが今までに出くわしたいずれとも**異なっている**）▶ any that の用法，出くわす，今まで

□ Chapter 3 will find several **different** solutions, all slightly **different from** each other yet close to the exact solution.（第 3 章では，すべてたがいにわずかに**異なる**が厳密解に近い，いくつかの**違った**解を見つけるだろう）▶ 解，slightly と yet の用法，近い

■ differ

□ A **differs** fundamentally (significantly) from B.（A は B と基本的に（著しく）**異なる**）

□ Values **differ** slightly **from** specification to specification.（値は仕様ごとにわずかに**異なる**）

□ It **differs** significantly **from** data reported by another.
（もう一つの報告されたデータと著しく**異なる**）▶ 報告

□ Nut factors determined on a prototype joint can often **differ** significantly **from** nut factors determined on the actual joint.（プロトタイプの継手で決定したトルク係数は，しばしば実際の継手を使って求めたものと著しく**異なる**）

□ These **differ from** stresses caused by rotating bending only in that ...
（これらは…の点でのみ回転曲げ（荷重）により発生する応力**と異なる**）▶ 原因，in that の用法

□ The expressions for the stress areas of metric threads **differ from** those used for inch series threads.（メートルねじの有効断面積の式は，インチ規格のねじに対する式**と異なる**）▶ 式

□ other factors which can cause bolt loads to **differ from** those predicted by the classical theory
（古典理論から推定される値と異なるボルト荷重を発生することになるほかの因子）▶ 原因，推定

□ It is particularly critical for equipment involving pulleys of greatly **differing** size that are spaced closely together.（大きく寸法が**異なり**，接近して配置されているプーリーを含む装置において特に危機的である）▶ 寸法，spaced closely の用法

■ others

□ **unlike** the interface elements（界面の要素**と異なって**）

□ **In contrast with** ball bearings, ...（玉軸受**と違って**（とは対照的に））

□ The results are even further **removed from** the experimental results.
（その結果は実験値**から**さらに**離れている**）▶ even further の用法，実験

対応する

■ fundamentals

correspond to（対応する，相当する，一致する），correspondence（対応，一致），correspondingly（対応して，同様に），counterpart（対応するもの，たがいによく似たもの）

■ 例文

□ **corresponding** state（**対応する**状態）

□ **Corresponding** equations are ...（**対応する**式は…である）

□ **Correspondingly** we can consider ...（**対応して**…と考えることができる）

□ The one-to-one **correspondence** is found between A and B.
（A と B が一対一**対応**していることがわかる）▶ 一対一

□ These points show one-to-one **correspondence**.（これらの点は一対一**対応**を示している）

□ ..., providing some one-to-one **correspondence** between Cartesian and curvilinear cooerdinates exists.（もし直交デカルト座標と曲線座標の間に，なんらかの一対一**対応**の関係があるなら…）▶ providing の用法，数学

□ There is a one-to-one **relationship** between A and B.
（A と B の間には一対一の**関係**がある（一対一に**対応**している））▶ 関係

□ It is seen here that a one-to-one **relationship** exists between A and B.
（ここでは A と B の間に一対一の**関係**があることがわかる）

□ It is the 2-D **counterpart** of the 1-D problem in Eq.(2.1).
（それは式（2.1）における一次元問題に**対応する**二次元の**問題**である）

□ **cope with** the situation（その情勢に**対処する**）

□ We may also have to **cope with** abrupt changes in field properties.
（場の特性の不意の変化にも**対処する**必要があるかもしれない）▶ 不意の，特性

□ two **pairs of** nodes（2 組の**対応**する節点）

□ The relative deflection between a contact node **pair** reaches ...
（**対応する**接触節点の間の相対的なたわみは…に達する）▶ between の用法

逆の，反対の

■ fundamentals

invert，reverse（反対にする），inverse，converse（逆の），inversely，conversely（逆に，反対に），on the contrary（それどころか），to the contrary（それと反対に），by contraries（予想に反して），by contrast to the past（これまでと逆に），adverse effects（逆の効果）adverse weather（不利な天候），upside down，upside-dowm（上下逆に），turn upside down（逆さにする）

■ 逆の，逆に

□ Deformations will be in **inverse** relationship to bolt and nut stiffness.
（変形はボルトとナットの剛性に対して**逆の**関係になるだろう）

□ utilize the direct and **converse** effect versions of the piezoelectric effect
（圧電効果の直接的で**反対の**効果を利用する）

□ use the **reverse** side of the test paper（試験紙の**裏**面を使う）

□ as a method **contrary** to this（これと**逆の**方法として）

□ an **upended** box（**逆さ**に置いた箱）

□ an **inverted** image of Mt.Fuji（**逆さ**富士）

□ ... but sometimes, **paradoxically**, they can result in lower percentage losses.
（しかし時々，**逆説的に**それらは結果としてより少ない割合の損失となり得る）▶ 割合，損失

■ 逆にする，逆になる

□ **invert** (reverse) the motion（運動方向を**逆にする**）

□ The sign was **reversed**.（符号が**逆になった**）

□ ... because it **reverses** direction.（方向を**逆にする**ので）▶ 方向

□ The whole process then **reverses**, damping a little more energy on the return stroke.
（それからすべての過程が**逆**になり，戻り動作でさらにもう少しエネルギーを弱める）
▶ 弱める，then の用法

■ 反対の，反対に

□ equal and **opposite** forces（大きさが等しく方向が**反対**の力）▶ 等しい

□ The process is the **opposite** of hardening.（その工程は硬化と**逆**である）

□ It is increased at the **opposite** side of the joint.（それは継手の**反対**側で増加する）

□ as **opposed** to stresses caused by ...（…による応力とは**反対**に）

□ This method will pay off if we perform several steps of refinement as **opposed** to the direct refinement approach.（この方法は，直接的な改善方法と**対照的**にいくつかの改善ステップを踏むと成功するだろう）▶ pay off の用法，実行する，改善

□ Resilience is the **reciprocal** of stiffness.（レジリエンスは剛性の**逆数**である）

■ 反対する

□ Both types of forces **oppose** the motion.（両タイプの力がその動きに**抵抗する**）▶ both の用法

□ ... who are **opposed** to the theory（その理論に**反対**する…）

□ voices in **objection** to this derivation process（この（式の）誘導方法に**反対**する声）

□ I venture to raise an **objection** to it.（私はそれにあえて**反対**する）▶ venture to の用法

□ I will not in the least raise any **objection**, but will express my hearty agreement.
（私はなんら**異議**を唱えない。心から賛成する）▶ not in the least の用法

■ 相反する ▶▶▶ 矛盾

□ It is completely **contrary** to the experimental results.（それは完全に実験結果に**反する**）

□ A result **contrary** to the expectation was given.（期待に**反した**結果が得られた）▶ 期待

□ The results of my experiment and those of Mr.A are completely **contrary** to each other.
（私と A 氏の実験結果は完全にたがいに**相反して**いる）

□ ideas which **oppose** each other（**相反する**考え方）

□ Like poles **repel** each other, and unlike poles attract.
（同じ極はたがいに**反発し**，異なった極は引き合う）▶ like と unlike の用法

正確，厳密

■ fundamentals

right（正確な，正しい），correct（正確な，ふさわしい），accurate（正確な，間違いのない），exact（正確な，厳密な），precise（正確な，精密な），rigorous（厳密な，正確な），certainty（確かさ），uncertainty（不確かさ），uncertain（疑わしい，はっきりしない），incorrect（不正確な），certainly, surely, securely（確実に），secure（安全な，確実な）

■ 正確

□ This report **accurately** represents the current situation.
（この報告書は現在の状況を**正確に**示している）▶ represent の用法，状況

□ It can be quantitatively determined most **accurately**.
（それは最も**正確に**定量的に決定できる）▶ qualitatively：定性的に

□ We have achieved **exactly** the initial temperature we wanted in each part.
（各部分に対して望んでいた初期温度を**正確に**達成することができた）▶ 成し遂げる

□ To be **precise** ...（**正確には**…）▶ 書き出し

□ It is required to provide **precise** alignment of mating members.
（対応する部材を**正確**に配置することが必要である）▶ provide の用法，配置

□ **correct** heating temperature（**正確な**加熱温度）

□ a 20% **uncertainty** in a coefficient of 0.4
（0.4 という係数における 20% の**不確かさ**）▶ 精度，of の用法

□ This always adds major **uncertainties** to the behavior of ...
（これはいつも…の挙動に対して重大な**不正確さ**を付け加える）▶ 追加，major の用法

■ rigorous ほかの用法

□ the **rigorous** mathematical basis of FEM（有限要素法の**厳密な**数学的基礎）▶ 数学

□ A more **rigorous** version of this formulation will be ...
（この定式化のより**厳密な**バージョンは…であろう）▶ 数学

□ Recently a more **rigorous** analysis has been carried out.
（最近，より**厳密な**解析が実行された）▶ 解析，carry out の用法

□ **Rigorous** modeling of friction is quite difficult.（摩擦の**厳密な**モデル化は本当に難しい）

□ Some **rigorous** theoretical works have been done in the past.
（過去にいくらかの**厳密な**理論的研究が実施されている）▶ 過去に

□ The solution in this case is less **rigorous** than in Exercise 1.
（この場合の解は演習問題 1 より**厳密**ではない）▶ less の用法

□ Customers hold to **stringent** dimensions.（顧客は**厳密な**寸法に固執する）▶ 固執する，寸法

■ 確実

□ a **definite** plan（**確定した**案，成案）

□ This provides a **positive** lock for threaded fasteners.
（これはねじ部品に**確実な**ゆるみ止めを提供する）▶ provide の用法

□ with greatest **confidence**（最大級の**自信**を持って）

□ The experimentally measured strains provide **confidence** in ...

（実験で測定したひずみが…に**確信**（信用）を与える）

完全，不完全

■ fundamentals

perfect, complete（完全な，まったくの），full（十分の，完全な），fully（十分に，完全に），integrity（完全），incomplete, imperfect（不完全な），incompleteness（不完全），imperfection（不完全，欠点）

■ 例文

□ in a **complete** connection（**完全な**接合において）

□ ... is far from **complete**.（…は**完全**からは程遠い）

□ the **completely** general situation（**完全に**一般的な状態）

□ **incomplete** threads（**不完全な**ねじ山）

□ **incompletely** formed threads（**不完全に**形成されたねじ山）

□ **fully** formed threads（**完全に**形成されたねじ）

□ It ranges from simple 2-D models to **fully** 3-D solid models.
（それは簡単な二次元モデルから**完全な**三次元ソリッドモデルまで及んでいる）▶ 数値解析

□ This assumes a **perfect** bond on the interfaces.
（これは界面における**完全**な接着を仮定している）▶ 仮定

□ The agreement is less than perfect.（**完全**に一致というほどではない）▶ less than の用法

□ It is composed of **perfectly** rigid materials.
（それは**完全に**剛体である材料から構成されている）▶ be composed of の用法

□ Euler assumed the ideal case of a **perfectly** straight column, with the load (being) precisely axial.（オイラーは，荷重が正確に軸方向に作用する**完全に**まっすぐな柱という理想的な場合を仮定した）▶ 仮定，理想的，case と with の用法，正確に

□ bolt **integrity**（ボルトの**完全さ**）

□ The **integrity** of an assembly can be negatively affected in many ways.
（組み立ての**完全さ**はさまざまな形で否定的に影響されることがある）▶ 組み立て，消極的

□ monitor their own structural **integrity**（それらの独自の構造上の**完全さ**をモニターする）

□ ... must have some plasticity to allow it to mate intimately with the **imperfections** of the flange surfaces.（…は，フランジ面の**不完全さ**とぴったり合わせるために，ある程度の塑性（特性）を持っていなければならない）▶ 塑性，allow ... to と mate の用法，ぴったりと

実際，実用

■ fundamentals

actual（実際の），actually（実際に），actual size（実際の寸法），actual efficiency（実際の効率），in (actual) practice, in fact, as a matter of fact（実際は），concretely（具体的に），a concrete measure（具体策），concrete results（具体的な成果），practical（実用的な，現実的な），practicality, utility（実用性），practically（実用的に，実際には），substantially（実質的には），

virtually（事実上）

■ 実際，具体的

□ **practical** problems（**実際の**問題）
□ for **practical** purposes（**実際の**目的に対して）
□ in a **practical** way（**実践的な**方法で）▶ 方法
□ A value of t = 14 is normally used **in practice**.
（t = 14 という値は標準的に**実際に**使用される）▶ 値，通常
□ ... of **practical** importance（**実際**に重要な…）▶ of + 名詞の用法
□ geometric shapes of **practical** interest（**実際に**興味のある幾何学的な形状）▶ 幾何
□ **Practical** embodiments of this principle are illustrated in Fig.1.
（この原理の**実際的な**具体化は図 1 に示されている）▶ 具体化
□ a product with **practically** no scrap loss（**実質的に**スクラップのロスがない製品）
□ This reduced diameter can be gradually blended into the threaded portions and the coefficient reduces **practically** to unity.（この細くなった直径は次第にねじ部と混じり合って一緒になり，その係数は減少して**実質的に** 1 となる）▶ 減少，次第に，unity の用法
□ the **actual** magnitude of the force（**実際の**力の強さ）
□ in the **actual** numerical work（**実際の**数値解析において）
□ The major differences between this example and **actual practice** are that, (1) ..., (2) ..., and (3) ...（この例と**実際**のおもな違いは（1），（2），（3）のとおりである）▶ 違い，列挙の仕方
□ This is not the **real** case.（こんなことは**実際**にはない）
□ These rays are **really** a form of energy.
（これらの光線は**実際のところ**エネルギーの一つの形態である）▶ 形態
□ In most **real-world** applications, ...（大抵の**現実の**応用では）

■ 実用

□ a useful article（**実用**品）
□ working life, service life（**実用**寿命）
□ put ... to **practical** use（…を**実用**化する）
□ ... was put into **practice**.（…が**実用**化された）
□ It is of much **practical** use.（**実用**性が非常に高い）▶ much の用法，of + 名詞の用法
□ There is a **practical** difficulty with ...（…には**実用上**問題がある）▶ with の用法
□ It is determined by **practical** considerations.（**実用的な**考察から決定される）▶ 考察
□ It does not matter in **practical** application.（それは**実用**上問題がない）
□ The direct experimental measurement of shear strain is **not** normally **practical**.
（せん断ひずみを直接実験で測定することは，通常**実用的ではない**）▶ 実験，通常
□ ... which has found a great deal of **practical** application.
（多くの**実用的な**応用方法が見つかった…）▶ a great deal of の用法
□ This degree of errors is **practically** admitted.
（この程度の誤差は**実用的に**許容される）▶ 程度，誤差，許容
□ It is accurate enough **for practicality** (for practical use).
（**実用的に**十分な精度を持っている）▶ 精度

■ 実質

□ Imposing extremely tight tolerances can result in **substantial** unnecessary cost.
（極端に厳しい公差は**実質的に**不要な出費につながることがある）▶ 課す，極端，不要

□ The choice of bolt material is **virtually** unlimited.
（ボルト材料の選択は**事実上**制限がない）▶ 無制限

広く，拡大

■ fundamentals

widely（広く，広範囲に），broadly（幅広く，大ざっぱに），extensively（広範囲に，広く），prevail（普及する），spread，expand（広がる，広げる），extend（広げる，延長する），magnify（拡大する），magnifying power（倍率，拡大率）

■ 広く

□ ... has been studied **extensively**.（…は**幅広く**研究されている）

□ It would be applied **extensively** in a practical way.
（それは実践的な方法で**幅広く**適用されるだろう）

□ They are **extensively** used in automobile assembly.
（それらは自動車の組み立てにおいて**幅広く**使用されている）

□ Similar conditions **prevail** in shrink or press-fitted joints.
（同じような条件が焼きばめ（締まりばめ）や圧入で**広く見られる**）▶ 流行

□ The method **widely prevailed**.（その方法は**広く行き渡った**）

□ the **wide** variation in shear strengths（せん断強度の**幅広い**変化）▶ 変化

□ Special methods **enjoy great popularity**.
（特別な方法が**広く使用されている**）▶ 使用，enjoy の用法

■ 広がる，伸びる

□ It is **spread out** over the full 360 degrees of ...（それは…の 360° いっぱいに渡って**広がる**）

□ It was **extended** to include equipment in which ...（…の様な装置を含むために**広げられた**）

□ Plot h as functions of c, with c **extending** to either side of the optimum range.
（c を最適な範囲のどちらかの面まで**伸ばして**，h を c の関数としてプロットしなさい）
▶ 関数，with と either の用法

□ ... since refinement usually tends to **propagate throughout** the model.
（改善は通常モデル**全体に伝わる**傾向があるので）▶ 改善，傾向

□ It **pervades** almost every aspect of the practical application of the FEM.
（それは有限要素法の実用的な応用のほとんどすべての面に**普及している**）▶ almost every の用法

■ 拡大，拡張

□ an **expanded** (enlarged) sectional view（**拡大した**断面図）

□ **magnify** ... 100 times（…を 100 倍**拡大する**）

□ **enlarge** a photo further for examination（調査のために写真をさらに**拡大する**）▶ further の用法

□ the **extension** to 3-D elements（三次元要素への**拡張**）

□ They are, with suitable definition, capable of **extension** to an algebra of vectors.

（適切な定義によって，それらはベクトル代数に**拡張**できる）▶ with の用法，挿入の文法，適切な

良い，望ましい

■ 例文

□ the importance of **efficient** calculation（**効率の良い**計算の重要性）

□ A **nice** thing about A is ...（A に関する**良い**点は…である）

□ a **good** measure of the design strength（設計強度の**良い**尺度）▶ 尺度

□ Poor quality threads, however, will relax much more than **good** quality threads.
（しかしながら質の悪いねじは，**良い**ねじよりはるかにゆるみやすい）▶ 質，much more than の用法

□ the **desirability** of obtaining test data that ...（…というテストデータを得ることの**望ましさ**）

□ It is sometimes **desirable** for the bearing to be sufficiently soft to permit hard abrasive particles to completely embed.
（軸受にとって，固い研磨粒子が完全に食い込むほど十分に柔らかいのはしばしば**望ましい**ことである）

□ None of them have produced any **favorable** (siginificant) results.
（それらのいずれもなんら**好都合な**（重要な）成果を得ていない）

□ They have an even more **favorable** gradient than ...
（それらは…に比べてさらに一層**好ましい**勾配を持っている）▶ even more の用法

□ K is **preferable** in applications where ...（K は…のところへの適用が**望ましい**）▶ 適用

□ ... using the **preferred** theory（**好ましい**理論を使って）

□ The latter is obviously **preferred**.（後者のほうが明らかに**好まれる**）▶ 明らかに

□ If buckling is indicated, the **preferred** solution is to redesign the spring.
（もし座屈の兆候があるなら，**望ましい**解決方法はばねを再設計することである）▶ 兆候，設計

□ ... requires spacing between fasteners of 2.67 times the diameter of the fastener, with 3 times **preferred**.（…は，締結部品間の間隔として部品の直径の 2.67 倍のスペースが必要で，3 倍が**望ましい**）▶ 倍，with の用法

□ It is sometimes **prudent** to ...（…することは時には**賢明**である（分別がある））

□ **undesirably** large（**望ましくない**くらい大きい）

厳しい

■ 例文

□ a shaft subjected to **severe** vibration（**過酷な**振動を受ける軸）

□ The **severity** of wear can be reduced by ...（摩耗の**厳しさ**は…によって低減できる）▶ 減らす

□ ..., indicating the **severity** of impact as successive pairs of teeth engagement.
（(歯車の）歯がペアで連続的にかみ合うことによる衝撃の**厳しさ**を示して）▶ 示す，連続的

□ Demands for speed and low cost are **unrelenting** in manufacturing.
（速度と低価格に対する要求は製造において**容赦のない**ものである）▶ 要求，製造

□ As the depth increases, even **harsher** constraints are imposed.
（深さが増すにつれて，さらに**過酷な**拘束が課せられる）▶ even の用法，拘束，課す

8. 特性と状態に関する表現

特性，特徴，挙動

■ fundamentals

characteristic（特性，特徴的な），property（特性，特質），feature（特徴，特色），peculiarity（特性，変わった点），uniqueness（唯一），specificity（特殊性），singularity（特異性），nature（性質，本質），aspect（外観上の特徴，側面），specific（特定の，独特の），distinctive（独特の，特有の），peculiar（独特の，変な），remarkable（注目すべき，珍しい），striking（目立った），common（普通の），featureless（特色のない），behave（振る舞う），act（振る舞う，行動），behavior（挙動）

■ characteristic などの用法

□ ... is (a) **characteristic** of A.（…は A の**特徴**である）

□ It is **characteristic** of A to do ...（…をするのは A の**特徴**である）

□ They have an important **characteristic**.（それらは重要な**特性**を持っている）

□ They have unique **characteristics**.（それらは独特の**特徴**がある）▶ 独特の

□ It shows its own **characteristics**.（それは独自の**特徴**を示す）

□ the stress-deflection **characteristics** of ...（…の応力－たわみ関係の**特性**）

□ frictional **characteristics**（摩擦**特性**）

□ Performance **characteristics** are shown in Fig.1.（性能の**特性**は図 1 に示されている）▶ 性能

□ The fatigue strength **characteristics** of cast iron are similar to those of steel with the exception that ...（鋳鉄の疲労強度**特性**は…を除いて鋼と似ている）▶ similar to と exception that の用法

□ It is of an elastic **character**.（それは弾性の**特性**である）▶ of + 名詞の用法

□ It is **characterized** by ...（それは…によって**特徴付けられる**）

■ property，feature ほかの用法

□ They have a special **property**.（それらは独特の**特性**を持っている）

□ material thermal **properties**（材料の熱**特性**）

□ a material with **properties** that ...（…のような**特性**を持つ材料）

□ orthotropic **properties**（直交異方**性**）

□ Its **properties** are ...（その**特性**は…である）▶ its + 複数形の用法

□ Let us give the thread the same **isotropic properties** as the nut.
（そのねじはナットと同じ**等方性**とする）

□ The element strains with the material **properties** yield the stresses in each element.
（要素のひずみを材料**特性**とともに用いると，各要素の応力が求められる）▶ with と yield の用法

□ It tends to destroy the bandness **property** of the original matrix.
（それは元の行列のバンドマトリックスの**特性**を壊す傾向がある）▶ 壊す，傾向，数学

□ the key **feature**（重要な**特色**）

□ This **feature** together with the tapered geometry of the joint means that ...
（この**特性**は継手のテーパ形状と一緒になって…を意味する）▶ together with の用法

□ This **property** is a prominent **feature** in the trial-solution method.

（この**特性**は試行的な解析方法において卓越した**特徴**である）▶ 傑出した，試行の

□ It is the **nature** of the loading mechanism.（それは荷重を与えるメカニズムの**本質**である）

□ ... would be very nonuniform and at least two-dimensional **in nature**.
（…はまったく一様ではなく，少なくとも**本質的に**二次元である）▶ nonuniform の用法

□ the very **essence** of FEM（まさしく有限要素法の**本質**）

□ the physical **aspects**（物理的な**側面**）

□ the **peculiarities** of various gasket types（さまざまなタイプのガスケットの**特色**）

□ to implement their own **proprietary** C++ programs
（彼ら自身の**独占的な** C++ プログラムを実行するために）▶ implement の用法

□ Many of these special purpose programs are **proprietary**, and some companies offer the use of their programs for a fee.（これらの特別な目的を持つプログラムの多くは**独占的**なものであり，いくつかの会社は有料でプログラムの使用を提供している）▶ 有料で，for free：無料で

■ 挙動，振る舞う

□ **behave** alike（同じように**振る舞う**）

□ **behave** similarly to ...（…と同じように**振る舞う**）

□ It **behaves** in an elastic fashion.（弾性的に**振る舞う**）▶ fashion の用法

□ If the material truly **behaves** in accordance with the theory, ...
（もしその材料が正確に理論どおりに**振る舞う**なら…）▶ 正確に，in accordance with の用法

□ the **behavior** of a continuum（連続体の**挙動**）

□ creep relaxation **behavior**（クリープによるゆるみの**挙動**）

□ The recurrence formula solutions have different **behavior**.
（循環公式の解は異なった**挙動**を示す）▶ 数学

□ **act** this way（このように**振る舞う**）

□ **act** upon the rule（規則に従って**行動する**）

■ others

□ A **strange** fact has been reported.（**奇妙な**事実が報告された）

□ The assumption of ... leads to a **curious** result.
（…を仮定すると**奇妙な**結果となる）▶ 仮定，lead to の用法，不思議な

□ This **anomalous** behavior is caused by ...（この**変則的な**挙動は…により引き起こされる）

簡単

■ fundamentals

simple（単純な，簡単な），simply（簡単に），simplify（簡単にする），ease（容易さ），easily（容易に），brief（簡潔な），briefly（簡潔に），readily（容易に），lightly（軽率に），straightforward（わかりやすい），facilitate（容易にする）

■ simple などの用法

□ It is a **simple** matter to verify ...（…を確かめるのは**簡単なこと**である）▶ 確かめる

□ The selection of A is not so **simple**.（A を選ぶことはそれほど**簡単**ではない）▶ 選択

□ The instrument is **simple** in construction.（その装置は構造が**簡単**である）▶ 構造

□ The element is of **simple** geometric shape.
（その要素は**簡単な**幾何学的形状をしている）▶ 形状，of + 名詞の用法

□ the least expensive and **simplest** way（**最も**安く**簡単な**方法）▶ least の用法

□ **simple** substitution of this equation into Eq.(1)（**単に**この式を式（1）に代入すること）

□ for **simplicity**（**簡単**に）

□ The equation expresses this concept clearly and **simply**.
（その式はこの考え方を明確かつ**簡単に**表している）

□ **simplifying** assumptions（**簡単化のための**仮定）

□ **simplified** assumptions（**簡略化した**仮定）

□ We **simplify** ... and write as ...（…を**簡単にして**…と書く）

□ In order to **simplify** the explanation (equation), we let A equal to B.
（説明（式）を**簡単にする**ために，A が B に等しいとする）▶ in order to の用法，等しい

□ This is done so as to **simplify** the load equations.
（これは荷重の式を**簡略化**するために実施される）▶ so as to の用法

□ a **simplified** view of the direction of stress（応力の方向の**単純化した**見え方）

□ Figure 1 shows a **simplified** drawing of three different screw jacks.
（図 1 は三つの異なったねじ式ジャッキを**簡略化**して示したスケッチである）▶ 図

□ after routine **simplification**（決まりきった**簡略化**の後）▶ 決まりきった

□ These are based on a drastic **simplification** of product geometry.
（これらは製品形状の思い切った**簡略化**に基づいている）▶ based on の用法，抜本的な

■ easy などの用法

□ For **ease** in discussion, ...（議論を**簡単**にするために）▶ 議論

□ It governs the **ease** with which ...（それは…に伴う**簡単さ**を支配する）▶ 支配

□ The advantages of the single-laps are **ease** of assembly and cost.
（一列重ね継手の長所は組み立ての**簡単さ**とコストである）▶ 長所，組み立て

□ The choice of a value of 4 for a two-dimensional system **makes** the calculation particularly **easy**.
（二次元システムに対して 4 という値を選ぶと，計算が著しく**簡単になる**）▶ 選択，特に

□ the most versatile and **easiest** methods（最も用途が広く**簡単な**方法）▶ versatile の用法

□ We find it **easiest** and least expensive to control preload with torque and/or turn.
（トルク法と回転（角），あるいはそのどちらかで軸力を制御するやり方は，**最も簡単で**安価であることがわかる）▶ least の用法

□ It can be calculated **easily** using the following equation.
（以下の式を使って**簡単に**計算できる）▶ 計算

■ others

□ a **brief** derivation（**簡潔な**（式の）導出方法）

□ The calculation of K is **straightforward**.（K の計算は**わかりやすい**ものだ）

□ to **facilitate** the installation（据え付けを**容易にする**ために）

□ to **facilitate** production and reduce costs（生産を**容易にして**コストを下げるように）▶ 生産

□ It is **facilitated** by expressing r as a linear function of ...

（それは r を…の線形の関数として表すことにより**簡単化される**）▶ 数学

□ Equation (1) is **readily** derived as follows: ...
（式 (1) は以下のように**簡単に**導かれる）▶ 導く，「:」の用法

□ This experiment cannot be undertaken **lightly** by anyone.
（この実験は誰にでも**軽々しく**引き受けられるものではない）▶ 軽率に

□ We can find an **introductory** treatment of this subject.
（この問題の**入門的な**扱い方を見つけることができる）

難しい，困難な

■ difficult，difficulty の用法

□ A mathematical solution is **difficult** to obtain.（数学的な解は求めるのが**難しい**）▶ 解

□ Numerical evaluation becomes exceedingly **difficult**.
（数値による評価が非常に**難しく**なる）▶ exceedingly の用法

□ This matter presents a **difficult** problem of which I have been conscious.
（このことは私が気づいていた**難しい**問題である）▶ present と of which の用法，気づく

□ Areas in the structure **difficult** to access can be monitored.
（接近が**難しい**構造物の領域がモニターできる）▶ 接近

□ more complex and **difficult**-to-predict phenomenon
（より複雑で予測が**困難な**現象）▶ 予測，「-」の用法

□ the **difficulty** involved in obtaining the load experimentally
（実験的に荷重を求めることに含まれる**難しさ**）▶ 求める，実験

□ two **difficulties** that commonly arise in estimating ...
（…を推定する場合によく起こる二つの**難しさ**）▶ commonly の用法

□ A **difficulty** common to the direct approach arises when ...
（直接的な方法に共通の**困難さ**は…のときに生じる）▶ common to の用法，発生する

□ The **difficulty** can be overcome in the following manner.
（**困難**は以下の方法で克服できる）▶ 克服，方法

□ One of these major reasons is the great **difficulty** in determining the real values of ...
（おもな理由の一つは…の真の値を決定する場合の大変な**難しさ**である）▶ major と great の用法

■ やっかいな

基本 troublesome（やっかいな），annoying（いらいらさせる），inconvenient（不便な，面倒な）

□ They are more **awkward** to install than the latest devices.
（それらは最新の装置より取り付けが**やっかい**（不便）である）▶ 取り付ける，最新の

□ In this range the tools are smaller, less **cumbersome**, and safer.
（この範囲では，その工具はより小さく，**扱いにくさ**もましで，より安全である）▶ less の用法

□ without being **distracted** by a lot of calculations（多くの計算に**悩まされる**ことなしに）

複雑

■ 例文

□ an initially **complex** model（当初**複雑**だったモデル）▶ 最初は

□ ... with more **complex** configuration（より**複雑な**形状を持つ…）▶ with の用法，形状

□ use more **complex** theories（より**複雑な**理論を使う）▶ 理論

□ We often encounter **complex** geometrical configurations.
（われわれはしばしば**複雑な**幾何学的形状に出くわす）▶ 出会う

□ to make routine calculations of stiffness less **complicated**
（決まり切った剛性の計算をより**複雑**でないようにするために）▶ less の用法

□ **complicate** things still further（物事をさらに**複雑にする**）▶ still の用法

□ ... increases the **complexity**, time and cost of production.
（…は生産の**複雑さ**と時間とコストを増加する）▶ コスト，生産

□ ... decreases the **complexity** of the control methods.（…は制御方法の**複雑さ**を減少させる）

□ **intricate** mathematical proofs（**複雑な**（難解な）数学の証明）▶ 数学，証明

□ The flow patterns in the melt can be quite **intricate**.
（溶融物の流動パターンは非常に**複雑**となることがある）▶ can の用法

□ ... because of the **intricate** way in which bolt and joint share the total force.
（ボルトと継手が全体の力を分担する方法が**複雑**であるために）▶ 分担する

可能，不可能

■ 可能

□ make ... possible, make ... feasible, make possible ...（…を**可能**にする）

□ as much (far) as **possible**, within the limits of the **possibility**（**可能**な範囲で）

□ Good prediction of the temperature distribution is **possible**.
（温度分布をうまく予測することは**可能**である）▶ 予測，うまく

□ Recent advances in adhesive research have **made possible** a relaxation of cleanliness standards.（接着剤の研究の最近の進展は，清潔さの基準の緩和を**可能にした**）▶ 進展，緩和，基準

□ It should be as small as **possible.**（それは**可能**な限り小さくすべきである）

□ It is seldom **possible** to distribute the load so that ...
（… となるように荷重を分布させることはほとんど不**可能**である）▶ seldom の用法

□ The discretization error is not the only one **possible** in the finite element computation.
（離散化による誤差は，有限要素法の計算においてのみ**起こり得る**ものではない）▶ 誤差，唯一の

□ numerical solutions to many problems believed to be **impossible**
（**不可能**と信じられていた多くの問題に対する数値解析による解）▶ 問題，believe の用法

□ Any **prospect** of success seemed **impossible**.（成功の**見込みはない**よう見えた）▶ 見込み

□ If **feasible**, ...（もし**可能**ならば）

□ as **feasibly** possible（**可能な**限り）

□ **make** self-lubrication **feasible**（自己潤滑を**可能にする**）

□ The resulting load is typically not **feasible** to acquire.
（一般に結果として生じる荷重は求めることはできない）▶ typically と acquire の用法

□ The results were recast and, where **feasible**, were expressed as analytical functions obtained from curve fitting.（結果は作り直されて，**可能な**ところは曲線近似で得られた解析的な関数で表示された）▶ 挿入の文法，曲線近似

■ 可能性

□ pursue (seek after) the **possibility** (chance) of realization（実現の**可能性**を追求する）

□ There is little (scarcely any) **possibility** of realization.（実現の**可能性**がほとんどない）

□ diminish the **possibility** of seizure of the parts（部品が焼き付く**可能性**を減らす）▶ 減少

□ investigate the **feasibility** of using smart materials to find ...
（…を見つけるためにスマート材料を使える**可能性**を調査する）▶ 調査

□ **potential** reliability（**潜在的な**信頼性）

□ validate its **potential** of ...（…に対するそれの**可能性**を確認する）

□ its **potential** as impedance sensors（インピーダンスセンサとしての**可能性**）

□ Shape memory alloys have great **potential**.（形状記憶合金は高い**可能性**を持っている）

□ All **potential** customers are equally fluent in English.
（すべての**見込みのある**顧客は等しく英語を流暢に話す）

□ These various modes of **potential** failure are shown schematically in Fig.1.
（これらの**起こり得る**さまざまなモードの破壊は図１に模式的に示されている）▶ 破壊，模式的

□ A is twice as **probable** to occur as B.（A が起こる**可能性**は B の２倍である）▶ 倍

□ It seems to be the most **probable**.（それが最も**可能性**があるように見える）

■ others

□ It will **likely** provide us with ...（それはわれわれに…を供給**しそうだ**）▶ provide の用法

□ It seems **likely** that ...（…の**ように**思える）

□ In the **unlikely** event that this occurs, ...（このことが起こるという**ありそうにない**場合）

□ Ball bearings **are capable of** higher speeds.（玉軸受はより高い速度に対して使用**可能**である）

□ This system **permits** the control valve to maintain a constant pressure.
（このシステムを使うと，制御弁は一定圧力を保つことが**可能となる**）

□ Assumptions (2) and (3) **permit** a simple computation of K by expressing the differentiation in Eq.(1).
（式（1）の微分を表すことにより，仮定の（2）と（3）は K を簡単に計算することを**可能にする**）▶ 微分

□ These parts made by various manufacturers are **interchangeable**.
（さまざまな製造者によってつくられたこれらの部品は**互換性がある**）▶ 製造

□ ... which makes the part an excellent **candidate** where large loads must be delivered.
（大きな荷重を伝達しなければならない箇所において，その部品を優れた**候補**とする…）▶ 伝える

役立つ，有効

■ 役に立つ，役に立たない

□ It is **of** practical **use**. / It is **useful**.（実用的で**役に立つ**）▶ of + 名詞の用法

□ Most of these processes are potentially **useful**.
（これらの方法の大部分は潜在的に**役に立つ**）▶ 潜在的

□ It is particularly **useful** at the smaller mass ratios of rigid body to elastic member.
（剛体と弾性体の部材の質量比が小さくなるほど特に**役に立つ**）▶ 特に，smaller の用法

□ several **helpful** numerical techniques（いくつかの**有効な**数値解析技術）

□ This can **help** far more than more expensive tools.
（これはより高価な工具よりはるかに**役に立つ**）▶ far more than の用法

□ It is rather **futile** and **pointless** to trace the historical development.
（歴史的な発展をたどることは，むしろ**役に立たない**し**無意味**である）▶ たどる，歴史的

□ The **futility** of the effort should be obvious.（努力が**役に立たないこと**は明白だ）▶ 明白

■ 有益，有利

□ It is somehow **beneficial**.（なぜか**有益**である）▶ somehow の用法

□ It is of substantial **benefit** in developing an accurate representation of the physical problem.
（物理的な問題の正確な表現を発展させる場合，おおいに**有用**である）▶ of + 名詞と substantial の用法

□ Readers wishing to solve A can **benefit** from the experience reported by B.
（A を解決したい読者は，B によって報告された経験が**役に立つ**）▶ wishing の用法，経験

□ It would be **advantageous** to reduce this.（これを減少するのに**都合が良い**だろう）

□ We find it **advantageous** to draw comparisons between different fields of physics.
（物理の異なる分野の間の比較を引き出すことは**有益である**とわかる）▶ draw の用法

□ For such situations the most **fruitful** approach to the problem is one based on finite-difference techniques.
（そのような状況で，問題に対して最も**有利な**手順は差分法に基づく方法である）

□ Increasing the surface hardness of steel gears **pays off** in terms of surface endurance.
（鋼製歯車の表面の硬度を上げることは，表面の耐久性に関して**報われる**結果となる）
▶ 増加，pay off の用法，関して，耐久性

■ 有効，有用

□ It is said to be an **effective** way to accomplish this work.
（この仕事を成し遂げるには**有効な**方法といわれている）▶ いわれている，果たす

□ They are **effective** in lowering maximum temperature.（最高温度を下げるのに**有効**である）

□ ... is not necessary for **efficacious** use of the programs.
（…はプログラムの**効果的な**使用に対して必要ない）

□ The **effectiveness** of these films is usually minimal.
（これらの膜の**有効性**は通常は最小限度である）▶ 最小の，maximal：最大の

□ to demonstrate the **effectiveness** and **usefulness**（**有効性**と**有用性**を証明するために）

□ the **usefulness** of such techniques（そのような技術の**有用性**）

□ to validate its **usefulness** and potential of ...
（…の**有用性**と可能性を確認するために）▶ 確認，可能性

□ Close correlation between A and B demonstrates the **validity** of ...
（A と B の密接な相関関係が…の**妥当性**を証明している）▶ close の用法，相互関係，証明

□ for a solution to be **meaningful**（解が**有意義**であるために）

適する

■ 適する

□ If ... **meets** the conditions, ...（もし…が条件を**満たす**なら）

□ ... which render it **unfit** for use.（それを使用に**適さない**ようにする…）▶ render の用法

□ If the material most **suitable** for the bulk of the part does not **meet** the surface requirement, ...
（もしその部品の大部分に最も**適した**材料が表面性状の要求に**合致**しないなら…）▶ bulk の用法

□ Exposed applications are not well **suited** to the washer.
（外での使用はそのワッシャにあまり**向いて**いない）▶ exposed と application の用法

□ When ... are needed for problems with irregular geometry, FEM is better **suited**.（不規則な形状を持つ問題に対して…が必要なとき，有限要素法がより**適している**）▶ 不規則，better の用法

□ the types of the problems **amenable** to FEM（有限要素法に**適した**（従順な）問題のタイプ）

□ The linear problems are **amenable** to solution by widely available software packages.
（その線形の問題は広く利用されているソフトウェアで解くことに**適している**）▶ 解く

■ 適合する，適応する

□ **conformance** to design during manufacturing（製造（工程）における設計への**適合**）

□ to **comply** with the standard（基準に**適合**するように）▶ 基準

□ ... by adjusting other dimensions to **comply** with the critical specifications.
（ほかの寸法を非常に重要な仕様書に**適合**するように調整することにより…）▶ 調整，寸法

□ The material **conforms** to the idealized stress-strain curve of Fig.1.
（その材料は図１の理想化された応力－ひずみ線図に**適合**する）▶ 一致する，理想化

□ in order to **conform** with the 45 degrees increment clockwise progression
（時計回りに 45° ずつ増やす進め方に**適合**するように）▶ 増分，前進

□ It is extremely **compatible** with inflatable satellite applications.
（膨張式の衛星への応用に非常によく**適合**している）▶ extremely の用法

□ They are made to **accommodate** various degrees of loading.
（さまざまな程度の荷重に**適応**させるようにつくられる）▶ 程度

□ the force required to **accommodate** elastic interactions and embedment
（弾性相互作用とへたりに**適応**させるために必要な力）▶ required の用法

□ We could represent different parts of structure with an element selected to **match** its behavior.（その挙動に**調和する**ように選ばれた（有限）要素を使って，構造の異なった部分を表すことができた）▶ with の用法，選択，挙動

一般的

■ fundamentals

common（普通の，一般的な，共通の），commonly（一般に，普通は），general（一般的な，概略

の），generally（一般に，概して），typical（典型的な），typically（一般的に）

■ 一般的な

☐ a **common** application（**よくある**応用例）
☐ a **common** practice（**一般的な**やり方）
☐ a **commonly** used method（**一般に**使われる方法）▶ 方法
☐ the least **common** type（**最も**一般的**ではない**タイプ）▶ least の用法
☐ **common** turn-preload relationship（**一般的な**回転（角）と初期荷重の関係）▶ 関係
☐ **Common** low speed applications involve the use of oil or grease.
（**一般的な**低速への適用には油やグリースの使用が含まれる）▶ involve の用法，使用
☐ The most **common** way to do this is with an anaerobic adhesive.
（これをするための最も**一般的な**方法は嫌気性の接着剤を使うことである）▶ with の用法
☐ **General** procedures are now available for ...（**一般的な**手順が現在…に対して利用できる）
☐ some **general** guidelines（いくらかの**一般的な**指針）▶ specific：特定の
☐ the **general** form of stress distributions in the bolt（ボルトの応力分布の**一般的な**形状）
☐ a **generic** torquing procedure（**一般的な**トルク法の手順）

■ 一般に

☐ A is **commonly** classified according to ...（A は**一般に**…によって分類される）▶ 分類
☐ It varies **generally** between about 0.2 to 0.8.
（それは**通常**およそ 0.2 と 0.8 の範囲で変化する）▶ 変化，範囲
☐ This type of example is **generally** rare.（このタイプの例は**一般的**にまれである）▶ 頻度
☐ A tolerance, - **typically** 1.5 mm -, is employed.（**一般に** 1.5 mm という公差が採用される）
☐ The particles are **typically** small, hard and have sharp edges - like grains of sand.
（その粒子は**一般に**小さくて固く，砂の粒のように鋭いエッジを持っている）▶「-」の用法
☐ ... which might be **typically** 5 to 10 degrees.（**一般的には** 5 ～ 10° である…）

通常，正常

■ fundamentals

usual（いつもの，平素の），usually（普通は，いつもは），ordinary（普通の，通常の），ordinarily（普通は，通例），regular（いつもの，決まった），conventional（従来の，平凡な），normal（標準の，正常な，普通の），normally（普通は，標準的に），customary（通例の），plain（普通の，飾りのない）

■ 通常の，標準の

☐ by the **usual** method（**通常の**方法で）
☐ for the **usual** case of ...（…という**通常の**場合について）▶ 場合
☐ For the **usual** engineering materials involving some ductility, ...
（いくらかの延性を持つ**通常の**工業材料では…）▶ engineering と involve の用法
☐ This is **usually the case**.（これは**いつもどおり**である）
☐ This is the **usual** practice with spare couplings so that as equipment shafts are remachined, the spare couplings can be properly fitted.（これは装置の軸を再加工するとき，

予備の継手を適切にはめ込むための**通常の**やり方だ）▶予備の，so that の用法，適切に

□ for **unusual** cases（**異常な**場合）▶場合

□ in an **ordinary** way（**いつもどおり**のやり方で）

□ under **ordinary** circumstances（**通常の**状況において）

□ It is **customary** to make the conservative assumption that ...
（…という控えめな仮定をするのは**通例**のことである）▶保守的な，仮定，書き出し

□ the **customarily** used equations（**通常**使う方程式）

□ the load distribution in a **conventional** nut and bolt
（**通常の**ナットとボルトにおける荷重分布）

□ bolts fitted with **conventional** nuts（**通常の**ナットとかみ合わされたボルト）

□ The **plain** portion of the component is made to the nominal diameter of the screw.
（その部品の**普通の**（飾りのない）部分はねじの呼び径に合わせてつくられる）▶made to の用法

□ **Normal** practice involves fitting the stationary ring with a slip fit.
（**普通の**やり方では，静止したリングを滑り状態の"はめあい"にはめ合わせる方法を含む）
▶やり方，静止した

■ 正常

□ gear of **normal** geometry（**正常**な（標準）形状の歯車）

□ during **normal** operation（**正常**な（普通の）運転状態の間）

□ either in a **normal** atmosphere or in other, **usually** more corrosive environments
（**正常**な雰囲気か，あるいはそれ以外の**通常は**より腐食しやすい環境で）▶雰囲気，腐食，環境

長所，欠点

■ fundamentals

advantage（強み，長所，有利な点），merit（長所），disadvantage（不利な点，欠点），drawback（欠点），advantageous（有利な，都合の良い），have the advantage of（という長所を持つ），take advantage of（を利用する）

■ 長所

□ the **advantage** of low cost（安価という**長所**）

□ the **advantage** of being robust（ロバストという**長所**）▶being の用法

□ The chief **advantage** of the metric system is ...（メートル法の主要な**利点**は…である）

□ The **advantages** of the new product are ...（新製品の**長所**は…である）

□ This **advantage** with this definition, however, is ...
（しかしながら，この定義による**有利な点**は…）▶with の用法

□ It has other **advantages** in that ...（…という点でほかの**長所**を持っている）▶in that の用法

□ It has a major **advantage** in that the network of a project is proposed.
（プロジェクトのネットワークが提案されたことがおもな**長所**である）

□ Casting offers several **advantages** over other metal forming.
（鋳造はほかの金属成形に勝るいくつかの**有利な点**がある（提供する））▶over の用法

□ The smaller size and lighter weight are often an **advantage**.

（寸法が小さめで重量が軽めであることはしばしば**有利な点**である）▶ 比較級

□ **Advantage** of symmetry in loading and geometry was taken.
（荷重方法と形状が対称であるという**利点**が利用された）▶ 対称，利用

□ The relative **merits** of consistent versus lumped matrices can be found.
（（振動解析における）整合マトリックスと集中マトリックスの間の相対的な**長所**を見つけることができる）▶ 相対的

■ 欠点

□ the main **drawback** of ...（…のおもな**欠点**）

□ The major **drawback** with this type of modification is the difficulties associated with its mass production.
（このタイプの修正のおもな**欠点**は，大量生産に関連した難しさである）▶ associated with の用法

□ a **disadvantage** that has plagued engineers since early days
（昔から技術者を悩ませてきた**欠点**）▶ 悩ます

□ The **disadvantage** that only a diagonal mass matrix can be used is usually not very serious.
（対角成分だけの質量マトリックスのみが使用可能という**欠点**は通常それほど深刻ではない）▶ 重大

□ Considering the **shortcomings** of ..., it must be recognized that the effectiveness of A depends on B.
（…の**欠点**を考慮すると，A の有効性は B に依存しているとわかるに違いない）▶ 認識，有効性，依存

□ On the **negative** side, ...（**マイナスの**面では…）

■ 優れている，劣っている

□ a presumably **better** theory（おそらく**より良い**理論）▶ おそらく

□ His approach gives **better** results than the conventional FEM procedures.
（彼の手法は従来の有限要素法の手順にくらべて**より良い**結果を与える）▶ 手法

□ We are **lagging behind** the international standards.
（国際的な標準から**立ち後れている**）▶ 標準

■ others

□ ... by **taking the advantage of** the wide variety of Ethernet interfaces
（さまざまな種類のイーサネットのインタフェースを**利用して**…）▶ さまざまな

□ an inherent **advantage** of threaded fasteners（ねじ部品に固有の**長所**）▶ 固有の

□ It is accomplished by **taking advantage of** the elementary methods.
（それは初歩的な方法を**利用して**達成される）▶ 達成，書き出し

□ one of the main **attractions** of ...（…のおもな**魅力**の一つ）

□ There is a build-up of round-off errors which can **swamp** the calculated solution.
（計算による解を**圧倒する**ような丸め誤差の蓄積がある）▶ 積み重ね，誤差

重要

■ fundamentals

important（重要な），vital（きわめて重要な，不可欠な），significant（重要な，意味のある），key

（重要な），insignificant（無意味な，重要ではない），meaningless（無意味な），importance（重要性），significance（重要性，意義），concern（関心，重大事，関係），factor（要因，原因）

■ important，importance の用法 ▶▶▶ of + 名詞の用法

基本 primarily **important**，of primary **importance**，of prime **importance**（第一に重要である），of great importance（非常に重要）

- □ an **important** point to remember（**記憶**しておくべき**重要な**点）
- □ examine two more topics of **importance**（もう二つの**重要**な話題を調べる）
- □ most problems of practical **importance**（大抵の実用的に**重要**な問題）▶ 実用的
- □ It is of particular practical **importance**.（特に実用的に**重要**である）▶ 特に
- □ in the study of many engineering phenomena of practical **importance**（実際に**重要な**多くの工学上の現象の研究において）▶ 現象
- □ The depth of the groove is of major **importance**.（溝の深さがおもに**重要**な点である）
- □ They are of growing **importance**.（それらは**重要**になってきている）▶ なる
- □ It is of crucial **importance** for the success of the design process.（それは設計方法の成功のためには決定的に**重要**である）▶ crucial の用法，設計
- □ Of particular **importance** are the errors introduced by amplitude decay.（特に**重要**なのは振幅の減衰により導入される誤差である）▶ 倒置法，誤差，衰退

■ 重要な

- □ the **significant** thing about ...（…関して**重要な**こと）
- □ The most **significant** early work was done by ...（最も**重要な**初期の研究は…により成された）▶ 初期の
- □ ... is believed to be very **significant** for sub-surface crack initiation.（…は，表面下のき裂の開始に対して非常に**重要**と信じられている）▶ believe の用法，開始
- □ Now, for the more complex distorted elements numerical integration is **essential**.（ここで，もっと複雑に変形した要素については数値積分が**非常に重要**である）▶ essential の用法
- □ Figure 1 lists the three **key** items.（図 1 は三つの**重要な**項目を載せている）
- □ ... specifying desired element sizes at **key** locations（**重要な**位置における望ましい有限要素の寸法を明記して）▶ 望ましい
- □ a **key** element in understanding how bolted joints function is（ボルト締結体の機能がどのようなものか理解するための**重要な**要素）
- □ a point of **vital importance**（**大変重要な**点）
- □ deal with the **vital** matter of tolerances（公差に関する**きわめて重要**な事項を扱う）▶ deal with と matter の用法
- □ ... is **vital** to (for) the intelligent engineering use.（…は賢明な工学的な使用にとって**不可欠**である）▶ 利口な
- □ More belts are commonly used in **heavy-duty** applications.（**重要な**（大きな負荷がかかる）応用例には，通常さらに多くのベルトが使われる）▶「-」の用法
- □ an extremely **valuable** source of information（きわめて**貴重な**情報源）

■ 重要ではない

- □ This is seldom of **significance**.（これは滅多に**重要**ではない）

☐ This is **not of concern** now because ...（…の理由により，今このことは**重要ではない**）

☐ It is usually not as **big an issue** as the strength.
（それは通常強度ほど**重要なこと**ではない）▶ not as ... as，issue の用法

☐ It is structurally **insignificant**.（それは構造上**重要ではない**）▶ 否定

☐ It indicates an **insignificant** loss in accuracy by ...
（それは…による**取るに足りない**精度の損失を示している）▶ 損失，精度

必要，不要，満足

■ fundamentals

necessary（必要な），essential，indispensable（不可欠な），requisite（必須の），need（必要がある，必要性），require，call for（必要とする），request（頼む），claim（要求する，主張する），demand（強く要求する，request, require, claim より意味が強い）

■ 必要である

☐ It is **nessasary** for us to overcome the difficulty.（その困難を乗り越える**必要がある**）

☐ It is **indispensable** to manufacturing technology.（製造技術に**不可欠**である）

☐ We **require** that $A = 1$.（$A = 1$ であることが**必要である**）

☐ The reasonable clearance is **required**.（理にかなった（ほど良い）すきまが**必要である**）

☐ Torque accuracy of plus minus 20％ is **claimed**.
（±20％のトルクの精度が**求められる**）▶ 精度

☐ critical parameters that **need** to be considered（考慮する**必要がある**決定的な因子）

☐ The effectiveness of the actuator **needs** to be investigated.
（アクチュエータの有効性を調査する**必要がある**）▶ 有効性，調査

☐ There is a **need** for a more robust sensor.（より丈夫なセンサが**必要**である）▶ robust の用法

☐ This job **calls for** practice.（この仕事には（実地の）経験が**必要である**）▶ practice の用法

☐ These conditions **call for** an ability to model a sub-region separately.
（これらの条件はサブ領域を別にモデル化する能力を**必要とする**）

☐ a **demand** for light weight（軽量化に対する（強い）**要求**）

☐ Another material that can withstand in **demanding** environments is nylon.
（**要求される**環境において耐えることができるもう一つの材料はナイロンである）▶ 耐える

■ 必要でない ▶▶▶ no の用法

☐ It **requires** no modification.（修正の**必要**がない）▶ 修正

☐ No such device is **needed**.（そんな装置は**必要**ではない）

☐ There is no **need** of your assistance.（あなたの助力は**必要**ない）

☐ There is, however, no **need** to consider each element individually.
（しかしながら各要素を個別に考える**必要**はない）▶ 個別に

■ 必要なもの，必要＋名詞

☐ the **necessary** sign changes in Eq.(1)（式（1）において**必要な**符号の変化）

☐ Bolts larger than **necessary** are ...（**必要**以上に大きいボルトは…）

☐ standard components which are several sizes larger than **necessary**

（**必要な**大きさより数倍大きい標準の部品）▶ 倍，larger than の用法

□ ... that may be larger than **needed**.（**必要**以上に大きいと思われる ..）

□ The safety factor **need** not be as large as would normally be **necessary**.
（安全率は通常必要であるような大きさである**必要**はない）▶ would の用法

□ An important design **requirement** of internally pressurized members is ...
（内圧を受ける部材の一つの重要な設計上の**必要条件**は…である）▶ 設計，内面に

□ The most basic **requirements** are acceptable stress level.
（最も基本的な**必要条件**は許容される応力のレベルである）▶ 基本的，acceptable の用法

□ the most important **requisite** conditions（最も重要な**必要**条件）

■ required の用法 ▶▶▶ 過去分詞の用法

□ the amount of initial temperature **required**（**必要とされる**初期温度）

□ the time **required** for load application（荷重を与えるために**必要な**時間）

□ The tensile force **required** to yield the entire thread cross section is ...
（ねじ断面全体を降伏させるために**必要な**引張力は…）▶ entire の用法

□ The **required** input data are the surface temperatures.（**必要な**入力データは表面温度である）

□ The **required** number of specified nodal variables is dictated by the physics of the problem.（規定された節点変数の**必要な**数は問題の物理学によって決まる）▶ 命令する

□ The use of [*A*] produces the **required** compressive radial stress.
（[*A*] を使うと**必要な**半径方向圧縮応力を作り出せる）▶ use の用法

■ 不要

□ ... results in substantial **unnecessary** cost.
（…は実質的に**不要**なコストにつながる）▶ コスト

□ It becomes **unnecessary** to consider doing a fully 3-D analysis.
（完全な三次元解析の実施を考慮することは**不要**になる）▶ become と doing の用法

□ It **requires** no member subdivision into more than one element.
（部材を一つ以上の（有限）要素に細分割することは**不要**である）▶ no と more than の用法

□ The center column values can be **dispensed with**.（中央のコラムの値は**不要**になり得る）

□ The latest machine **dispenses with** much labor.
（最新の機械を使うと多くの労力を**省ける**）▶ much の用法

□ disposal of **waste**（**廃棄物**の処分）

■ 満足

□ Precision machining can **satisfy** this requirement.
（精密加工はこの要求を**満足**することができる）▶ 精密，（機械）加工

□ Hence, one apparently **satisfactory** answer to the problem is ...
（それゆえ，その問題に対する一つの見かけ上**満足できる**答えは…である）▶ 見かけ上

□ ... so that the following conditions are **satisfied**.
（以下の条件が**満足**されるように）▶ so that の用法

□ The stress requirement can be **satisfied** by many combinations of A and B.
（応力の必要条件は A と B の多くの組み合わせによって**満足**される）▶ 組み合わせ

□ It may be shown that the finite-difference solutions will not converge unless these conditions are **fulfilled**.（これらの条件が**満足**されなければ，（有限）差分法の解は収束しないことが示されるだろう）▶ 収束する

□ I grew strongly **dissatisfied** with the generally accepted theory.
（一般に受け入れられている理論に強い**不満**を抱くようになった）▶ grow の用法

状態

■ fundamentals

condition（状態，条件），circumstance（状況，環境），situation（状態，位置），state（状態）

■ condition，state ほかの用法

□ the effects of asperity distribution, roughness, and surface waviness
（突起の分布，表面粗さ，表面のうねり（という表面状態）の効果）

□ a solid **state**（固体**状態**），a liquid **state**（液体**状態**）

□ steady **state**（定常**状態**），unsteady **state**（非定常**状態**），transient **state**（遷移**状態**）

□ It is in a **state** of plane stress.（それは平面応力**状態**にある）

□ The target lot is of (in) good **condition**.
（対象となるロットは良い**状態**である）▶ 対象，of + 名詞の用法

□ Curve A represents the most common **condition**.
（曲線 A は最も一般的な**状態**を表している）▶ 示す，一般的

□ A more realistic contact **condition** would be somewhere between no-sliding and frictionless sliding.（より現実的な接触**状態**は，滑りなしと摩擦がない滑りの間のどこかにある）
▶ 現実的，somewhere の用法

□ Such **situations** frequently arise where ...
（そのような**状況**は…においてしばしば生じる）▶ 生じる

□ It is important to seek out the data for use in any given **situation**.
（あらゆる与えられた**状態**において使えるデータを探し出すことは重要である）▶ 探す，あらゆる

□ It is easy to show how, in some **circumstances**, a singularity of K arises.
（いくつかの**状況**において，K の特異性がどのようにして生じるのか示すことは容易である）
▶ how の用法，挿入の文法，生じる

■ 状態を表す

□ They are **dirty** and **rusted**.（**汚れて錆びて**いる）

□ A bolt is always **put into** severe tension.（ボルトは常に厳しい引張り**状態に置かれる**）

□ ... is put **in service**.（…が**使用状態**になる）

□ This may **render** the material more susceptible to stress-corrosion.
（これはその材料をより応力腐食を受けやすい**状態にする**だろう）▶ render の用法，受けやすい

□ They **stabilize** after a few hours.（数時間経つと**安定した状態になる**）▶ 時間

■ 状態に戻る

□ **return** to its original shape（元の形に**戻る**）

□ The property does not **return** to the original even if the temperature is lowered.
（たとえ温度を下げても，その特性は元に戻らない）▶ 特性，original と even if の用法

□ ... when initial temperature conditions are **restored**.
（初期温度の状態に**戻る**とき）▶ restore の用法

□ **restore** to its original position on being released
（開放された元の位置に**戻す**）▶ on being の用法

明白

■ fundamentals

clear（明らかな），plain（はっきりした，平易な），obvious（明らかな，明白な）explicit（明白な），precise（明確な，正確な），definite（明確な，一定の），distinct（はっきりした，まったく異なった），clearly（明らかに），distinctly（明白に），definitely（明確に，確かに），evidently（明らかに），obviously（確かに），explicitly（明白に），manifest（明らかな，明らかにする）
確実さの程度：apparent < evident < obvious：apparently < evidently < obviously

■ 例文

□ There is no **distinct** difference.（**はっきりした**違いがない）▶ 否定

□ It is **evident** from both the stress curves and tabulated values that ...
（応力曲線と表の値の両方から…は**明白である**）▶ 書き出し，both の用法

□ To visualize more **clearly** the redundant moment M, ...
（余分なモーメント M をより**はっきり**思い浮かべる（視覚化する）ために）

□ Thread clearance is magnified **for clarity**.
（**明確にするために**ねじのすきまは拡大されている）▶ 拡大

□ Such a mechanism does not appear **explicitly** in the classic analysis.
（そのようなメカニズムは古典的な解析では**はっきりと**現れない）▶ 現れる

□ No explanation (statement) needs to be made about it **explicitly**.
（**明らかに**それに関する説明（声明）はまったく不要である）▶ 否定，説明

□ The residual stress curves in Fig.1 are **admittedly** approximations.
（図１の残留応力の曲線は**明らかに**近似である）▶ 近似

□ It **manifests** itself in various ways.（さまざまな方法で自らを**明らかにする**）

□ **manifest** the truth of a statement（声明の真偽を**明らかにする**）

□ It is **manifest** to all of us.（われわれすべてにとって**明白である**）

傾向

■ fundamentals

tend to，have a tendency to（する傾向がある），tendency，trend（傾向），likely to，apt to，liable to，prone to，inclined to（しやすい，の傾向がある），unlikely to（しそうにない）

■ 傾向

□ This **tendency** is generally evident.（この**傾向**は大体明白だ）

□ Such **tendency** is remarkable.（そのような**傾向**が顕著である）

□ ... shows an increasing **tendency**.（…は増加**傾向**を示す）

□ It shows a similar **tendency**.（よく似た**傾向**を示す）

□ This is because the **tendency** to relax decreases ...
（これはゆるみの**傾向**が…を減少するためである）

□ as a new **tendency** in ...（…における新しい**傾向**として）

□ as for a remarkable **tendency**（目立った**傾向**については）

□ the general **trend** of ...（…の一般的**傾向**）

□ a **trend** toward smaller parts（より小さな部品を求める**傾向**）

□ This **trend** received impetus in the early 1960's.
（この**傾向**は 1960 年代の初めに勢いを得た）▶ 勢い

□ The present **trend** is toward greater use of special gears.
（現在の**傾向**は特殊な歯車をより多く使う方向だ）▶ 現在の

□ They are divided roughly into the following two **trends**.
（それらは大まかに以下の二つの**傾向**に分類される）▶ 分類

■ 傾向がある

□ It **tends to** decrease the concentration of load.（荷重の集中を下げる**傾向がある**）

□ This **tends to** relieve the pressure on Part 1.
（これは部品 1 の圧力を軽減する**傾向がある**）▶ やわらげる

□ energy **tending to** change shape but not size
（形状を変える**傾向はあるが**，寸法は変えないエネルギー）

□ They are both factors **tending to** raise ...（いずれも…を増加する**傾向がある**因子である）

□ It has a slight **tendency** to decrease with increasing L.
（L の増加に伴って減少するわずかな**傾向**がある）▶ 減少，増加

□ There will be **a tendency** for ... to pull into a smooth cylinder.
（…が滑らかなシリンダの中に入っていく**傾向**があるだろう）

□ This results in an increasing **tendency** of the shoe to pivot about ...
（これは結果的にブレーキシューが次第に…のまわりを旋回する**傾向**となる）▶ 結果，旋回

■ しやすい

□ The nut **tended to** break rather than the bolt.
（ナットはボルトより壊れ**やすかった**）▶ rather than の用法

□ The kind of overload most **likely to** occur may involve ...
（最も起こり**やすい**種類の過負荷は…を含むかもしれない）▶ 起こる

□ The nut **is** more **likely to** fail at the thread roots than at the groove root.
（ナットは溝の底よりねじの底から壊れ**やすい**）▶ more ... than の用法

□ There **are likely to** be many design iterations that an FE model can perform quickly and relatively cheaply.（有限要素（FE）モデルが素早く，そして相対的に安価に実行できる多くの設計の繰り返しが**ありそうだ**）▶ 繰り返し，実行，安価に

□ The coefficient of friction of composite material is less than that of the steel, making transverse slip **more likely**.
（複合材料の摩擦係数は鋼より小さく，横方向滑りが**さらに起きやすい**）▶ less than と making の用法

□ Difficulties **are liable to** occur.（面倒なことが起こり**やすい**）

□ It **is liable to** result in brittle fractures.（ぜい性破壊という結果になり**やすい**）

□ If the resulting design **is prone to** buckling, ...
（もし結果的に得られた設計が座屈**しやすい**なら…）

□ ..., where pitting **is** most **apt to** occur.（そこでピッチングは最も起こり**やすい**）▶ 起こる

□ You'd **be unlikely to** get ten times this much life, or one-tenth of it.
（これの 10 倍の寿命，あるいは 1/10 の寿命は得られ**そうにない**）▶ 倍

■ 感度

□ This great **sensitivity** of oil flow rate to radial clearance suggests that ...
（半径方向のすきまの大きさに対する油の流量の**感度**がこんなに大きいことは…を示している）

□ This method **is sensitive to** the location of the boundary.
（この方法は境界の位置の**影響を受けやすい**）▶ 影響

□ the **susceptibility** of the material to damage（損傷に対する材料の**感度**）

□ Although the **vulnerability** of engineering metals to stress-corrosion cracking varies greatly, ...（応力腐食によるき裂に対する工業用金属の**ぜい弱性**は大きく変化するが…）

支配的

■ 例文

□ It is a **dominating**（dominant）mechanism when considering ...
（それは…を考慮するとき**支配的な**機構である）

□ Aircraft structure designs are **controlled** more by weight than cost considerations.
（航空機の構造設計は，コストの問題より重量に大きく**支配**される）▶ more ... than の用法，考察

□ The size of the gears is a major factor **controlling** the size of transmission.
（歯車の寸法はトランスミッションの寸法を**支配する**主要な因子である）▶ 主要な

□ The selection of the value of the parameter **governs** the ease with which we may proceed to accomplish the numerical analysis.（そのパラメータの値の選択は，数値解析の達成に進むための簡単さを**支配する**）▶ 選択，簡単，with which の用法，進む，数値解析

□ In Fig.1, the **gasket-driven** stiffness is plotted.
（図 1 に**ガスケットに支配された**剛性がプロットされている）▶「-」の用法

なる，近づく

■ fundamentals

result in（結果的にそうなる），lead to，reduce to（という事態（結果）になる），arrive at（という結果に到達する），amount to（になる）

■ come ほかの用法

□ If it **comes to** analytical results, ...（もし解析結果の話**になると**）

□ The hard work **came to** naught (nothing).（難しい仕事が無**に帰した**（失敗に終わった））

□ Motor vehicles **came to** the best means of transport.
（自動車は最高の交通手段**になった**）▶ 手段

□ **bring** ... to naught（…を無に**帰する**）

□ Maximizing A subject to ... **amounts to** maximizing B.
（…を受けるAを最大にするとBが最小**になる**）▶ subject to の用法

■ become の用法

□ **become** the object（aim, purpose）of this study（investigation）（この研究の対象になる）

□ **become** (an) expert（熟達する）▶ attain skill：技術を達成する

□ It **becomes** useless.（役に立たなくなる）

□ It **becomes** less restrictive.（より制限がなくなる）▶ less の用法，限定的

□ It **becomes** solid after a sufficient longer time.（十分長い時間の後，固体になる）▶ 時間

□ It **becomes** tender when boiled well.（よく沸騰させると柔らかくなる）▶ when の用法

□ Deformations **become** large.（変形が大きくなる）

□ The sky has **become** light.（空が明るくなった）

□ It begins to **become** costly since ...（それは…以来コストが高くなり始めた）▶ コスト

□ The response grows with time and eventually **becomes** unbounded.
（応答は時間とともに大きくなり，ついに無限になる）▶ with time の用法，ついに，無限

□ The thread of the bolt first **becomes** completely engaged.
（ボルトのそのねじが最初に完全にかみ合うようになる）▶ 最初に，完全に

□ It has recently **become** an interesting subject of discussion among researchers.
（それは最近，研究者の間の議論における興味深い主題となった）▶ 主題，研究者

■ なる

□ ... **reaches** a peak.（…が最大値に**到達する**）

□ Some of this tension will not **end up** as clamping force between joint members.
（この張力のいくらかは，最終的には継手の部材間の締め付け力にはならない）

□ Plastic deformation occurs until ... has been **brought** into play to stabilize the situation.
（塑性変形は…が状態を安定させる役割をするようになるまで起こる）▶ 安定させる，状態

□ They **totaled to** 10 including A.（Aを含んで全部で10に**なった**）▶ total の用法

□ This does not **follow** automatically for a reduced number of total variables.
（このことは全体の変数の数を自動的に減らすことにはならない）▶ 自動的，follow の用法

□ Such efforts are **doomed** to failure.（そんな努力は失敗する**運命**にある）

■ 近づく

□ The speed of the object **approaches** that of the light.
（対象物の速度は光の速さに**近づいている**）

□ Efficiency **approaches** zero as A approaches zero.（効率はAが零に近づくと零に**近づく**）

□ When normal operating speed is **approached**, ...（通常の運転速度に**近づく**と）

□ ... as the loaded face of the nut is **approached**.（ナット座面に**近づく**につれて）

□ The maximum working load **comes close to** closing the spring solid.
（最大動作荷重では，ばねが閉じて固まりの**状態に近づく**（なりそうである））

9. 程度に関する表現

程度

■ fundamentals

extent（程度，範囲），degree（程度），to some extent，to a certain extent（ある程度），to a great extent，to a large extent（おおいに），to some degree，in some degree（多少），to a high degree（高度に），to the highest degree（極度に），by degrees（徐々に）in part，partly（ある程度，いくぶん），in large part（大部分），moderate（適度な），moderately（適度に），excessive（過度の），excessively（過度に），extreme（極端な），extremely（極端に），undue（過度の，不適当な），unduly（過度に，不当に）

■ …の程度，程度の…

□ They found a tolerable **degree** of similarity between A and B.
（A と B の間にかなりの類似を見つけた）▶ tolerable の用法，類似

□ The thickness is of the same **order** as the thickness of adjacent standard elements.
（その厚さは隣接する標準の（有限）要素の厚さと同**程度**である）▶ 同じ，of + 名詞の用法，隣接する

□ The bolt loses **as much** load **as** was lost without spring relaxation.
（そのボルトは，ばねのゆるみなしに失った場合と**同じ程度の**荷重を失う）▶ as much ... as の用法

□ keep load paths **as short as** possible（荷重の経路を**できるだけ短く**保つ）

□ **As little as** four years ago, ...（**わずか** 4 年ほど前に…）

□ Tolerances on other dimensions are **comparable**.
（ほかの寸法に対する許容誤差（公差）は**同じ程度**である）▶ 寸法

■ degree, extent の用法

□ to an extremely satisfactory **degree**（きわめて満足できる**程度**に）

□ to the **degree** that subsequent contractions **alter** the geometry
（続いて起こる収縮が形状を変える**程度**まで）▶ alter の用法，形状

□ according to the **degree** with which the phenomenon lowers the temperature
（その現象が温度を低下させる**程度**に従って）▶ with which の用法

□ It requires repairs of varying **degrees**.
（それはさまざまな**程度**の修理を必要としている）▶ 修理，varying の用法

□ It gives a high **degree** of uniformity.（高い**レベル**の一様性を与える）▶ 一様性

□ They obtained an answer indicating a **degree** of safety that does not exist.
（存在しないような安全の**程度**を示す答えを得た）▶ 存在する

□ Recent computer programs have automated the procedure to a **high degree**.
（最近のコンピュータプログラムはその手順を**高度**に自動化している）▶ 自動化，手順

□ the **extent** to which they consume（それらが消費する**程度**）▶ 消費，to which の用法

□ a rough idea of the **extent** to which cyclic loads can degrade the apparent strength
（繰り返し荷重が見かけの強さを低下させる**程度**に対する大ざっぱな考え方）
▶ rough の用法，下げる，見かけの

□ To the **extent** it does, ... （それがなす**程度**まで…）

□ The measurement procedure has been used to a considerable **extent**.
（その測定方法はかなりの**範囲**で使用されてきた）▶ considerable の用法

□ They are produced by A and B, and, to a lesser **extent**, by C.
（それらはAとBによってつくられ，より少ない**程度**Cによってつくられる）▶ lesser の用法

□ It is reduced by too great an **extent**.（過大に減少する）▶ 減少，too great の用法

□ It is too early to decide to what **extent** ... will be replaced.
（…をどの**程度**取り替えるのか決定するには早すぎる）▶ 決定，置き換える，too ... to の用法

□ To what **extent** does the use of torque control reduce the uncertainties?
（トルク法を使うと，どの**程度**まで不確かさを減らすことができるのか）▶ use の用法

■ 数値による程度の表し方

□ It should not be **more than half** the nut height.
（ナット高さの**半分より大きく**すべきではない）▶ half の用法

□ It seldom deviated **more than** a tenth of a thousandth of the design value.
（それは滅多に設計値の 1/10 000 **以上**外れることはなかった）▶ more than の用法

□ a bevel angle of **less than** 2 degrees（2° より**小さい**傾斜角度）▶ of の用法

□ It can reduce these values **by at least half**.
（これらの値を**少なくとも半分**下げることができる）▶ half と at least の用法

□ It reduces the maximum stress by **41 percent** from 517 MPa to 307 MPa.
（最大応力を 517 ～ 307 MPa まで **41 %** 減少させる）▶ 減少

□ The reduction in strength is estimated to be **approximately 5%**.
（強度の減少は 5 % 程度と推定される）▶ 推定

□ The performance would lose **only 10% or so** at that temperature.
（その温度では性能は **10 % ほどしか**失われないだろう）▶ 性能

□ The improvements are of the **order** of 25% for M12.
（M12 についての改善は 25 % の**オーダー**である）▶ of + 名詞の用法，オーダー

□ *A* is several **orders** of magnitude greater than that of *B*.
（*A* は *B* より数**オーダー**大きい）▶ オーダー，magnitude の用法

□ safety factor recommendations **as high as** 10 to 15（10 ～ 15 **という高い**安全率の推奨値）

□ For threads with a flank angle **as large as** 60 degrees, ...
（60° **程度の大きさの**フランク角を持つねじについて）▶ as large as の用法

□ It loses **as much as** 75% of the stored energy after 2 hours exposure to temperatures **as low as** 120 degrees.（120 °C **程度**の低い温度に 2 時間さらすと，蓄えたエネルギーの 75 % **ほど**を失う）▶ as much (low) as の用法，時間

□ Load reductions of **up to** 67% occurred.（**最大** 67 % の荷重の減少が発生した）▶ up to の用法

□ The error due to ... is **at most** several percent.
（…による誤差は**せいぜい**数 % である）▶ 誤差，due to の用法

■ あいまい，不確か

□ **degree** of loading uncertainty（荷重の不確かさの**程度**）▶ 不確か

□ The idea was quite **vague**.（その考えは非常に**あいまい**だった）

□ The rapid drop in stress level below the surface is **somehow** beneficial.
（表面より下の応力レベルの急激な低下は**どういうわけか**有益である）▶ somehow の用法，有益

■ too の用法

□ It becomes far **too** complex.（はるかに複雑になる）▶ become と far の用法

□ It may appear **too** short.
（それは短か**すぎる**ように見えるかもしれない）▶ 見える（appear：視覚，seem：五感のすべて）

□ If the component comes out **too** large, ...（もし部品が大き**すぎる**とわかれば）▶ 判明する

□ They are located **too** close to the edge of the plate.
（それらは板の端の**きわめて**近くに配置されている）▶ 配置，close の用法

□ Use of **too** large a time step may introduce ...
（時間ステップが大き**すぎる**と…を導入するかもしれない）▶ use の用法，数値解析

□ **Too** tight a fit can cause internal interference fits.
（はめあいがきつ**すぎる**と，内部で干渉するようなはめあいの原因となる）▶ tight の用法，原因

□ If the components exert **too** great a stress on the plates making up the joint, ...
（もし部品が継手を構成する板に過大な応力を与えるなら…）▶ exert と make up の用法

□ try not to put **too** much load on ...（…に過大な負荷がかからないようにする）

□ There is **too** little contact between nut and joint surface or between bolt head and joint surface.（ナットと継手表面，あるいはボルト頭部と継手表面はほとんど接触しない）
▶ 否定，or と between の用法

■ too ... to の用法

□ This (matter, event) is **too** trifling **to** be a problem.
（このことは問題になるようなものではない）▶ つまらない

□ The treatment may effectively increase surface fatigue strength, yet be **too** shallow **to** contribute much to bending strength.（その処理は表面の疲労強さを効果的に上昇させるが，非常に（深さが）浅いので曲げ強さ（の向上）にはあまり貢献しないだろう）▶ yet の用法，貢献

□ It is **too** premature **to** hasten to draw any conclusion from these facts only.
（これらの事実だけから結論を急ぐのは**あまりに**性急**すぎる**）▶ 早計，draw の用法，結論

■ relatively の用法

□ It has a **relatively** small influence on the temperature distributions.
（それの温度分布に対する影響は**比較的**小さい）

□ Large errors may result from **relatively** small errors.
（大きな誤差は**比較的**小さな誤差から生じるかもしれない）▶ 誤差，result from ⇔ result in

□ The new car experienced **relatively** few miles of full engine torque operation.
（その新車は，最大トルクによるエンジンの運転を**比較的**短い距離の間経験した）▶ 経験

□ Even with a **relatively** coarse element mesh, the achievable accuracy is remarkable.
（たとえ**比較的**粗い要素分割を使っても，達成可能な精度は注目に値する）▶ even の用法，達成可能

■ 無限，無限の

基本 infinity, the infinite（無限），infinite, limitless, endless（無限の），infinitely, endlessly, without limitation（無限に），infinitely great（無限大の），the infinitesimal（無限小），infinitesimal, infinitely small（無限小の）

□ It extends **infinitely**.（それは**無限に**伸びている）

□ The computing time required for ... may almost increase to an **unlimited** extent.（…のための計算時間はほとんど無限に増加するかもしれない）▶ required for の用法

少し，わずか

■ fundamentals

slight（わずかな，少しの），slightly（わずかに），somewhat（多少，いくぶん），trivial（ささいな，つまらない），partly（部分的に，少しは），in part（いくぶん，ある程度），delicately（微妙に），subtly（微妙に，巧妙に）

■ 例文

□ Only **slight** yielding is involved.（ほんの**わずかな**降伏が含まれている）

□ **Slight** bending is introduced.（**わずかな**曲げが導入される（与えられる））

□ to cause the **slightest** relative motion（**ほんの少し**相対的に移動させるために）▶ cause の用法

□ The results showed only a very **slight** expansion.（結果はほんの**わずかな**膨張を示した）

□ isotropic material with possibly a **slightly** softened shear modulus（おそらく**わずかに**柔らかくなった弾性せん断係数を持つ等方性の材料）▶ possibly の用法

□ They have a **slightly** lower amount of preload.（それらの軸力の大きさは**少し**低い）▶ 量

□ ... are **slightly** greater on the right side than on the left side.（…は，左側より右側において**わずかに**大きい）▶ 比較級

□ If A is increased only **slightly** - say to 0.05 mm -, the temperature rise will come down substantially.（もし A が例えば 0.05 mm などほんの**わずか**増加すると，温度上昇は実質的に低下するだろう）▶「-」と substantially の用法

□ decrease ... **somewhat**（…を**多少**減少させる）▶ 減少

□ design overload **somewhat** larger than the normally expected load（通常予測されるより**いくらか**大きい設計上の過負荷）▶ 比較級

□ It may seem **trivial**.（それは**ささいな**ものに見えるだろう）

□ a radius only a **trifle** larger than that of the ball bearing（その玉軸受よりほんの**わずかに**大きい半径）▶ 比較級

□ ... depending **in part** (partly) on the maximum pressure（最大圧力に**いくらか**依存して…）▶ 依存，in large part：大部分は

□ **minor** changes（(重要ではない) **小さな**変化）

□ ... is delivered through a **short** movement.（…は**わずかな**距離の動きによって伝達される）▶ 伝達，through の用法，動き

多少，かなり

■ 多少，いくぶん

□ They are used **more or less** continuously for extended periods of time.（それらは長い時間にわたり**ほぼ**連続的に使用される）▶ 期間

□ He was **more or less** confused.（彼は**多少**混乱していた）▶ 混乱
□ It's an hour journey, **more or less**.（それは一時間**程度**の旅である）
□ The beam fibers in A and B are stretched by **more or less** amounts respectively than their free expansions.
（A と B のはりの繊維は，それぞれ**多少とも**自由膨張より伸ばされる）▶ それぞれ，amount の用法
□ This is due **in part** to metallurgical factors.
（これは**ある程度**金属学的な因子の影響によるものである）

■ かなり，おおいに

基本「かなり」の意味の強さ：fairly < rather < considerably < quite（considerably と微妙に近い）

□ vary **greatly**（**大きく**変化する）
□ It is **considerably** less than infinity.（それは無限より**かなり**小さい）▶ less の用法，無限
□ Similarly, **considerable** additional capacity could be added by increasing the value of *A*.（同様に，*A* の値の増加によって**かなりの**追加の容量を加えることができた）▶ 同様に
□ The processes are of **considerable** importance.
（その過程は**かなり**重要である）▶ of + 名詞の用法（= considerably important）
□ This is a **fairly** easy question.（これは**かなり**易しい問題である）
□ to draw the dotted pattern **fairly** accurately
（点線の模様を**かなり**正確に描くために）▶ draw の用法，正確に
□ They carry **substantial** thrust.（**相当大きな**推力を受け持つ）▶ substantial の用法
□ Resistance to fretting varies **widely** among different materials.
（フレッチングに対する抵抗は材料の違いによって**大きく**変わってくる）▶ among の用法
□ The accuracy is **reasonably** good.（精度は**適度に**良い）
□ Axial stresses are **quite** low.（軸方向応力は**かなり**低い）▶ quite：まったくの意味もあり

十分

■ well の用法

□ a **well**-defined technique（**十分**定義された技術）▶「-」の用法
□ The component is used under loads **well** below its theoretical strength.
（その部品はそれ自身の理論強度より**十分**低い荷重状態で使われる）▶ well below の用法
□ The bolt will break at a tension level **well** below normal loads - perhaps even below initial design loads.（ボルトは正常な荷重より**十分**低い引張力のレベル，おそらく初期の設計荷重以下でも壊れるだろう）▶ 壊れる，おそらく，「-」と even の用法
□ a value **well** above the ultimate strength（引張強さを**十分**超える値）▶ well above の用法
□ for a life of **well** over 10,000 hours（1 万時間を**十分**超える寿命に対して）▶ 寿命，well over の用法
□ If we load the bolt **well** into the plastic region, ...
（もしボルトが**十分に**塑性域に入るまで荷重を与えるなら）▶ well into の用法，領域

■ enough，sufficient の用法

□ a high **enough** coefficient of friction under static conditions

（静的な条件下で**十分に**高い摩擦係数）▶ high enough の用法，静的な，dynamic：動的な

□ ..., because good accuracy of solution can be obtained by using a **fine-enough** finite element discretization.
（解の高い精度は，**十分細かい**有限要素の離散化を用いて得られるので）▶ 精度

□ Pressure waves impinge upon the surface, leading to local stresses that can be high **enough** to cause plastic deformation of many metals.（圧力波が表面に衝突し，多くの金属に塑性変形を引き起こすほど**十分に**高い局所的な応力を発生する）▶ 衝突する，lead to の用法

□ If not dissipated rapidly **enough** to the surrounding air, the temperature can increase **sufficiently** to impair its performance.（もし**十分**な速さで周囲の空気に拡散しなければ，温度はその性能を損なうくらい**十分に**高くなり得る）▶ 拡散する，急に，周囲の，損なう，性能

□ If friction is **sufficient** to prevent the block from sliding back down the plane, ...（もし，ブロックがすべってその面に戻るのを防ぐくらい摩擦が**十分**大きいなら）▶ prevent ... from の用法

□ With the tapping just **sufficient enough** to cause the slightest relative motion, ...
（ほんのわずか相対的に動かすのに**十分な**だけ軽くたたいて）▶ 軽くたたく，just と slightest の用法

■ others

□ Values of K are **substantially** lower than those for ...
（Kの値は…に対する値に比べて**十分に**低い）▶ substantially の用法

□ **Full** discussion of such problems is given by Mr.A.
（そのような問題の**十分な**議論はＡ氏により提供されている）

最も

■ 例文

□ Cobalt-base hardfacing alloys are among the **best**.
（コバルトベースの表面硬化した合金が（その中で）**最も良い**）▶「-」の用法

□ a statistical phenomenon **best** described (explained) with experimental data
（実験データを用いて**最もうまく**記述（説明）できる統計的な現象）▶ 統計，現象

□ The **outermost** threads of the nut will be stressed more heavily than the **innermost**.
（ナットの**最も外側の**ねじには，**最も内側の**ねじに比べてより強い応力が作用するだろう）
▶ heavily の用法

□ It represents an average of the **highest** two points.
（それは**最も値が高い**二つの点の平均を表している）

□ the **least expensive** way（**最も安価な**方法）

□ the **least expensive** gear material（**最も安い**歯車の材料）▶ コスト

□ the **least** change of viscosity with temperature occurred in ...
（…において生じる温度による粘度の**最小の**変化）▶ 粘度，with の用法

□ These are also the bearings for which there is the **least** available space.
（これらは利用できる空間が最も狭い軸受でもある）▶ for which の用法

□ the top **highest** point（一番上の点）

□ The eight **most** common types of couplings in use today are: ...

（今日使われている**最も**一般的な八つのタイプの継手は…である） ▶ in use の用法

□ A **most** convenient method of establishing the coordinate transformations is to ...
（**最も**便利に座標変換を達成する方法は…することである）

およそ，近似

■ およそ

□ The weight is **about** 250 lb.（重さは**およそ** 250 ポンドである）

□ **about** half the stiffness of ...（…の半分**程度**の剛性） ▶ 半分

□ A **rough** guide is ...（**およその**指針は…のとおりである）

□ These factors serve only as a **rough** guide.
（これらの因子は**およその**指針として役立つだけである） ▶ only の用法

□ **Approximate** data relative to coefficients of friction are given in Table 1.
（摩擦係数に関連する**およその**値は表 1 にまとめられている） ▶ 関係する

□ a normalized tensile stress of **approximately** 0.03（**およそ** 0.03 という正規化された引張応力）

□ Bolt holes are usually placed **approximately** 1.5 diameters apart.
（ボルト穴は通常**およそ**直径の 1.5 倍離して配置される） ▶ 配置，離れて

□ ... ranging from **something like** 30 to 100 or so.（**およそ** 30 ～ 100 程度に及ぶ…）

□ in the **neighborhood** of 60 % of ultimate strength（極限強さの 60 % **付近**において）

□ The bulk of the fastener is stressed at, or **near**, the levels we have assumed.
（ねじ部品の大部分は仮定したレベルかそれに**近い**レベルの応力を受ける） ▶ bulk の用法，挿入の文法

□ Divers manually operated the hydraulic drive units to **coarsely** align the pipe ends.
（パイプの端を**大ざっぱに**そろえて並べるために，潜水夫は油圧駆動のシステムを手動で操作した）
▶ 手動で，操作，並べる

■ 近似

□ The **approximation** will work fairly well.（その**近似**はかなりうまく行くだろう） ▶ うまく

□ the **approximate** value of a certain number（ある数の**近似値**） ▶ 値

□ polynomial **approximation**（多項式**近似**） ▶ 数学

□ a simple and conservative **approximation** of ...（…の簡単で安全側の**近似**） ▶ 安全側の

□ They are admittedly **approximations**.（それらは明らかに**近似**である） ▶ 確かに

□ The finite difference **approximation** would be given by ...
（差分**近似**は…のように与えられるだろう）

□ With a knowledge of only the ultimate strength, a good **approximation** can quickly be made.（極限強さの知識だけで素早く良い**近似**ができる） ▶ with の用法

□ This somewhat physical and intuitive approach can sometimes produce **approximations** of low accuracy.（このいくぶん物理的で直観的な方法は，ときどき精度の低い**近似**をすることになる） ▶ 少し，直感的，精度

□ This can be **approximated** by ...（これは…によって**近似**できる）

□ the process of **approximating** the behavior of a continuum（連続体の挙動を**近似する**方法）

□ the capability to closely **approximate** curved boundaries

（曲線形状の境界を厳密に**近似する**能力）▶ 厳密に，曲線状の

□ Our calculations would probably **approximate** the measured stiffness.
（われわれの計算はおそらく剛性の測定値を**近似する**だろう）

顕著に

■ fundamentals

notable（注目すべき，有名な），conspicuous（人目を引く，顕著な），remarkable（注目すべき、目立つ），noticeable（目立つ，著しい），distinguished（抜群の，顕著な），salient（顕著な，突き出た），outstanding（目立つ，顕著な），prominent（目立つ，卓越した），striking（著しい，目立つ），marked（著しい，明白な），eminent（卓越した，著名な），significantly（著しく，はっきりと），remarkably（著しく，異常に），markedly（著しく，明らかに），eminently（際だって，著しく），manifest（わかりきった，明白な）

■ 顕著

□ It **significantly** reduces the maximum stress.（それは**顕著に**最大応力を低下させる）▶ 程度

□ It does not **significantly** impact the efficiency.
（それは効率に**大きく**影響を与えるわけではない）▶ impact：強く影響する

□ The fatigue life could be increased **significantly** by ...
（…によって，疲労強度を**顕著に**向上することができた）▶ 増加

□ There are going to be times that the design will be **significantly** modified.
（設計が**大きく**修正されることがあるだろう）▶ 時

□ A survey paper by Dr.A summarizes some of the **salient** mathematical contributions.
（A 博士による概説は，**顕著な**数学上の貢献のいくつかを要約したものである）▶ 要約，some の用法

□ This cursory outline of the **salient** features of a typical FE program is ...
（典型的な有限要素プログラムの**顕著な**特徴の大まかな概略は…である）▶ ぞんざいな

□ This tendency is more **noticeable** as the separation area of the plate interface expands radially inward.（この傾向は，板の界面の離隔面積が半径方向の内向きに広がるにつれてより**顕著**になる）▶ 傾向，離隔，広がる，方向，outward：外側に

□ It shows a **very considerable** reduction of degrees of freedom.
（それは自由度の**きわめて顕著**な減少を示している）▶ かなり，減少

■ 著しい

□ a **marked** difference（**著しい**違い）

□ **Marked** yielding occurs.（**顕著な**降伏が起こる）

□ The strength and the stiffness vary **markedly** with size and shape.
（強度と剛性は寸法と形状によって**著しく**変化する）▶ 変化する，with の用法

□ It was **eminently** successful.（それは**おおいに**成功であった）

□ It is **eminently** well suited for ...（…に**非常に**よく向いている）▶ well suited の用法

□ This situation is **eminently** well suited for a computer.
（この状況は**際だって**コンピュータ（の使用）に向いている）

□ The seemingly **remarkable** result is ...（見かけ上の**目立った**結果は…である）▶ 見たところ

非常に，過度に

■ fundamentals

extreme（極端な），extremely（極端に），excessive（過度の），excessively（過度に）

■ 非常に，極端に

□ Axial stresses are **very** (quite) low.（軸応力は**非常に**低い）
□ Applications have been **very** few.（適用例は**非常に**少ない）
□ This is obviously **very** computationally intensive.
（これは明らかに計算として**非常に**強力である）
□ **highly** critical fasteners（**非常に**危険な締結要素）▶ 重大な
□ an **infinitesimally small** portion of ...（…の**非常に小さな**部分）▶ 微小な，部分
□ the **extreme** cold（**極端な**寒さ）
□ an **extreme** temperature（**極端な**温度）
□ drive **extremely** carefully（**きわめて**注意深く運転する）▶ 慎重に
□ At the other **extreme**, ...（別の**極端な場合**において）
□ A **violent** distortion occurs.（**激しい**ゆがみが生じる）
□ It has become a crucial factor to survive (for survival) under **fierce** competition for market share.（それは市場占有率をめぐる**激しい**競争において，生き残るための決定的な要因となった）▶ 決定的，要因，競争

■ 過度に，はるかに

□ **undue** and expensive repairs（**過度で**高価な修理）▶ 修理
□ Numerical calculations may not require an **unduly** small time step.
（数値計算は**過度に**小さな時間ステップを必要としないだろう）▶ 必要，数値解析
□ It is a **far** greater problem.（それは**はるかに**大きな問題である）▶ far greater の用法
□ The compressive strength **far** exceeds the tensile strength.
（圧縮強度は引張強さより**はるかに**高い）▶ 超える
□ Screws and bolts are **by far** the most common types.
（ねじとボルトは，**はるかに**最も一般的なタイプのものである）▶ common の用法
□ The distribution is **far from** uniform.（その分布は一様から**ほど遠い**）▶ 一様
□ The agreement between the finite element results and the theoretical curves is **surprisingly** good.（有限要素法の結果と理論曲線は**驚くほど**よく一致している）▶ 一致
□ an **exhaustive** treatise on the calculus of variations（変分法に関する**徹底的な**専門書）▶ 数学

10. 比較に関する表現

大きい

■ 大きい

□ a **great** increase in A（A の**大きな**増加）

□ It produces a **large** error.（**大きな**誤差を生じる）
□ a **large** number of increments in x（x における**大きな**増分）▶ a large number of の用法，数学
□ With **large** inertias, ...（**大きな**慣性のために）▶ with の用法
□ a fairly **large** percentage of the deflection occurring at ...
（…で生じるたわみのかなり**大きな**割合）▶ かなり，割合
□ **strong** contraction（**大きな**収縮）
□ due to truncating at an angle the most **heavily** loaded threads of the nut
（最も**大きな**荷重を持つナットのねじ山をある角度で切り取るために）
□ The movement of car body is stopped by an **immense** pressure exerted by the liquid under pressure.
（車体の動きは，圧力を受けた液体の作用による**巨大な**圧力によって止められる）▶ under の用法

■ …より大きい

□ **More** load is taken by the threads.（**より大きな**荷重がねじにかかる）
□ It requires 20％ **more** energy than ...（…より 20％**大きな**エネルギーが必要である）
□ This increase is somewhat **more than** can be justified theoretically.
（この増加は理論的に正当化できる値よりいくらか**大きい**）▶ いくらか，正当化，理論的
□ This thread form requires 20％ **more** torque **than** a standard thread form.
（このねじ形状は標準形状に比べて 20％大きなトルクが必要となる）▶ 必要
□ an initial clamping force 30％ **greater** than the in-service force
（使用状態より 30％**大きい**初期締め付け力）▶ 比較級，in-service の用法
□ It carries the **greatest** portion of the load.（荷重の**最も大きな**部分を支える）
□ Its length is **much larger than** the cross section dimensions.
（それの長さは断面の寸法より**ずっと大きい**）▶ 寸法
□ The effect of the groove has a **larger** effect on the position of the root stresses **than** the load distribution.
（溝を付けると，荷重分布より谷底応力の位置に対して**より大きな**影響がある）▶ larger effect の用法
□ It increases pressure **far out of** proportion to A.
（A に対して比例より**はるかに**大きく圧力を上昇させる）▶ 強調
□ ... so that no more load **than required** had been applied to A.
（**必要以上の**荷重が A に作用しないように…）▶ no more ... than 必要

小さい

■ 小さい

□ ... is **of** relatively **small** outside diameter.（…は相対的に外側の直径が**小さい**）▶ of + 名詞の用法
□ The hole in the upper joint member is **undersized**.
（上側の継手部材の穴は普通より**寸法が小さい**）
□ An **infinitesimally small** segment of the nut is represented.
（ナットの**微小な**部分が示されている）▶ segment の用法，示す
□ a **thumbnail** sketch（**非常に小さな**スケッチ）

■ …より小さい ▶▶▶ 比較，比較級

□ *A* is **small** compared to *B*.（*A* は *B* と比較して**小さい**）

□ The nut thread exhibits a **lower** stiffness and load bearing capacity than ...
（ナットのねじは，…に比べて**より低い**剛性と座面に荷重容量を示す）▶ exhibit の用法

□ ... reduces *A* so as to subject the wire to a **little less** torque.
（…は，針金が**少し小さな**トルクを受けるように *A* を減少させる）▶ so as to と subject の用法

□ It changes by **less than** 2 percent.（それの変化は 2％ **より小さい**）

□ ... is considerably **less than** the predicted value.（…は予測値よりかなり**小さい**）▶ 予測

□ The number was computed to be **less than** 2.（その数値は 2 **より小さい**と計算された）▶ 計算

□ The cost of manufacturing the parts for A is **less than** that of B.
（A に対する部品の製造コストは B の部品に比べて**低い**）▶ コスト

□ The helix angle of the thread of a typical bolt is **less than** 4 degrees.
（典型的なボルトのねじのらせん角度は 4° **より小さい**）

□ The explicit algorithm requires substantially **less** computational effort **than** the implicit algorithm.（陽的アルゴリズムは，陰的アルゴリズムに比べて実質的に**より少ない**コンピュータ（解析）の労力ですむ）▶ substantially の用法

□ Since the thickness is **much less than** the length of the element along the interface, ...
（その厚さは界面に沿った要素の長さより**ずっと小さい**ので）▶ much の用法

□ The model predicted elastic interaction **much less than** that observed experimentally.
（そのモデルは，弾性相互作用を実験で観察されるより**ずっと低く**予測した）▶ 予測，that の用法

低い

■ 例文

□ A major advantage of ... is **low** starting friction.
（…のおもな長所は起動摩擦が**低い**ことである）▶ 長所

□ Axial tensile tests give endurance limits about 10％ **lower** than rotating bending.
（軸方向の引張試験では，耐力が回転曲げ試験よりおよそ 10％ **低い**）▶ give の用法

□ The clamping force was still 13％ **below** the initial value.
（締め付け力は依然として初期値より 13％ **低かった**）▶ still の用法

□ They gave people the increase in production speed, but with **much less** torque control.
（それらは人々に生産速度の向上をもたらしたが，トルク制御の（精度の）向上は**ずっと低い**）
▶ 増加，生産，much less の用法

多い，少ない

■ fundamentals

a number of, a large number of, numbers of, large numbers of（多くの，複数扱い），a lot of, lots of（多くの（前者がより正式）），a multitude of, multitudes of（多くの），a great deal of, much（多量の），a great deal（多量），dozens of（多くの，数十の（技術英語での使用は限定的））

■ 多くの…

□ **a number of** factors which will be difficult to estimate in a given application
（与えられた応用例では推定が難しいと思われる**多くの**因子）

□ **A number of** other orthotropic material matrices are tried.
（**多くの**ほかの直交異方性材料の母材が試される）▶ 母材

□ **A large number of** fasteners, made with well-defined materials, were subjected to tensile loads.
（十分に定義された材料でできた**多くの**締結要素が引張荷重を受けた）▶ 挿入の文法，「-」の用法

□ **a large number of** similar elements（**多数の**類似の（有限）要素）

□ **a vast number of** factors（**ものすごい数の**因子）

□ **A great deal of** information was taken from ASTM.
（**多くの**情報が ASTM から得られた）▶ 情報

□ **a great deal of** practical application(s)（**多くの**実用的な応用）▶ 実用的，応用

□ It can tell a designer **a great deal** about ...
（それは設計者に対して…について**多く**を伝えてくれる）

□ **A wealth of** literature on the subject exists.（その問題ついては**たくさんの**文献がある）

□ Each type comes in **a multitude of** varieties.
（それぞれのタイプには**多くの**種類が用意されている）▶ come in と varieties の用法

□ ... taking into account **the multitude of** factors.（その**多くの**因子を考慮して）

□ ... is performed with **multiple** actuators.（…は**多数の**アクチュエータを使って実施される）

□ in a **multi**-bolted joint（**多数の**ボルトで締め付けた継手において）▶「-」の用法

□ **innumerable** examples（**数え切れないほどの**（無数の）例）

■ 数が多いという表現

□ It is determined by **dozens of** factors.（それは**多くの**因子により決まる）

□ The subject is treated in any of **hundreds of** books on basic algebra.
（この題目は**数百**ある基本的な代数学を扱ったどの本でも扱っている）

□ **Many** are still in common use in a wide variety of applications.
（**多くのもの**が，幅広い応用例において依然として一般に用いられている）▶ in common use の用法

□ The strength is expressed in **as many as** three different ways: proof, yield and ultimate tensile stresses.
（強度は耐力，降伏応力，引張強さという 3 種類**もの**異なった方法で表される）▶ 方法

■ 少ない

□ **A small number of** elements can represent ...（**少ない数の**要素で…を表すことができる）

□ FE model with **fewer** elements（**より少ない**要素を持つ有限要素モデル）▶ fewer の用法

□ **Fewer** than eight planets must be considered.
（8 個**より少ない**惑星を考慮しなければならない）

□ **Fewer** may be acceptable if the speed is very low.
（スピードが非常に遅いのであれば，**より少なく**ても良い）▶ acceptable の用法

□ The high friction coefficient permits the use of **fewer** disks.
（その摩擦係数の高さでは，使用するデスクの数は**より少なく**て良い）▶ permit の用法

□ No **fewer** than fifty people were present.（50人もの人が参加した）▶ no fewer than の用法

以上，以下

■ 以上

□ at pressures **above** atmospheric（大気**以上の**圧力において）

□ ... has **over three times** the capacity of the original.
（…は元の**3倍以上**の容量を持つ）▶ 倍，容量

□ **Over** 62% of the original preload still remained.（初期荷重の62%**以上**がまだ残っていた）

□ It is designed for a life of well **over** 100,000 miles of reasonably severe service.
（適度に厳しい条件のもとで（の運転で），100 000マイルを十分に**超える**寿命に対して設計される）
▶ 設計，寿命，well over と service の用法

□ ... of order four or **greater**（4次か**それ以上の**オーダーの…）▶ 数学

□ make the radius **greater than twice** the shaft diameter
（半径を軸の直径の**2倍以上**にする）▶ 倍

□ Stress concentrations create stress levels **well beyond** the average.
（応力集中によって平均値を**十分超えた**レベルの応力が生じる）▶ つくり出す，平均

□ in the plastic region of the curve, **well beyond** the point at which the member will take a permanent strain
（部材に永久ひずみが発生するであろう点を**十分越えた**曲線の塑性領域において）▶ at which の用法

□ pressure **excess** above ambient pressure（大気圧以上の圧力の**超過分**）

□ ... having an ultimate strength **in excess of** (more than) 1 000 psi.
（1 000 psi **を越える**極限強さを持つ…）▶ having の用法

□ High temperature can increase the amount of ... by a factor of 10 **or more**.
（高温になると…の量は10倍**かそれ以上**になることがある）▶ 量，倍

□ This requires a fine mesh in the threaded zone and a mesh throughout the structure that may be finer **than needed**.（これにはねじ部分の細かいメッシュと，**必要以上に**細かいであろう構造全体のメッシュが必要となる）▶ 細かい，require と throughout の用法

■ more than の用法

□ parts of diameter **more than** 0.4 inch（直径が0.4インチ**以上**の部品）▶ 寸法

□ Doubling the hardness **more than doubles** the surface fatigue strength.
（硬度を2倍にすると表面の疲労強度が**2倍以上**になる）▶ 倍

□ **More than** one measurement must be made to ...
（…のためには一回**以上**測定しなければならない）

□ The method can **more than** partially offset the cost of ...
（その手法によると，部分的**以上**に…のコストを相殺することができる）▶ 相殺する

□ It is valuable as **more than** just a convenient introductory teaching aid.
（それは単に便利な入門的な教育の補助器具**以上のもの**として価値がある）▶ just の用法，入門の

□ This **more than** satisfies the maximum length requirement of 1 inch.
（これは1インチという最大長さに対する要求を満足する**以上**のものである）▶ 満足

□ ..., at least one and sometimes **more than** one variable must be specified.
（少なくとも１変数，時には１変数**以上**が規定されなければならない） ▶ 数学

■ no more than の用法

□ ... with deviations of **no more than** a few percent（**わずか**数％の偏差しかない…）

□ If *A* is at least 10 times *B*, *C* is usually **no more than** 10 percent above the *D* value.
（もし *A* が少なくとも *B* の 10 倍大きいなら，*C* は通常 *D* の値より 10％大きい**にすぎない**） ▶ 倍

□ It can be **no better** (more) **than** good approximations.
（それは良い近似**以上のものではない**） ▶ 近似

■ 以下

□ at loads **below** the theoretical value（理論値**以下の**荷重において）

□ Its efficiency is **less than** half that of a new machine.
（それの効率は新しい機械の効率の半分**より低い**） ▶ 半分

□ ... when its height equals 40％ or **less** of the thickness.
（それの高さが厚さの 40％に等しいか**それ以下**のとき） ▶ 量

□ ... as long as the force **stays within** the elastic limit of the material.
（力が材料の弾性限度**以内にある**限り…） ▶ as long as の用法

最大，最小

■ 最大・最小

□ the **largest** cause for ...（…に対する**最大の**原因）

□ the **maximum** service pressure（**最大**使用圧力）

□ from a **maximum** to zero（**最大値**から零まで）

□ the frequency of occurrence of local **maxima** and **minima**
（局所的な**最大**と**最小**が発生する頻度） ▶ 頻度，局所

□ to give the **lowest maximum** stress concentration（**最小となる最大**応力集中を提供するために）

□ The potential energy is a **minimum**.（そのポテンシャルエネルギーは**最小**である）

□ ... for simple applications where **minimal** lubrication provision is required.
（**最小の**潤滑の供給が必要である簡単な適用例に対して） ▶ 供給，必要

□ It takes **up to** 60％ of the bolt load.（**最大**ボルト荷重の 60％**まで**受け持つ）

□ A set of **up to** 500 equations is typical.
（**最大**一組 500 個**までの**方程式が典型的なものである） ▶ 程度

■ 最大・最小になる

□ reach the **maximum**（**最大**になる（到達する））

□ The thread loads reach a **peak** about one pitch from the nut-loaded face.
（ねじ山の荷重はナット座面からおよそ１ピッチの位置で**最大**になる） ▶ なる，位置

□ This stress is **greatest** at ...（この応力は…で**最大**になる）

□ It tends to be **greatest** at high temperatures.（高温で**最大**になる傾向がある） ▶ 傾向

□ attain a **maximum** speed of 120 miles an hour
（時速 120 マイルの**最高**速度を達成する） ▶ 達成

□ The temperature dropped to a **minimum** of 12 degrees during the experiment.
（実験中温度は**最低** 12° まで下がった）▶ 下がる

11. 時間に関する表現

時間，時間経過

■ fundamentals

at once，immediately，instantly，without delay（ただちに），soon，shortly（すぐに，間もなく），momentarily（瞬間的に），at present，at the present time（現在のところ），for the present（今のところ），until now（現在まで），until the present（今まで），up to this point（今までのところ），from now on，after this，hereafter，henceforth，from this time（これ以降），in the future（将来），precedent（先例，前例），unprecedented（先例のない），in the past（過去に），formerly（以前は），heating period (time)（加熱時間），the time required（所要時間），elapsed time（経過時間），prescribed hours（規定時間），time of delay（遅延時間），reaction period（反応時間），working hours（作業時間）

■ 時間

□ It takes more **time** until the surface temperature returns to the ambient temperature.
（表面温度が周囲温度に戻るまでもっと**時間**がかかる）▶ 温度

□ the **time** required for the radioactivity to be reduced by one half
（放射能が半分になるまでに要する**時間**）▶ 必要，減少，半分

□ **Time** is an exercise.（**時間**が問題となる）

□ divide the **time** into consecutive t seconds periods
（**時間**を連続する t 秒間の期間に区切る）▶ 連続する，期間

■ 時間の経過

□ The congestion changes with **time**.（混雑（交通渋滞）は**時間**とともに変化する）

□ ... may lose a little more as **time** goes by, but won't lose the 50%.
（…は**時間**経過につれてもう少し失うかもしれない。しかし 50％も失うことはないだろう）

□ after a very short **time** in this excited state（この興奮状態の非常に短い**時間**の後に）

□ after a sufficiently long **time**（十分長い**時間**の後）▶ 十分に

□ after a few **hours** in service（数**時間**使用の後）▶ in service の用法

□ the **time** required since ... is started（…を開始してから要した**時間**）

□ as a function of **time** elapsed（経過**時間**の関数として）

□ It increases significantly with the **time** of exposure at elevated temperature.
（高温にさらした**時間**とともに顕著に増加する）▶ 顕著に，exposure の用法

■ 時間の間隔

□ The analyst is free to choose to calculate the thermal stress at longer **intervals** than at each **time** increment in the heat transfer solution.
（解析者は，熱伝達の解を求めるための各**時間**増分に比べて，より長い**時間間隔**で熱応力を計算するこ

とを自由に選択できる）▶ free と longer の用法

□ ... is inversely proportional to the magnitude of **time** step used.
（…は使用する**時間**ステップの大きさに反比例する）▶ 反比例，magnitude の用法

□ a popular family of **time-marching** algorithms based upon FDM
（差分法（FDM）に基づいたよく使われている**時間増分**のアルゴリズムの一群）▶ based upon の用法

□ It is aimed to satisfy Eq.(1) only at discrete **time** intervals Δt apart.
（それは不連続な**時間**間隔 Δt だけ離れたときのみ，式(1)を満足することを狙ったものである）▶ 狙う

■ 周期的

□ They may be **periodic**, **aperiodic**, or random.
（それらは**周期的**，**非周期的**あるいはランダムかもしれない）

□ ... is repeated **periodically**.（…は**周期的に**繰り返される）

□ retighten bolts **periodically**（ボルトを**周期的に**再締め付けする）

□ ... which largely takes the form of **cyclic** variations.
（おもに**周期的に**変化する形式を取る…）▶ largely の用法

□ These contact stresses at any specific point are **cyclically** applied.
（あらゆる特定の点におけるこのような接触応力は**周期的に**与えられる）▶ any の用法，特定の

■ 現在，過去，未来

□ as of the present **time**（今のところ）

□ Science **today** is beginning to learn how to ...（**今日の**科学は…の仕方を学び始めている）

□ from that time down to **this day**（その時から**今日**まで）▶ down to の用法

□ numerical analyses conducted **so far**（**今まで**なされた数値解析）▶ 数値解析，conduct の用法

□ It should **by now** be obvious that ...（…についてはそ**ろそろ**明らかになる頃だ）

□ ... is dependent on the **current** pressure distribution.
（…は**現在の**圧力分布に依存する）▶ 依存

□ They are **currently** engaged in computer-aided analyses of ...
（彼らは**現在**…のコンピュータ支援による解析に従事している）▶ 従事する

□ **contemporary** shear joint classifications（**現代の**せん断継手の分類）▶ 分類

□ a few decades ago（数十年前）

□ in the years to come（数年後）

□ in the mid-1960s（1960 年代の半ばに）▶「-」の用法

□ They have **since** been adapted to ...（**それ以来**…に順応している）▶ since の用法

□ until shortly **before** it expired（それが終了した少し**前**まで）▶ shortly before と expire の用法

□ **dating back** to the 18th century（18 世紀に**遡って**）

■ 以前

□ as mentioned **earlier**（**以前に**述べたように）▶ 述べる

□ as **previously** noted（**以前に**注意したように）

□ reduce the preload in fasteners **previously** tightened
（**以前に**締め付けた締結部品の軸力を下げる）

□ Bearing manufacturers **formerly** reduced life ratings.
（軸受の製造業者は**以前に**寿命の見積もり（評価）を下げた）▶ 寿命，評価

□ to obtain numerical solutions to many problems **heretofore** believed to be impossible
（**以前は**不可能と信じられていた多くの問題に対する数値解を求めるために） ▶ believe の用法

□ ... allows the company to deliver the parts to the customer faster than **ever before**.
（…によって，その会社は**これまで**より部品を顧客に迅速に配達できるようになっている）
▶ allow の用法

■ 瞬間

□ **momentary** high overload（**瞬間的な**高い過負荷） ▶ 負荷

□ It can produce **momentary** release of applied tension and permit slippage on the inclined plane.
（与えた張力を**瞬間的に**解放して，傾斜面上での滑りを許容することができる） ▶ 解放，許容，傾斜

□ the **instantaneous** value of quality that varies with time
（時間とともに変化する品質の**瞬間的な**値） ▶ with time の用法

□ an **instantaneous** value at a given time t（定められた時間 t における**瞬間的な**値）

□ relate the value of A at one **instant** of time t to the value of A at a later time $t + \Delta t$
（ある**瞬間**の時間 t における A の値をその後の $t + \Delta t$ における値と関連付ける） ▶ 関係，later の用法

□ If only a brief **transient** response needs to be calculated, ...
（もし短い**過渡的な**（瞬間的な）応答だけを計算する必要があるなら ...） ▶ transient の用法，応答

■ …しながら

□ **while** retaining ...（…を維持**しながら**）

□ He trembled **as** he spoke.（彼は話し**ながら**震えていた）

□ read a book **as** one walks along（歩き**ながら**本を読む）

■ others

□ an elaborate hydraulic control system for **timing** the shifts
（移動の**タイミングを調整**するための精巧な油圧制御システム） ▶ 精巧な

□ There are going to be **times** that ...（…のような**時**（機会）があるだろう） ▶ there are の用法

□ simulate **simultaneous** tensioning of clamping bolts
（締め付けボルトに**同時に**張力を与える過程をシミュレーションする）

□ Tightening to a specified torque is **still** the most widely used assembly process.
（規定のトルクまで締め付けることは**依然として**最も広く使われている組み立て方法である）
▶ 規定の，most widely used の用法，組み立て

□ It causes **premature** failure of the critical parts.
（それは重要な部品に**早期の**破壊を引き起こす）

11 時間に関する表現

期間

■ 例文

□ It has **long** been known that ...（**長い間**にわたって…が知られている） ▶ long の用法

□ It has **long** been an object of discussion.（**長い間**議論の対象であった）

□ a **long** and careful series of room temperature tests
（**長期にわたる**注意深い室温での一連の試験）

□ **long-term** stress relaxation（**長期間の**応力緩和）▶ short-term：短期間の
□ for **long-term** reliability（**長期間にわたる**信頼性のために）▶ 信頼性
□ a **short-time** affair（**短い時間の**出来事）
□ for a long **period** of time（長い**期間**）
□ for extended **periods** of time（長期にわたって）
□ over a long **period** of time（長い**期間**にわたって）
□ over a long **period** of several years（数年という長い**期間**にわたって）
□ during the **period** of the last ten years（この 10 年の間）
□ after a **period** of two days（2 日という**期間**の後）
□ at intermittent **periods**（断続的に）
□ Efforts made over a long **time** have finally resulted in ...
（長い間の努力がついに … という結果になった）▶ 努力，ついに，result in の用法
□ This question was investigated for a long **time**.（この疑問は長期にわたって調査された）
□ until reaching the desired **duration**（所望の**持続期間**に到達するまで）
□ as the result of **years of** measurements（**長年にわたる**測定の結果として）▶ as a result の用法
□ Careful measurements show the brief **instant** during which slip occurs.
（注意深く測定すると，滑りが起こるのはほんの**瞬間**とわかる）▶ 測定，during which の用法
□ during the few **milliseconds** immediately following impact
（衝撃直後の数**ミリ秒**の間）▶ immediately following の用法

前に，あらかじめ

■ …の前に

□ **prior to** assembly（組み立て**の前に**）
□ ..., **prior to** building a prototype.（原型をつくる**前に**…）
□ **prior to** the onset of the breakage（破損開始に**先立って**）▶ 開始
□ two weeks **in advance**（2 週間**前に**）
□ The problems treated here will be **preceded** by a discussion of the relevant governing equation.（ここで扱う問題は，関連する支配方程式の議論に**先行される**だろう）▶ 議論，方程式

■ あらかじめ

□ Everything was decided **in advance**.（すべてが**あらかじめ**決められた）
□ prepare ... well **in advance**（…を**あらかじめ**十分準備する）▶ 準備する
□ It is not necessarily known **a priori**.
（そのことは必ずしも**あらかじめ**わかっていない）▶ 必ずしも
□ It will be accurately assembled **beforehand**.（**あらかじめ**正確に組み立てられるだろう）
□ according to **predetermined** boundary conditions
（**あらかじめ決めた**境界条件にしたがって）▶ according to の用法
□ **preliminary** examination（**予備**試験）

後，後の

■ fundamentals

later, afterwards（後で），the following（つぎの，以下の），subsequent（後の，つぎの），future（将来の），subsequently（後で，後の），since then, after that（その後），till after（の後まで），at a later time（後になって）

■ 例文

□ **later** on（のちほど）▶ earlier on：もっと早い時期に

□ three years **later**（3年後）

□ They were in agreement with calculations performed **at a later time**.
（それらは**後で**実施した計算と一致した）▶ in agreement with の用法，実施

□ for the sake of the **future**（**のちのち**のために）

□ the behavior of joints **following** tightening（締め付けた**後の**継手の挙動）

□ from now **onward**（これから**先**，今後）

□ from this day **onward**（今日から**先**）

□ This method, treated in Sec.1 and **onward**, indicates ...
（第1節と**それ以降**で扱われるこの方法は…を示している）▶ indicate の用法，挿入の文法

□ ... **after** the yield stress has been exceeded.（降伏応力を越えた**後**）▶ 超える

□ Shortly **after** the research began, I was at a complete loss.
（研究が始まった少し**後**，まったく途方に暮れていた）▶ 途方に暮れる，shortly before：の少し前

□ At the time immediately **after** the start of this experiment, ...（この実験を始めた直後）

次第に，急な

■ fundamentals

gradually, by degrees（次第に，ゆるやかに），progressively（漸次，次第に），little by little（少しずつ），one by one（一つずつ）

■ 次第に

□ The load should be applied **gradually**.（負荷は**徐々に**かけなければならない）

□ It is **progressively** more flexible as the loaded face of the nut is approached.
（ナット座面に近づくにしたがって**次第に**より曲がりやすくなる）▶ 近づく

□ A is **progressively** increased to B.（A は B まで**次第に**増加する）▶ 増加

□ It becomes **progressively** less stiff as the stress is reduced.
（応力が低下すると**次第に**剛性が下がる）▶ less の用法

□ It requires a **progressively** increasing number of nodes.
（**次第に**必要な節点数が増加する）▶ increasing number の用法

□ For both of these reasons, **progressive** tightening is a virtual necessity on large gasketed joints.（両方の理由から，**次第に**締め付けていくことはガスケットを使った大きな継手では事実上必要である）▶ 理由，both of の用法，事実上

□ Subsequent parts carry **less and less** loads.

（それに続く部品が受け持つ荷重は**どんどん減少**する）▶ less の用法

■ 急な

□ heat up **rapidly**（**急速に**加熱する）

□ because of **rapid** accumulation of fatigue cycles
（疲労サイクルが**急に**蓄積されたために）▶ 蓄積

□ **sharp** thermal transients（**急で**瞬間的な熱の変化）▶ transient の用法

□ A **steeper** inclination angle causes flattening of the temperature distribution and a **sharp** drop in the maximum temperature rise.（さらに**急な**傾斜角度は，温度分布を一様に近づけて，最大の温度上昇を**急激に**低下させる）▶ 傾斜，平らにする，上昇

□ cope with **abrupt** changes（**不意の**変化に対処する）▶ cope with の用法

□ All thread teeth terminate **abruptly** for both the pin and box of the joint.
（すべてのねじ状の歯は，継手のピンと箱部分の両方に対して**突然**（不意に）なくなる）

Intermediate / Advanced Level Expressions

（中級／上級編）

1. エンジニアのための技術英語リテラシ

単位

■ 単位

□ a **unit** of (length, weight, time)（(長さ，重さ，時間）の**単位**）

□ **measure** of time（時間の**単位**）

□ Angle θ is in radian **measure**.（角度 θ の**単位**はラジアンである）

□ ζ is the approach of the surfaces in mm, p the interface pressure in MPa.
（ζ は mm で表した面の近寄り量，p は MPa で表した界面の面圧である）▶ be 動詞の省略

■ 単位当り

□ **per** unit weight（単位重量**当り**）

□ **per** unit of fuel（**単位**燃料当り）

□ **per** unit of its length（対象物の**単位**長さ当り）

□ production **per** man-hour（一人 1 時間**当り**の生産量）

□ time of analysis **per** test sample（試験材料 1 個**当り**の分析時間）

□ quantity **per** unit area / count **per** unit area（単位面積**当り**の個数）

□ experimental expenses **per** student（学生一人**当り**の実験費用）

□ It exerts **per** unit of its area A.（それは面積 A の単位面積**当り**に作用する）▶ 作用

□ by a specified distribution of transverse loading $q(x)$ **per** unit of length
（規定された単位長さ**当り**の横方向荷重分布 $q(x)$ によって）▶ 横の，longitudinal：縦の

□ bearing **unit** load（軸受の**単位**荷重）

□ The average stress, or force per **unit** of cross sectional area, is equal to P divided by A.（平均応力，すなわち**単位**断面積当りの力は P 割る A に等しい）▶ 断面積，等しい

□ order in **lots** of 100（100 個**単位**で注文する）

基準，規格，規定，形式

■ fundamentals

a datum point（基準点），a reference line（基準線），nonstandard（標準外の），below the standard，substandard（標準以下の），prescribe，stipulate（規定する），define（定義する，限定する），prescribed (regular) procedure（規定の手続き）

■ 基準，標準

□ fix a **standard**（**基準**を設定する）
□ meet the **standard**（**基準**を満たす）
□ design ... in conformity to JIS（…をJISに適合するように設計する）▶ in conformity toの用法
□ ... are defined by **standards** of some sort.（…はある種の**基準**で定義される）▶ 種類
□ the gaskets whose behavior differs from this **norm**（この**基準**とは挙動が異なるガスケット）
□ the **criteria** for when to stop ...（いつ…を止めるかの**基準**）▶ for when toの用法
□ express in values relative to a **standard**（**基準値**に対する相対的な値で表示する）▶ 相対的
□ The **standard** nut thickness is ...（**標準の**ナット高さは…）
□ Gears made to **standard** systems are interchangeable.
（**標準**に合わせてつくられた歯車は互換性がある）▶ 互換性
□ It is **standard practice** not to make any surface correction for the 10^3 cycle fatigue strength.（10^3サイクルの疲労強度に対して，なにも表面の修正をしないのが**標準のやり方**である）
▶ anyの用法，修正，強度

■ 規格，仕様

□ They are made from steel of **specifications** standardized by ASTM.
（それらはASTMで標準化された**規格**の鋼からつくられている）
□ a lengthy discussion of nut-bolt **specification** problem
（ナット，ボルトに関する**規格**の問題の長い（長ったらしい）議論）
□ We'll stick with the **standard**.（**規格**に忠実でいこう）▶ stick withの用法
□ the **standard** established by the government (industries)（国家（業界）で決めた**規格**）
□ in accordance with the **standard**（**規格**に準拠して）▶ in accordance withの用法
□ in conformity to the ANSI **standards**（ANSI**規格**に準拠して）▶ in conformity toの用法
□ There are exceptions to this **rule**.（この**規則**には例外がある）
□ according to the **rule**（**規則**に従って（によると））
□ special **specifications**（特殊な（設計）**仕様**）
□ material and components **specifications**（材料と部品の**仕様書**）
□ carefully examine the **specification**（**仕様書**によく目を通す）
□ satisfy **specifications**（**仕様書**どおりにする）

■ 規定

□ ... is **defined** by JIS.（…はJISで**規定**されている）
□ Conditions are **defined** in detail.（条件が細かく**規定**されている）
□ **stipulated** safety factor values（**規定**された安全率の値）▶ 安全率，値
□ ... is carefully **stipulated**.（…は注意深く**規定**される）
□ They are **specified** in the range of A to B.（それらはAとBの範囲で**規定される**）▶ 範囲

□ the maximum **specified** value（最大の**規定された**値）

□ One way to include **prescribed** nodal variables while retaining a $n \times n$ system of equations is ...（n 行 n 列の系の方程式を維持しながら，**規定された**節点の変数を含める一つの方法は…）▶ 維持，方程式，while の用法

□ the design of cantilever beams of **prescribed** weight and **prescribed** loads（**規定**重量と荷重の片持ばりの設計）

□ Constitutive laws **specifying** currents have to ...（流れを**規定**する構成法則は…しなければならない）

□ Following **specification** of all restraints for these conditions, ...（これらの条件に対するすべての拘束条件の**指定**にしたがって）

■ 形式 ▶▶▶ of + 名詞の用法

□ the solution in numeric **form**（数値**形式**の解）

□ take the **form** of Eq.(1)（式（1）の**形式**をとる）▶ 式

□ This will be of the **form**, ...（これは…という**形式**になるだろう）

□ the normalized **type**（正規化された**形式**）

□ Each product on the line will be of a different **type**.（ライン上の各製品は異なった**タイプ**となるだろう）

□ The gaskets may not have been of the **types** tested by PVRC.（そのガスケットは PVRC で試験された**タイプ**ではなかったようだ）

形状，寸法

■ fundamentals

shape（形状，外形），configuration（外形，輪郭），profile（輪郭），form（形，形態），geometry（幾何学，機械・装置の寸法形状），contour（輪郭，外形），outline（外形，線図），a general view（外観），front view, top view, side view（製図の正面図，平面図，側面図），length（長さ），width（幅），thickness（厚さ），measure（の寸法がある）

■ 形状の基本表現

□ thread **geometry**, thread **contour**, thread **profile**（ねじの**形状**）

□ ... is caused by changing **geometry** of component form.（…は，部品の形状を**幾何学**的に変化させることにより引き起こされる）

□ The parts being studied are perfectly **cylindrical**.（研究対象としている部品は完全に**円筒形**である）▶ being の用法

□ The specific **form** used is the unified screw thread.（使用されている特定の**形状**はユニファイ（規格の）ねじである）▶ 特定の

□ thread forms with an included **angle** of 60 degrees（（ねじ山が）囲む**角度**が 60° であるねじの形状）

□ Greater **profile** accuracy is obtained by using ...（…を使うとより高い**外形**の精度が得られる）▶ 精度

□ The **outline** of the undeformed **geometry** is shown with a **dashed line**.

（変形前の**形状**の**輪郭**は**破線**で示されている）▶ 幾何，点線：dotted line

□ a **complicated-shaped** joint，a joint with **complex form**（**複雑な形状**の継手）▶ 複雑

□ It is established on the basis of **convexity**.
（それは**上に凸の形状**に基づいて確立される）▶ 基づいて，convex：上に凸，concave：下に凸

■ 形状の説明

□ a spring of normal **geometry**（標準（正常な）**形状**のばね）▶ of の用法

□ It would be concluded that, providing the correct **geometry** is applied, ...
（もし正確な**形状**が適用されるなら…と結論できるだろう）▶ providing の用法

□ If the **geometry** of the parts forces the bolt to bend as it is tightened, ...
（もし締め付けたときに，部品の**形状**によってボルトに強制的に曲げを与えるなら…）

□ draw the **outline** of the car / draw the car in **outline**（自動車の**輪郭**を描く）

□ **irregular** shaped springs（**不規則な**形のばね）

□ **irregular** roughness（**不規則な**でこぼこ）

□ The projection is **irregular**.（突起部（の形状）は**不規則**である）

■ 寸法の表現

□ length of the longer **side**（長い方の**辺**の長さ）

□ The **dimensions** are considered acceptable.（その**寸法**は許容範囲と考えられる）▶ 許容

□ ..., thereby increasing the 0.34 inch **dimension** to 0.85 inch.
（それによって 0.34 インチの**寸法**が 0.85 インチに増加する）▶ thereby の用法

□ The external **dimensions** of nut are specified in Table 1.
（ナットの外形の**寸法**は表 1 に規定されている）▶ 規定する

□ The beam **measures** 50 * 2.5 * 0.3 cm.（はりの**寸法は** 50 cm × 2.5 cm × 0.3 cm **である**）

□ The various elements of the joint must be **sized** so that the following conditions are satisfied.
（継手のさまざまな要素は，以下の条件を満足するような**寸法**でなければならない）▶ so that の用法

■ 長さ，厚さ，深さの表現 ▶▶▶ in と with と of の用法

□ 5 cm in **length**（**長さ**が 5 cm）

□ a belt pulley with the hub **length** of 65 mm（ハブの**長さ**が 65 mm のベルトプーリ）

□ steel boards of about 0.4 mm **thickness**（**厚さ**が約 0.4 mm の鋼板）

□ a board which is cut to about 3 mm **thickness**（約 3 mm の**厚さ**に切った板）

□ two plates 25 mm **thick** with 30 mm **diameter** rivets
（**直径** 30 mm のリベットで締結した（合計の）**厚さ**が 25 mm の 2 枚の板）

□ All the slices are a nominal 1.3 mm **thick**.
（すべての（薄い）板は呼び**厚さ**が 1.3 mm である）▶ nominal の用法

□ For practical reasons, h is usually a minimum of 3 mm for plates less than 6 mm **thick**.
（実用上の理由から，**厚さ** 6 mm より薄い板では h は通常最小値の 3 mm である）
▶ 理由，minimum と less than の用法

□ below **depth** of 100 mm（**深さ** 100 mm より下）

□ Weld throat **depth** is a total of 2 mm.（溶接部ののど厚は合計で 2 mm である）▶ total の用法

□ Each part measures 1.7 mm in **height** and 0.6 mm in **width** and has an angle of 60°.

（各部品は**高さ** 1.7 mm，**幅**が 0.6 mm で**角度**は 60° である）

□ The spring will elongate a **distance** of 1 inch.（ばねは 1 インチ（の**距離**）だけ伸びるだろう）

■ 直径，半径，内径の表現

□ The torsional stresses in a solid (hollow) shaft of **diameter** d are ...
（**直径**が d の中実（中空）軸に発生するねじり応力は ...）▶ 中実，中空

□ ... using steel studs up to 19 mm in **diameter**.
（**直径が** 19 mm までの鋼製スタッドを使って）▶ up to の用法

□ for parts of **diameter** 1 inch and larger（**直径**が 1 インチかそれ以上の部品では…）▶ 以上

□ As an example, in an ASTM fastener, 1 inch in **diameter**, with eight threads per inch, ...（1 インチ当りねじ山数が 8 で，**直径** 1 インチの ASTM 規格のねじ部品における例として）

□ The area of contact is limited to a circle of **radius** of 70 mm.
（接触面積は**半径** 70 mm の円の範囲に限定される）▶ 限定，of の用法

□ for bearings of these types having **bores** of 20 mm and larger
（**ボア**（内径）が 20 mm かそれ以上のこのタイプの軸受については）▶ 以上，having の用法

□ an extra light series bearing with a 40 mm **bore**
（**ボア**が 40 mm の特別に軽量なタイプのベアリング）▶ 特別に，軽い

■ 縦横の寸法，面積の表現

□ an aluminum beam of **dimensions** 500 * 50 * 0.5 mm
（**寸法**が 500 mm × 50 mm × 0.5 mm のアルミニウム製のはり）

□ The reinforced concrete column is 375 mm **square** with 8 rods each with an **area** 625 mm^2 of embedded into it for a **length** of 1.8 m.
（その鉄筋コンクリートの柱は一辺が 375 mm の**正方形**で，各**断面積**が 625 mm^2 の 8 本のロッドを 1.8 m の**長さ**にわたって埋め込んだものである）▶ embed の用法

□ The room **measures** six meters by ten.（その部屋は間口 6 m，奥行き 10 m である）

■ 複雑な構造の寸法の表し方

□ a fixed cantilever of **length** 305 mm and of **cross-section** 40 * 40 mm
（**長さ**が 305 mm，**断面**が 40 mm × 40 mm の固定された片持ばり）▶ of の用法

□ The bolted structure consists of two beams, 202 mm and 240 mm **long** with a 19 * 3 mm **cross-section**, overlapped and bolted together for a total mating **section** of 50 mm.
（そのボルトで締結された構造物は，**長さ**が 202 mm と 240 mm でそれぞれの**断面**が 19 mm × 3 mm の 2 本のはりで構成されており，全体で 50 mm の対応する**部分**を重ねてボルト締めしている）
▶ 構成する，with 19 * 3 mm cross-section：2 本のはりを合わせたときの断面形状が 19 mm × 3 mm

記号，符号

■ fundamentals

mark（記号，印を付ける），sign（記号，符号），symbol（記号），legend（凡例），an index, indices（指標），represent，stand for（表す（記号の説明）），designate（示す，と置く，と呼ぶ），denote（を意味する），symbolize（記号で表す）

■ 記号，印

- □ denote by mathematical **signs**（数学**記号**で表す）
- □ With slightly modified **notation** ...（少し**記号の付け方**（記号法）を変えて）▶ with の用法
- □ It is a **symbol** for ...（それは…を表す**記号**である）
- □ We use the **symbol** “A” to represent this from the convenience of description.（記述の都合上，これを表すために**記号** A を使う）▶ 都合，記述
- □ The **superscript** m **denotes** the x position.（**上付きの添字** m は x の位置を**示す**）
- □ The **double subscript notation** corresponds to the convention mentioned in Sec.1.（その**二重の下付き指標**（の付け方）は第 1 節で述べた慣例に対応している）▶ 慣例
- □ They are identified by the **circled numbers**.（それらは**丸で囲んだ数字**で区別される）▶ identify の用法
- □ the **like-numbered** sections（**同じように番号付けした**部分）
- □ nodes **labeled** 1, 6, 11, etc.（1, 6, 11 など**番号付けした**節点）
- □ The curve **marked** A shows ...（A と**印を付けた**曲線は…を示す）
- □ The points **marked** with a circle are used to define element geometry.（丸を**付けた**点は要素の形状を定義するために使われる）▶ 定義する
- □ They use the values of the function defined at nodes **marked** with a square.（それらは正方形の**印を付けた**節点で定義される関数の値を使用する）▶ 関数，定義

■ 記号の定義，説明

- □ Let ... be **designated** A.（…を A と**置く**：記号の定義）▶ 定義
- □ **Let** the shaft length **be** L, the material's rigidity modulus G and the section's radius r.（軸の長さを L，材料の剛性率を G，断面の半径を r **と置く**）
- □ The asterisk subscript **designates** ...（下付きの星印は…を**表す**）
- □ It is only necessary to apply an imaginary load, commonly **designated** (denoted) as ...（一般に…と**呼ばれる**仮想的な荷重を与えるだけで良い）▶ 仮想の
- □ ... where primes **denote** derivatives.（ここでプライム付きは導関数**を示す**）▶ 微分
- □ V **stands for** gas volume, P **for** gas pressure, and k **for** a factor of the inverse proportion.（V はガスの体積，P はガス圧力，k は反比例の係数を**表す**）▶ 示す，表現の繰り返し
- □ They have contained only one unknown function, **symbolized** by $U(x)$.（それらは $U(x)$ と**表記した**一つの未知関数を含むだけである）▶ 関数
- □ ... where $s(x)$ being the rigidity of the beam **given** by ...（ここで $s(x)$ は…で**表される**はりの剛性である）▶ being の用法

■ 符号

- □ a minus (plus) **sign**（負（正）の**符号**）
- □ change the **sign**（**符号**を変える）
- □ The diagonal elements of the matrix were all of the same **sign**.（マトリックス（行列）の対角成分はすべて同じ**符号**であった）▶ すべて，of + 名詞の用法
- □ The **signs** of the bending stress alternate above and below the natural axis.（曲げ応力の**符号**は中立軸の上と下で反対になる）▶ above and below の用法
- □ The friction torque has now reversed **sign** because it is opposing counterclockwise

elastic torque rather than an externally applied clockwise torque.
（外部から与えた時計回りのトルクより，むしろ反時計回りの弾性トルクに対抗するので，今摩擦トルクは**符号**が逆になった）▶ 方向，時計回り，反時計回り，rather than の用法

□ ... taking downward forces as **positive** (negative).（下向きの力を**正**（負）として）

グラフ，図

■ グラフの軸

□ orthogonal Cartesian **coordinates**（直交デカルト**座標**）

□ the set of local **coordinates** (s-t-q) and the corresponding set of global **coordinates** (x-y-z)
（局所**座標系** s-t-q とそれに対応する全体**座標系** x-y-z）

□ ... where s is the arch length **coordinate**.（ここで s は弓形に沿った**座標**である）

□ **abscissa** and **ordinate**（**横軸**と**縦軸**）

□ Three **abscissa** scales represent ...（3本の**横軸**の目盛りは…を表す）▶ 目盛り

□ We plot performance in **ordinate** and the number of rotation or load in **abscissa**.
（**縦軸**に性能，**横軸**に回転数か負荷を取る）▶ plot の用法，性能

□ Go across the y **axis** to determine the factor.
（その係数を決定するために y **軸**と交差するまで延長し（進み）なさい）

■ グラフ，図

□ in **graphical** (graph) form（**グラフの**形式で）

□ It is a **graph** of the shear stress.（それはせん断応力の**グラフ**である）

□ The stress concentration **graphs** are plotted on the basis of dimensionless ratios.
（応力集中の**グラフ**は無次元の比に基づいて描かれている）▶ on the basis of の用法，無次元，比率

□ It shows **graphs** of ... with the ratio of axial loading to share loading for the particular joint.（特定の継手について，軸荷重とせん断荷重の比に対して（を変化させて）... の**グラフ**を示している）▶ with の用法

□ **diagram** of the loading arrangement used for the bolt-nut system
（ボルト・ナット系に使われる荷重配置の**図**）▶ used for の用法

□ construct the force and moment **diagrams**（力とモーメントの**線図**を描く）

□ It shows an **exploded diagram** of three components.（それは三つの部品の**展開図**である）

□ Lines toward the right end of the **diagram** represent lower leak rates than those to the left end of the **diagram**.
（**図**の右端に向かう線は，左端に向かう線より低い漏れ率を表している）▶ lower の用法

□ **drawing** of models（モデルの**図面**）

□ Figure 1 shows an **orthographic drawing** of an IC.（図1はIC（集積回路）の**正投影図**である）

□ It gives us a different **2D view** of ...（それは…の異なった**二次元の図**を提供する）

■ 図（グラフ）で示す

□ ... is **drawn** in Fig.1.（…は図1に**示されている**）

□ Figure 1 will be used for **illustration**.（図1は**図解**（説明）のために使われるだろう）

□ **Graphical** results of residual stress are shown in Fig.1.

（**グラフによる**残留応力の結果が図 1 に示されている）

□ turn to the **graphic presentations**（**グラフによる表示**に取りかかる）▶ 着手する

□ ... may be found **graphically** by adopting the following procedure.
（以下の手順を採用して，…は**図式解法で**求められるだろう）▶ 採用

□ We cannot easily **display** the model **graphically** in full detail.
（**グラフを使って**，簡単にそのモデルを完全に詳細まで**示す**ことはできない）▶ in full detail の用法

□ interaction data **graphed** in Fig.1（図 1 で**グラフ化されている**相互作用のデータ）

□ Figure 1 **gives** the viscosity of SAE oil at 80 degrees as 6 MPa.
（図 1 は，圧力 6 MPa，温度 80 °C における SAE（自動車技術者協会）のオイルの粘度を**示している**）

□ the **single-crosshatched** area under the curve（その曲線の下の**斜線**部分）

■ plot の用法

□ They are **plotted** on linear coordinates.（それらは直線（線形）座標上に**プロット**される）

□ A **plot** of load versus deflection will show that ...
（荷重対たわみの**プロット**（図，グラフ）は ... を示すだろう）

□ The **plot** shows both torque and tension versus angle of turn.
（その**プロット**はトルクと張力の両方と回転角の関係を示している）▶ both の用法

□ **Plots** of engineering stress vs strain reveal regions of elastic and plastic behavior.（工学的な応力とひずみの関係を**プロット**すると，弾性と塑性挙動の領域が明らかになる）▶ reveal の用法

原理，法則，現象

■ 原理，法則

□ the underlying (root) **principles**（根本**原理**）

□ by the **principle** of conservation of energy（エネルギー保存則の**原理**によって）

□ The machine is based on the **principle** of ...（その機械は…の**原理**に基づいている）▶ 基づく

□ It may be found from the superposition **principle**.
（そのことは重ね合わせの**原理**からわかるだろう）

□ The **fundamentals** of the structure is shown in Fig.1.（その構造の**原理**は図 1 に示されている）

□ The **way** it works is that ...（作動**原理**は…である）

□ direct the search for a new **law**（新しい**法則**を見つけるように指図する）▶ 指図する

■ 現象

□ the clarification of this **phenomenon**（この**現象**の解明）▶ 解明，elucidate：解明する

□ engineering **phenomena** of practical importance
（実際に重要な工学上の**現象**）▶ 実際，of practical importance の用法

□ a complex **phenomenon** not yet fully solved
（まだ十分に解決されていない複雑な**現象**）▶ yet の用法

□ This equation represents the actual **phenomenon** well.
（この式は実際の**現象**をよく表している）

□ These **phenomena** are all caused by ...（これらの**現象**はすべて…により起こる）▶ all の用法

□ This is the typical **phenomenon** of instability.

（これは典型的な不安定**現象**である）▶ 典型的，不安定

☐ It is quite hard to reproduce the same **phenomenon** as before.
（同じ**現象**を前と同じように再現することは非常に難しい）▶ 再現，as before の用法

☐ One of the important contributions is inhibiting the loosening **phenomenon** that leads to assembly failure.（重要な貢献の一つは，組み立ての失敗につながるゆるみ**現象**を抑制することである）▶ 貢献，抑制，組み立て，失敗

初歩の力学

■ 例文

☐ acceleration of gravity and centrifugal force（重力加速度と遠心力）

☐ The **gravitational field** is 9.8 m/s^2.（その**重力場**では加速度は 9.8 m/s^2 である）

☐ The **gravitational force** on the mass is ...（質量にかかる**重力の大きさ**は…である）

☐ to cause momentary **angular accelerations** and **decelerations** of the rotating members
（回転する部材に瞬間的な**角加速度**と**減速**を引き起こすために）▶ 瞬間的，回転

☐ With large **inertias**, the rotating members tend to strongly resist **acceleration**.
（大きな**慣性**のために，回転している部材は**加速**に強く抵抗する傾向がある）
▶ with と tend to の用法，回転，抵抗する

☐ ... where ρ is the **density** of material.（ここで ρ は材料の**密度**である）

温度

■ fundamentals

thermometer（温度計），ambient temperature（周囲温度），at a high temperature, at high temperatures（高温において），subzero temperature（零度以下の温度），a change in temperature（温度変化），with an increase in temperature（温度上昇に伴って）

■ 温度のレベル

☐ at a **temperature** below 20 degrees（20 °C 以下の温度で）

☐ at **temperatures** of 700 deg.F（700 °F という温度で）

☐ at somewhat elevated **temperatures**（いくらか高くなった温度で）▶ elevated：元の状態より高い

☐ at a moderately high **temperature**（適度に高い温度で）

☐ at an extremely high **temperature**（極端に高い温度で）

☐ at various **temperatures**（さまざまな温度のもとで）

☐ the maximum **temperature** of ...（…の最高温度）

☐ If exposed to 1,000 degrees, ...（もし 1 000 °C にさらされると）

■ 温度の状態の説明

☐ the current **temperature** distribution（現在の**温度**分布）

☐ **temperatures** below ambient（周囲より低い**温度**）

☐ keep at a uniform (constant) **temperature**（一定**温度**に保つ）

☐ without developing destructively (destructive) **high temperatures**

（破壊的な**高温**が生じることなしに）▶ 破壊

□ It represents linear heat transfer by convection into an ambient **temperature** T.
（それは周囲**温度** T への対流による線形の熱伝達を表している）▶ 線形，熱伝達，周囲の

□ The assumption of uniform instantaneous heating implies a zero **temperature** gradient.
（一様に瞬間加熱するという仮定は**温度**勾配が零を意味する）▶ 仮定，瞬間的，意味する，勾配

□ Each surface is **isothermal**.（各面は**等温**である）

■ 温度の変化

□ local **temperature** increase（局部的**温度**上昇）

□ The **temperature** gradually rises.（**温度**が次第に上昇する）

□ The **temperature** increased but remained less than 100 °C.
（**温度**は上昇したが 100 °C 以下であった）▶ remain と less than の用法

□ raise the average **temperature**（平均**温度**を上げる）▶ raise（持ち上げる）の用法

□ raise the **temperature** continuously（連続的に**温度**を上げる）▶ 連続的

□ ... until the entire joint **temperature** reaches ambient.
（継手全体の温度が周囲**温度**になるまで）▶ until の用法，全体の

□ reach a high **temperature**（高温に到達する）

□ for problems with sharp **thermal transients**
（急で**瞬間的な熱の変化**を伴う問題に対して）▶ 瞬間的な，with の用法

□ When this is done, the bolts **heat up** before the gasket stress is reduced.
（これをすると，ガスケットの応力が低下する前にボルトは**熱くなる**）

コスト，費用

■ fundamentals

expensive（高価な），costly（価値があって高価），inexpensive，less expensive（安い），cheap（安い，安っぽい）

■ 例文

□ This experiment requires large **expenses**.（この実験は大きな**費用**がかかる）▶ require の用法

□ **cost** considerations（**コスト**を考慮すること）

□ ... because the **cost** of forming the stiffness matrix for Q4 is less than that of Q6.
（Q4 タイプ（の有限要素）に対して剛性マトリクスを作成する**コスト**は，Q6 に比べて低いので）
▶ less than that of の用法

□ Bolts made from a material such as ... can **cost** five to six times as much as bolts made of a more common material.（…のような材料でできたボルトは，より一般な材料でできたものより 5，6 倍**コストがかかる**）▶ made from (of) と as much as の用法，倍

□ Increasing energy **costs** are adding urgency to the development of equivalent adhesives requiring reduced temperature and curing time.
（エネルギー**費用**の上昇は，温度の低下と硬化時間の短縮を必要とする等価な接着剤の開発に対して，さらに緊急性を増している）▶ 緊急性，開発，等価，adding と requiring の用法，低下

□ a **costly** high-strength steel（**高価な**高強度鋼）▶「-」の用法

☐ **costly** precision manufacture（**高価な**高精度の製造）
☐ **costly** auxiliary external fluid supply system（**高価な**補助的な外部流体供給装置）▶ 補助の
☐ a more **costly** method of removing excess shank material
（余分な軸の材料を取り除くより**高価な**方法）▶ remove の用法，余分な
☐ minimizing serious - especially catastrophic - or **costly** consequences（とりわけ破滅的である重大な結果や**コストがかかる**結果を最小化する）▶ 最小化，破滅的，結果，「-」の用法
☐ ..., particularly where frequent lubrication is **costly**.
（特に頻繁に潤滑すると**高価な**部分において）▶ 頻繁
☐ The materials are the **least costly**.（その材料が**最も安い**）▶ 材料，least の用法
☐ It is **less costly** to roll-form the threads before hardening.
（ねじは硬化させる前に圧延で形成するほうが**安く**すむ）
☐ **Less costly** unground ball bearings are used.（**安価な**研磨していない玉軸受が使われる）
☐ The **least expensive** gear material is usually ordinary cast iron.
（**最も安い**歯車の材料は通常普通の鋳鉄である）
☐ an **inexpensive** and convenient device（**安価で**便利な装置）

設計

■ 設計

☐ a conventional **design**（従来の**設計**）
☐ With proper **design**, ...（適切な**設計**により）▶ 適切
☐ The hull must have a clean **design**.（船体はすっきりとした**設計**でなければならない）
☐ This represents good engineering **design**.（これは工学的に良い**設計**である）▶ 表す
☐ ... has resulted in ingenious special **designs**.
（…は結果的に独創的で特別な**設計**となった）▶ 独創的
☐ We assume two distinct **designs**.（二つのまったく別個の**設計**を仮定する）▶ 別個の
☐ ... as well as **design** and parts problems（**設計**と部品の問題と同様に…）▶ as well as の用法

■ 設計する

☐ **design** ... in accordance with a specification（仕様書に従って…を**設計**する）▶ に従って
☐ It is **designed** to the highest level.（それは最も高いレベルで**設計**される）
☐ It is poor practice to **design** bolted joints where ...
（…のところをボルトで締結する**設計**をするのはまずいやり方である）▶ poor の用法
☐ Many of the wrenches on the market, therefore, have been **designed** using the conventional theory.
（それゆえに市販のレンチの多くは，従来の理論を使って**設計**されてきた）▶ 市販の，従来の

■ …に設計された

☐ well **designed**（うまく**設計**された）
☐ an improperly **designed** machine（不適切に**設計**された機械）
☐ a conservatively **designed** shaft（安全側に**設計**された軸）
☐ apparatuses and instruments especially **designed** for ...

（…専用に**設計**された装置と計器）▶ 装置，計器

■ 設計…

- □ a change of **design**，**design** changes（**設計**変更）
- □ **design** values of coefficient of friction（摩擦係数の**設計**値）
- □ The design procedure has been a successful **design** tool.
  （その設計手順はうまい**設計**手段であった）▶ うまい
- □ It permits the **design** stress to be increased from A to B.
  （それは**設計**応力が A から B まで増加することを許容する）▶ 許容
- □ An important **design** requirement of A is ...（A に関する重要な**設計上の**必要条件は…）
- □ ... when the **design** overload is reached.（**設計上の**過負荷に達するとき）▶ 過負荷，達する
- □ It is a kinematically admissible strain field for the **design** overload.
  （それは**設計**過負荷に対して運動学的に許容されるひずみ場である）▶ 許容される
- □ When conservative allowables in a **design** specification are used, ...
  （**設計**仕様書における安全側の許容値を使用するとき）▶ 安全側，許容値
- □ They built the ship in accordance with **plans**.
  （彼らは**設計図**どおりに船を建造した）▶ に従って

製造，製品，機械

■ 製造，生産

- □ in a mass **production** environment（大量**生産**の環境において）
- □ increase in **productivity**（**生産性**の向上）
- □ **manufacturing** technology（**製造**技術）▶ 技術
- □ **manufacture** of models（モデルの**製作**）
- □ trial **manufacture**, trial **production**（試作）
- □ statistical variation of dimensions due to **manufacturing**
  （**製造**が原因で起こる統計的な寸法の変化）▶ 統計の
- □ ... might permit more economical **manufacturing**.
  （…はもっと経済的な**製造**を可能にするかもしれない）▶ permit の用法
- □ ..., both during and after **manufacture**.（**製造**中と**製造**後の両方において）▶ both の用法
- □ to cause the least disruption of the **manufacturing** schedule
  （**製造**予定の混乱を最小にするために）▶ 最小，崩壊
- □ Even if costly precision **manufacture** satisfied this requirement, ...
  （たとえ高価で精密な**製造**がこの要求を満足しても…）▶ 高価，精密，要求
- □ Smaller machine shops are proving adept at merging design and **manufacturing**.
  （小さな機械工場のほうが，設計と**製造**の合併に熟達していることを証明している）▶ 熟達，併合
- □ No load shearing on some parts often occurs because of inadequate precision of **manufacture**.
  （不十分な**製造**の精度から，しばしばいくつかの部品が荷重を分担しないことが起こる）▶ 不十分

■ 製造する，つくる

□ manufacture for trial（**試作**する）
□ make an experimental device on a trial basis（実験装置を**試作**する）
□ equipment **made** on an experimental basis（実験的に**つくられた**装置）
□ They are synthetically **manufactured**.（それらは合成で**製造**される）▶ 合成
□ These parts are **manufactured** with full interchangeability.
（これらの部品は完全な互換性を持って**製造**される）▶ 互換性
□ He is in a position to design and **manufacture** parts for their customers.
（彼は得意先のために部品を設計し**製造**する立場にある）▶ 立場
□ This device is a single coil spring, **manufactured** from trapezoidal wire.
（この装置は台形（断面）のワイヤから**製造**された単一のコイルばねである）▶ 単一の，台形
□ This is because it is easier to **manufacture** the nuts with a tapered thread.
（これはテーパねじのナットを**製造**するほうがより簡単なためである）▶ 理由
□ These companies **turn out** the plastic injection molds.
（これらの会社はプラスチック射出成形金型を**製造**している（つくり出す））

■ 製品

□ articles (goods) on the market，items available in the market（市販製品）
□ a typical commercial product（典型的（代表的）な市販製品）
□ electric appliance（電気製品）
□ No part nor any **finished products** will even be standing or waiting.
（どんな部品や**完成品**も静止状態や待機状態になることはないだろう）▶ no ... nor と even の用法
□ ... is available in the market.（…は**市販**されている）

■ 機械，工具

mechanical equipment（機械装置），a heat engine（熱機関），a precision machine (instrument)（精密機械），an electronic apparatus（電子機器），heavy equipment（重い（大きな）装置）

□ The **apparatus** was assembled with various combinations of A and B.
（その**装置**は A と B のさまざまな組み合わせによって組み立てられた）▶ 組み立て
□ **Clutches** also absorb energy and dissipate heat.
（また**クラッチ**はエネルギーを吸収し熱を放散する）▶ 吸収，放散
□ It usually requires **belt** replacement.（通常は**ベルト**の交換が必要である）
□ driver **shaft** and driven **shaft**（駆動**軸**と被駆動**軸**）
□ Other **oils** are rated intermediately.（ほかの**油**の品質は中ぐらいに位置付けられる）▶ 中間
□ an exchange of **tools**, a replacement of **tools**（**工具**の交換）
□ The **tooling** required is relatively less expensive.（必要な**工具の段取り**は比較的安価である。）
□ For **cutting fluid** recommendations, see Table 1.
（推薦される**切削液**については表 1 を見て下さい）

■ others

□ a subsidiary (affiliated) company (firm)（子会社），a parent company（親会社）
□ temporary repairs（一時的な修理），undue repairs（過度な補修），expensive repairs（高価

な補修）

□ **experienced** workers（**熟練**作業者）

□ the parts made by various **manufacturers**（さまざまな**製造業者**でつくられた部品）

□ Table 1 rates a number of different possibilities from the point of view of one **manufacturer**.
（表 1 は，一つの製造者の観点から多くの異なった可能性を評価している）▶ 評価，可能性，観点

□ It can be used to define precise **remedial** weld procedures.
（それは正確な**補修**溶接の手順を定義するために使われる）▶ 定義

現場，技術

■ fundamentals

at site, on site，at the job site, on the spot（現場で），field work（現場作業），assembly field（組み立て現場），building site，construction field（建築現場），site welding，field weld（現場溶接），on-site assembly，on-site construction（現場組み立て），field investigation（現場調査），explanation at site（現場説明），field report（現場報告）

■ 例文

□ **on-site** help（**現場での**援助）

□ **on-site** measurement of ...（**現場での**…の測定）

□ **practicing** engineers（**現場の**（実務の）技術者）

□ develop a **technique** of (for) ...（…の**技術**を開発する）

□ ultrasonic **techniques**（超音波**技術**）

□ This experiment called for sophisticated **techniques**.
（この実験には洗練された**技術**が必要であった）▶ call for の用法

□ training courses for **highly-skilled** and well-paid jobs
（**高度な技術**と収入が良い仕事に対するトレーニングコース）▶「-」の用法

□ The **art** of auditing surface roughness has changed significantly.
（表面粗さを検査する**技術**（こつ）は大きく変化した）▶ 検査する

組み立て，取り付け

■ fundamentals

install（取り付ける），mount（取り付ける，載せる），attach（貼り付ける），assemble，put together，fabricate（組み立てる），disassemble（分解する，取り外す），detach（取り外す），removal（取り外し，除去），removable，detachable（取り外し可能），installation（取り付け），assembly，assemblage（組み立て），alignment and misalignment（配列と誤配列）

■ 組み立て

□ poor **assembly** practice（まずい**組み立て**作業）

□ the clamping force we can create at **assembly**（**組み立て**時に発生させる締め付け力）

□ an **assembly** application（**組み立て**への応用）▶ application の用法

□ an **assemblage** of two bar elements（2 本の棒要素の**組み立て**）

□ ... where *m* is the total number of elements in the **assemblage**.
（ここで *m* は**組み立て**における全体の要素の数である）

□ align the equipment with the coupling fully **assembled**
（継手が完全に**組み込まれた**装置を並べる）

□ Machine members can often be **fabricated** by welding at lower cost than by casting or forging.
（機械の部材は，しばしば溶接作業によって鋳造や鍛造に比べてより安価に**組み立て**られる）▶ コスト

■ 取り付け

□ They are commonly **installed** in pairs.（それらは一般に対で**取り付け**られる）▶ in pairs の用法

□ the **attaching** and **detaching** of parts（部品の**取り付け**と**取り外し**）

□ It is **attached** to the end of ...（…の端に**取り付け**られている）

□ No vibration will appear in the structure to which the machine is **attached**.
（機械が**取り付け**られている構造物に振動は発生しないだろう）▶ no と to which の用法

□ **mount** the workpiece on the table（工作物をテーブルに**取り付ける**）

□ **fasten** or **unfasten** ... to or from the instrument
（…を計器に**固定**あるいは**取り外す**）▶ to or from の用法，計器

□ computer networks (being) **erected**（**設置**されたコンピュータネットワーク）

■ 組み込む

□ **incorporate** ... into the program, **include** ... in program（…をプログラムに**組み込む**）

□ **incorporate** ... into the circuit（…を回路に**組み込む**）

□ The device is **loaded** on (with, in) ...（装置が…に**組み込まれる**）

□ The dimensions to be held during the machining are **built** into a jig.
（機械加工中に保持されるべき寸法は治具に**組み込まれ**ている）▶ 寸法，機械加工

■ 組み立て誤差

□ **misaligned** rotating machinery（**芯のずれ**のある回転機械）

□ excessive **misalignment**（過大な**位置のずれ**）▶ 過大な

□ In fact, a small amount of **misalignment** is really not that bad.
（実際，小さな**位置のずれ**はそれほど問題ではない）▶ 事実，a small amount of と bad の用法

□ Only parallel **misalignment** exists.（平行**誤差**のみが存在する）▶ only の用法

□ angular **misalignment** and axial **misalignment**（角度**誤差**と軸方向**誤差**）

□ Offset or lateral **misalignment** of shafts gives residual stresses when **assembled** with a rigid coupling.（軸のオフセットすなわち平行**誤差**は，剛性の高い継手を使って**組み立てる**場合，残留応力が発生する）▶ when の用法

□ **Misalignment** is the deviation of relative shaft position from the axis of rotation when the equipment is running at normal operating conditions.（**ミスアライメント**は，装置が正常な状態で運転しているときの回転軸に対する軸位置の相対的なずれである）▶ 偏差，回転，運転状態

□ **alignment** changes over time due to bearing wear, foundation settling and thermal changes
（軸受の摩耗，基礎の設置や熱の変化による時間経過に伴う**配列**状態の変化）▶ over time の用法

2. よく使う名詞的表現

条件

■ condition ほか

- □ equilibrium **conditions**（釣合い**条件**）
- □ the most common **condition**（最も一般的な**条件**）▶ 一般的
- □ ... satisfies a symmetry **condition**.（…は対称条件を満足する）▶ 対称
- □ meet (satisfy) the **conditions**（**条件**を満足する）▶ 満足
- □ This worst-case **condition** occurred when ...（このような最悪の**条件**が…の時に発生した）
- □ ... unless these **conditions** are fulfilled.（これらの**条件**を満足しなければ）▶ unless の用法
- □ Sufficiency of the optimality **conditions** can sometimes be established on the basis of variational principles.
（最適化の**条件**の十分性は，変分原理に基づいて確立できることもある）▶ 十分，基づく，数学
- □ Under suitable **conditions**, equilibrium is established.
（適切な**条件**の下で，釣合いが確立される）▶ 釣合い
- □ tighten individual bolts under good **conditions** using torque control
（トルク法を使って良い**条件**の下で個々のボルトを締め付ける）
- □ The heat conduction problem is solved subject to an initial **condition** and boundary **conditions** on all portions of the surface A.（熱伝導の問題は，表面 A のすべての部分における初期**条件**と境界**条件**に対して解かれる）▶ 問題，解く，subject to の用法，初期の
- □ on **condition** that ...（…という**条件**の下に）
- □ The converge **criterion** used for the numerical work is that ...
（数値解析に使われる収束**条件**は…である）▶ 数値解析
- □ with the theory used as a **criterion** for yielding
（降伏**条件**（基準）として使われる理論により）▶ with の用法，criteria（複数）
- □ What the **criteria** will be for the analysis?（その解析に対する**基準**はなにか？）
- □ the basic **premise** of design（設計の基本的な**前提**）
- □ the stress **requirement**（応力の必要**条件**）
- □ subject to ...（…を条件として，…を受けて）▶ be subjected to：受けている

■ under（条件）の用法

- □ under conditions of ...（…の条件の下で）
- □ under these conditions（これらの条件下では）
- □ under normal conditions（通常の（正常な）条件下で）
- □ under comparable conditions（類似の条件下で）
- □ under ordinary circumstances（通常の状況の下で）
- □ under fierce competition（激しい競争の下で）
- □ under static conditions（静的な状態で）
- □ under chatter free conditions（機械などのビビリのない条件で）▶ 否定

□ under loads well below its yield strength（降伏強度より十分低い荷重の条件で）

□ under the foregoing assumptions（前述の仮定の下で）▶ 前の，仮定

□ under conditions of ordinary service and lubrication（通常の運転と潤滑条件の下で）▶ 通常

■ under（…を受けて）の用法

□ under pressure（圧力を受けて）▶ 圧力

□ ... under pure tensile load（純粋な引張り荷重を受けている…）

□ under various combinations of alternating loading
（さまざまな繰り返し荷重の組み合わせの下で）

□ The flange will dimple and bend under the contact load.
（フランジは接触荷重を受けて，くぼんで曲がるだろう）

□ extend the life of the joint under vibration（振動を受ける継手の寿命を延ばす）

■ 境界条件

□ They vanish as a result of the **boundary conditions**.
（その**境界条件**のために消滅する）▶ 消える，as a result of の用法

□ by imposing insulated **boundary conditions**（断熱の**境界条件**を課すことにより）

□ proper application of **boundary conditions**（**境界条件**の適切な適用）

□ the two-dimensional wall of Fig.1 exposed to a convection **boundary condition**
（対流熱伝達の**境界条件**にさらされた図 1 に示した二次元形状の壁）▶ さらす

□ It requires both geometric and **boundary condition** symmetry.
（形状および**境界条件**がともに対称であることが要求される）▶ both の用法，対称

□ to model realistically environmental **boundary conditions**
（環境の**境界条件**を現実的にモデル化するために）▶ 現実的に

組み合わせ

■ 組み合わせ

□ **combination** of materials（材料の**組み合わせ**）

□ in all **combinations**（すべての**組み合わせ**において）

□ in **combination** with large time increments to speed the solution
（解を早く得るために大きな時間増分と**組み合わせて**）▶ 数値解析

□ The foregoing phenomenon, **combined** with the stress concentration, makes the region susceptible to fatigue failure.（前述の現象は応力集中と**一緒になって**，その領域が疲労破壊を受けやすくする）▶ 挿入の文法，受けやすい

□ angular contact for carrying **combined** axial and radial loads
（軸方向と半径方向の**組み合わせ**荷重を支えるための斜め接触）▶ 角度の，軸方向，半径方向

□ The **union** of S_1 and S_2 forms the complete boundary G.
（S_1 と S_2 を**結合**すると完全な境界 G となる）▶ 形成する，境界条件

■ 組み合わせの表し方

□ a **set** of three taps（3 本**一組**のタップ）

□ This tool is provided in a 5-piece **set**.（この工具は 5 本**一組**で提供される）

☐ Hand-operated taps are made **in sets** consisting of three types of taps.
（手動のタップは 3 タイプのタップを**セットにして**作られる） ▶ consist of の用法

☐ There are four **combinations** of ...（…には 4 種類の**組み合わせ**がある）

☐ Fifteen sensors are **paired up** with 15 bolts.（15 個のセンサを 15 本のボルトと**対にする**）

☐ Every ten persons **form** a group.（10 人で一組を**構成**する） ▶ 構成する

☐ Groups, six persons per group, were **formed** to perform ...
（6 人一組のグループが…を実行するために**構成**された） ▶ 挿入の文法

☐ Cavitation is the **formation** of gas bubbles or cavities in a liquid.
（キャビテーションは液体中で気泡や空洞が**形成される**ことである）

■ 一緒に

☐ It is shown in Fig.1, **along with** the FE solution.
（それは有限要素法の解と**一緒に**図 1 に示されている）

☐ A and B contribute **combinedly** to determine the chip thickness.
（A と B は**一緒になって**切りくずの厚さの決定に対して寄与する） ▶ contribute to の用法

☐ They are organically **combined** in order to accomplish one specified purpose.
（それらは一つの特定の目的を果たすために有機的に**結合**されている） ▶ 有機的，成し遂げる

☐ Surface corrosion may **combine** with static or fatigue stresses to produce a more destructive action.（表面の腐食は静的応力や疲労応力を**一緒になって**，より破壊的な作用を生じるかもしれない） ▶ 腐食，静的，疲労，破壊的

■ others

☐ They can be **synthesized** by summing or integrating harmonic responses.
（それらは周波数応答を足し合わせるか積分することにより**合成する**ことができる） ▶ 合計する

☐ Two actuators are **bonded** to the structure and **wired** to an analyzer.
（二つのアクチュエータが構造物に**くっつけられ**，分析器に**配線**される）

残り，追加

■ fundamentals

remain（残っている，のままである），remainder（残り），rest（残り），extra（余分の，余分），excess（過剰，超過），surplus（余り，余った），spare（予備品，余分の），excessive（過度な），additional（追加の，特に余分の）

■ 残り

☐ The only **remaining** term is ...（唯一**残った**項は…である） ▶ 数学

☐ It would not lose 90% of the **remaining** 10%.（**残った** 10% の 90% を失うことはないだろう）

☐ A portion is transmitted through ...; the **remainder** is transmitted through ...
（一部は…によって伝達され，**残り**は…により伝えられる） ▶ 伝導する，「；」の文法

☐ in the **remainder** of this chapter（この章の**残りの部分**において）

☐ Much research **remains** to be done.（多くの研究が**残った**ままである） ▶ much の用法

☐ the **rest** of the work（仕事の**残り**） ▶ 仕事

☐ Part of the light is reflected and the **rest** moves into the other medium.

（光の一部は反射され，**残り**はほかの媒体に入っていく）▶ 反射

□ retained preload and **residual** preload（保持された軸力と**残留**軸力）▶ 保つ

■ 余裕

□ We have limited time to examine it again.
（もう一度検討するための時間は限られている（時間的**余裕**がない））▶ 制限

□ There is not sufficient time to ...（…のための時間的**余裕**がない）▶ 十分

□ We have not enough money to buy ...（…を購入する金銭的**余裕**がない）

□ Because we do not have enough **space** to describe everything about A, ...
（A についてすべてを記述するための（紙面の）**余裕**がないので）▶ 記述する

□ **allow** extra hours in addition to the actual working hours
（正味の作業時間に加えて余分の時間を**取っておく**）▶ in addition to の用法

□ If they are going to lose 50%, we put in an **extra** 50% to start with, assuming that ...
（もし 50% が失われるなら，…と仮定して最初に 50% **余分**に与えておく）▶ put in と to start with の用法

□ The transformation itself is an **added** cost.（変換そのものに**余分に**費用がかかる）▶ コスト

■ 追加

□ **additional** capacity（**追加の**容量）

□ It is used for an **added** factor of safety.（**追加の**安全係数として使われる）

□ **Another** way to insert prescribed nodal variables into system equations is ...
（系の式に規定の（有限要素の）節点変数を挿入する**もう一つの**方法は…）▶ 挿入，規定の

範囲

■ range（名詞）の用法

□ over the related **ranges**（関係する**範囲**において）

□ over the **range** from A to B（A から B の**範囲**において）

□ over the normal **range** of C between 6 and 8.（6 と 8 の間の C の正常な**範囲**において）▶ 正常

□ over a broad **range** of joint friction（継手の摩擦の幅広い広い**範囲**にわたって）▶ 広い

□ over a wide **range** of variables commonly found in most applications
（大抵の応用例でよく見られる広い**範囲**の変数について）

□ within the related stress **range**（関連する応力の**範囲**では）

□ the extremes within this **range**（この**範囲**内における極値）▶ 数学

□ It is usually specified in the **range** of 0.1 to 0.2.（それは通常 0.1 と 0.2 の**範囲**で規定される）

□ These life values can vary over **ranges** between 5:1 to 10:1.
（これらの寿命は 5：1 ～ 10：1 の**範囲**で変化する）▶ 寿命

■ range（動詞）の用法

□ It **ranges** from perhaps 0.7 to 0.9.（おそらく 0.7 ～ 0.9 の**範囲**に及ぶ）▶ perhaps の用法

□ Coefficients of friction commonly **range** from 0.04 to 0.1.
（一般に摩擦係数は 0.04 ～ 0.1 の**範囲**に及ぶ）▶ 一般に

□ Material thicknesses **range** from about 0.04 to 0.75 inch.
（材料の厚さはおよそ 0.04 ～ 0.75 インチの**範囲**にわたっている）

□ The ratio of fatigue strength to static tensile strength **ranges** between 0.25 to 0.5.
（疲労強度と静的引張強度の比は 0.25 ～ 0.5 の**範囲**に及ぶ）▶ 比率

□ ... with μ **ranging** from 0 to 0.4.（μ は 0 ～ 0.4 の**範囲**で変化して）▶ 変化

□ ..., **ranging** from as little as 6 to as much as 23.
（最低 6 から最大 23 の**範囲**に及んで…）▶ as little as と as much as の用法

□ ..., **ranging** from 10:1 up to 100:1.（10：1 から最大で 100：1 までの**範囲**に及んで…）

□ They are available in sizes **ranging** from A to B.
（それらは A から B までの**範囲**の寸法が入手できる）▶ in sizes の用法

■ others

□ vibration **levels of** 500 **through** 2,000 m/s^2（(加速度が) 500 **～** 2 000 m/s^2 **の振動レベル**）

□ ... as discussed **in** Chapters 5 **through** 11（5 **～** 11 **章で**議論したように）

□ Accordingly, a safety factor **of** 1.1 **to** 1.5 is usually appropriate.
（したがって 1.1 ～ 1.5 **の範囲の**安全率が一般に適切である）

□ If they **fall out of** the two limit lines, ...（もし二つの限界線（の**範囲**）**から外れる**なら）

□ This **falls** well **within** the allowable bearing stress of 335 MPa.
（これは 335 MPa という許容される軸受応力の**範囲内に**十分**収まる**）

段階

■ 例文

□ **in steps**（**段階的に**）

□ the first **step** in trying to understand ...（…を理解しようとする最初の**段階**）

□ as a first **step** in the selection of analytical procedure
（解析手順を選択する最初の**段階**として）

□ ... is performed in the following three **steps**.（…は以下の 3 **段階**で実行される）▶ 実行

□ make a full turn by rotating 45° at a **step**
（1 **ステップ**当り 45° 回転させて目一杯回す）▶ 回転

□ at this **point** in the process（工程のこの**時点**において）

□ at this **stage** of the investigations（調査（研究）のこの**段階**において）

□ Readers may at this **stage** seek to ...
（この**段階**で読者は…しようと努めるだろう）▶ 挿入の方法，努める

□ They are often tightened **in stages**.（それらはしばしば**段階的に**締め付けられる）

□ for three **levels** of gasket thickness, 0.1, 0.15, 0.2 inch
（0.1，0.15，0.2 インチの 3 **段階**（水準）のガスケット厚さに対して）▶ levels of の用法

□ They are displayed by the same program as a **gradation** of colors.
（それらは同じプログラムを使って色の**段階**（濃淡）により表示される）▶ 表示

制限

■ fundamentals

limit（制限する，限界），restrict（制限する），restriction（制限），impose（課す，押し付ける），restrain（抑制する），restraint（拘束），constrain（強いる，束縛する），constraint（制限），confine（制限する，閉じ込める），place a restriction（制限する），put a limitation of（を制限する）

■ limit の用法

□ under the given **limitations**（与えられた**制限**の下で）▶ under の用法

□ the **limitations** imposed by the assumptions that ...
（…という仮定により課される**制限**）▶ 仮定

□ We must be aware of accuracy **limitations.**
（精度の**限界**に気づかなければならない）▶ 気づく，精度，限界

□ Space **limitations restrict** both clutches to about the same outside diameter.
（空間の**制限**のために，両方のクラッチの外径をほぼ同じに**制限する**ことになる）

□ beyond a driver's physiological **limits**（運転者の生理学的な**限界**を超えて）

□ We **limit** the analysis to two-dimensional systems for the present.
（さしあたり解析は二次元のシステムに**限定**する）▶ 解析，for the present の用法

□ They are **limited** in available number. / Their availability is **limited.**
（手に入る数に**制限**がある）▶ available の用法

□ ... is preferable in applications where space is **limited.**
（…はスペースが**限られている**ところへの適用が望ましい）▶ 望ましい

□ The deformation is **limited** to a very small region.
（変形は非常に狭い領域に**限定**される）▶ 領域

□ The experimental tests were **limited** entirely to 2-inch steel bolts.
（実験による試験は完全に2インチの鋼製のボルトに**限定**された）▶ まったく

□ Rigid couplings are **limited** in their applications to the usual cases where ...
（剛性の高い継手は…のような通常の場合に適用が**制限**されている）▶ 適用

□ Therefore, until recently, uses of underwater welding had been **limited** to temporary repairs.（それゆえ，水中溶接の使用は最近まで一時的な補修に**限定**されていた）▶ 最近まで，修理

□ It is postulated that failure occurred because the material is **limited** by its inherent capacity to resist shear stress.（破損は，材料がせん断応力に抵抗するその固有の容量によって**制限**されるために起こったと仮定される）▶ 書き出し，仮定，固有の，抵抗する

□ ... is virtually **unlimited.**（…は事実上**無制限**である）▶ 事実上

□ Carbon fiber is **limitedly** used.（カーボン繊維は**限定的に**使用されている）

■ restrict ほか制限の用法

□ relax **restrictions** on ...（…に対する**制限**を緩める）

□ remove **restrictions** on ...（…に対する**制限**を外す）

□ **Restriction** is mild.（**制限**は緩やかである）

□ This **restriction** automatically **limits** our choice of ...（この**制約**は自動的に…の選択を**制限する**）

□ If time **constraints** are too tight, then ...

（もし時間の**制約**が厳しすぎるのであれば…）▶ 程度，too の用法

□ Space **restrictions limit** the outside disk diameter to 10 mm.
（空間の**制約**が外側のディスクの直径を 10 mm に**制限する**）

□ The development of new products is **restricted** by time.（新製品の開発は時間に**制限**がある）

□ All selections of the parameter *A* must be **restricted** according to ...
（パラメータ *A* のすべての選択は…に従って**制限**されなければならない）▶ 選択，according to の用法

□ Requirements for power supply become less **restrictive**.
（動力供給に対する必要条件はより小さな**制限**となっている）▶ requirement と less の用法

□ The necessary sign changes in Eq.(1) are **confined** to row 3.
（式（1）において必要な符号変化は 3 行目に**限定**される）▶ 必要な，数学

■ 拘束

□ If we place **restraints** on ...（もし…を**拘束**すると）

□ a nut **constrained** from movement in the *z* direction（*z* 方向の動きが**拘束**されたナット）

□ The nut is rigidly **restrained**.（ナットはしっかりと**拘束**されている）

□ If the element is fully **restrained**, ...（もし要素（の動き）が完全に**拘束**されると）▶ 完全

□ If **restraints** are placed on the member during temperature change, ...
（温度が変化する間，もし部材を**拘束**すると）▶ place on の用法

□ The stress will be zero throughout if there is no **restraint** of displacements.
（変位を**拘束**しなければ，応力はあるゆる場所で零となるだろう）▶ no の用法

■ 課す

□ **imposed** temperature on the boundary（境界上で**規定**した（課した）温度）▶ 温度

□ **Imposing** extremely tight tolerances ...（極端に過大な公差を**課す**ことは…）▶ 極端に

□ This is done by **imposing** additional boundary conditions along the edges.
（このことは端に沿って追加の境界条件を**課する**ことによりなされる）▶ 追加の

□ ... **imposes** no special difficulties.（…に特別な難しさはない（**課す**ことはない））

□ It would normally **entail** post-weld heat treatment.（通常は溶接後の熱処理を**課する**だろう）

■ others

□ **inhibit** the loosening phenomenon（ゆるみ現象を**抑制する**）▶ 現象

□ The pole is **fixed** at the bottom.（棒は底で**固定**されている）

□ **supports** like the grounding indicated by the hatch in Fig.1
（図 1 にハッチングで示した接地のような**土台**）▶ ハッチング

□ It is **fixed** by means of ...（…により**固定**される）▶ by means of の用法

□ Elimination of the end **fixity** would eliminate ...（端部の**固定**がなくなると…がなくなる）

□ to **hold** parts together in opposition to forces tending to pull.
（引っ張るにように作用する力に対抗して部品を**固定する**ために）▶ 手段，in opposition to の用法

□ ... is **trapped** between A and B.（…は A と B の間で**計略**（仕掛け）**によって捕らえられる**）

□ **Seizure** of the moving parts will occur.（可動部品の**焼き付き**（拘束）が起こるだろう）

□ ..., **narrowing** our view to a set of problems associated with structural mechanics.
（視点を構造力学に関係のある一連の問題に**限定する**）▶ associated with の用法

□ The computed values will grow **without bound** as time increases (as time goes by).

（計算値は時間の経過につれて**際限なし**に大きくなるだろう）

順序

■ fundamentals

order（順序，順番），procedure（手順，順序），in this order（この順序で），in regular order, in correct order（正しい順序で），in the reverse order（逆の順序で），in a given sequence（与えられた順序で），in a prescribed sequence（決められた順序で），successively, in consecutive order（連続的に，つぎつぎと），according to the order of（の順序で），in no particular order（順序不同で），irregularly（不規則に），disorderly（無秩序に），in order of increasing severity（厳しくなる順番に），one after another（つぎつぎと），in turns（人が代わるがわる），primarily（第一に，最初に），firstly（最初に），secondly（二番目に，つぎに）

■ 順序

□ **procedure** of operation（操作の**順序**）

□ **order** of assembly（組み立て**順序**）

□ follow the fixed **order**（決められた**順序**に従う）

□ They are arranged in necessary **order**.（必要な**順序**に並べられている）

□ rearrange in an certain order（ある**順序**で再配列する）

□ Switches were turned on in a wrong **order**.
（間違った**順序**でスイッチが入れられた）▶ wrong の用法

□ The following materials are listed in decreasing **order** of resistance to cavitation damage.
（以下の材料は，キャビテーションの損傷に対する抵抗が下がる**順序**に並べられている）▶ 損傷

□ Ranking various materials according to their forgibility gives us the **order** of aluminum alloy, magnesium alloy and carbon steel.（さまざまな材料を鍛造性に従ってランク付けすると，アルミニウム合金，マグネシウム合金，炭素鋼の**順序**になる）▶ ランク，according to の用法

■ 順番

□ Stud 1 was tightened **first** and stud 5 was tightened **second**.
（スタッド１を**最初に**，スタッド５を**２番目に**締めた）

□ The **last two** are used for materials that ...（**最後の二つ**は…のような材料に使われる）

□ The **penultimate** step in our derivation of the element stiffness matrix is ...
（有限要素の剛性マトリックスの誘導において，**最後から２番目**ステップは…）

□ **End** of chapter exercises provides ...（章の演習問題の**最後**の内容は…）▶ provide の用法

□ Copper is **second** to iron in importance among the metals.
（金属の中で銅は鉄の**つぎに**重要である）▶ in importance の用法

□ in order to settle the problems which occurred **one after another**.
（**つぎつぎと**起こった問題を解決するために）▶ 解決する

□ Return to step 2 and repeat this procedure for **one** element **after another** until all elements have been treated.（ステップ２に戻ってすべての要素が処理されるまで，**順番に**各要素に対してこの手順を繰り返す）▶ 繰り返す，手順

□ The obtained results are **sequentially** plotted on the chart.
（得られた結果は**順次**チャートにプロットされる）

□ Figure 1 shows the **successive** mesh refinement.
（図 1 は**順番に**（連続的に）メッシュを細かくしていく様子を示している）

□ the results of a **scrambled** bolting sequence（**あちらこちら**とボルトを締め付けていった結果）

繰り返し，回数

■ 繰り返し

□ **repeated** stress, **repeated** load（**繰り返し**応力，**繰り返し**荷重）

□ a **repeat** test（**繰り返し**試験）

□ **repeat** the same calculation many times（同じ計算を何度も**繰り返す**）

□ **repeat** the above steps（前述のステップを**繰り返す**）

□ However frequently we may **repeat** it ...（どんなにそれを**繰り返し**ても）▶ 頻度

□ Return to step 3 and **repeat** this procedure.（ステップ 3 に戻ってこの手順を**繰り返す**）

□ with every observation **repeated**（すべての観測を**繰り返す**ことにより）▶ with の用法

□ The notation that appeared in Eq.(1) shows that the summation of **repeated** subscripts is implied.（式 (1) の記法は，**繰り返される**下付き記号の総和を意味する）▶ implied の用法

□ a **repeating** segment of the member（部材の中で**繰り返される**部分）

□ number of **repetitions**（**繰り返し**数）

□ The number of **cycles** to steady state decreases with initial load.
（定常状態までの**繰り返し**数は初期荷重に従って減少する）▶ 減少

□ **alternating** bending stress（交番（**繰り返し**）曲げ応力）

□ all combinations of **reversed** biaxial loading
（**繰り返し**（反転する）2 軸荷重のすべての組み合わせ）▶ 逆の，組み合わせ

□ Therefore, for the first **iteration** the load acting on the component is ...
（したがって，最初の**繰り返し**に対して部品に作用する荷重は…である）▶ 作用する

■ 回数

基本 every other day, every second day（1 日おきに），every few weeks（数週間おきに），every six hours（6 時間おきに）

□ apply the glue **ten times**（接着剤を **10 回**塗る）

□ repeat ... **two to three times**（…を **2，3 回**繰り返す）

□ The test is repeated **100 times**.（その実験は **100 回**繰り返される）

□ The test specimen does not break even over 10^9 **cycles** of ...
（その試験片は…を 10^9 回以上**繰り返し**ても壊れない）▶ 壊れる，even over の用法

□ tighten these bolts two **at a time**（これらのボルトを**一度に** 2 本締め付ける）

□ examine the effect of **primary**, **secondary**, **tertiary**, and **quaternary** applications
（1 回目から 4 回目までの適用例の効果を調べる）

役割，機能

■ 役割，役目

□ It **serves to** minimize surface scratches.（表面のかき傷を最小にする**役割をする**）▶ 最小

□ a bolt **serving to** restrain relative sliding of two plates
（2枚の板の相対滑りを拘束する**役目**をするボルト）▶ 拘束

□ Grease also **serves to** prevent harmful contaminants.
（グリースは有害な汚染物質を防ぐ**役目**もする）▶ 防ぐ，有害な，汚染物質

□ ... that **serves as** a basis for stress evaluation（応力評価の基礎の**役割をする**…）

□ The threaded region of the connector performs the dual **function** of ...
（コネクタのねじ部は…という2重の**役目**を果たす）▶ 果たす，二重の

■ 機能，機能する

□ bonding adhesives **function**（結合用接着剤の**機能**）

□ The **function** of a clutch is to permit the smooth, gradual connection and disconnection of two members having a common axis of rotation.
（クラッチの**機能**は，共通の回転軸を持つ二つの部材に対して，滑らかでゆるやかな連結／切断を可能にすることである）▶ permit の用法，次第に，回転

□ It must be interchangeable to **function** properly and reliably.
（適切かつ確実に**機能**するために，それは互換性がなければならない）▶ 互換性，確実に

□ One of the main attractions of ... is its ability to **function** at temperatures of 700 °F.
（…のおもな魅力の一つは，700 °F でも**機能**するという能力である）▶ 魅力

□ **function** by biting into the head of the fastener
（締結部品の頭部に食い込むことにより**機能**する）▶ かみつく

■ さまざまな機能

□ Machining centers are **versatile** machine tools.（マシニングセンタは**多機能**な工作機械である）

□ It is selected because of its **versatility** in handling a wide range of deflection problems.
（広い範囲のたわみ問題を扱う場合の**多機能さ**ゆえに選ばれる）▶ 扱う，a wide range of の用法

□ The screw is **reversible** in that linear motion can be converted to relatively rapid rotary motion in applications where ...（…のような応用事例において，直線運動を相対的に速い回転運動に変換できる点において，ねじは**可逆**である）▶ 可逆，in that の用法，変換

□ New machines require new levels of high precision and high **dexterity**.
（新しい機械は新しいレベルの高い精度と高度な**器用さ**を必要とする）▶ 精度

指針

■ 例文

□ Some general **guidelines** will be found in Chap. 10.
（いくつかの一般的な**指針**は10章にある）▶ 一般的な

□ a **guideline** that helps the less experienced workers
（より経験が少ない作業者を助けるような指針）▶ less experienced の用法

□ It serves as a rough **guide**.（およその**指針**として役立つ）▶ 務める

□ A rough **guide** is to use Cr equal to about 1.25% for 50% reliability.（およその**指針**は，50％の信頼性のために 1.25％程度のクロムを使うことである）▶ 値，about の用法，信頼性

□ The value is not directly **indicative** of the relative severity of the root stresses.（その値は谷底応力の相対的な厳しさを直接示す（直接の**指針**）ものではない）▶ 厳しさ

□ Table 1 is included only to give you a rough **idea** of ...（表 1 は…に関する大ざっぱな**考え方**を与えるためだけのものである）▶ included と only の用法

観点

■ …の観点から

□ from the **viewpoint** of ...（…の**観点**から）

□ from an entirely new **viewpoint**（まったく新しい**観点**から）▶ 完全に

□ in the **view** of ...（…の**見地**からすれば）

□ in my **view**（私の**考え**では）

□ from the engineering **point of view**（工学の**観点**から）

□ from the material **point of view**（材料の**観点**から）

□ from a different **standpoint**（違った**観点**から）

□ from the **standpoint** of education（教育**の観点**から）

□ from a medical (mathematical) **standpoint**（医学的（数学的）**観点**から）

■ 例文

□ With regard to this **view**, I once gave a presentation.（この**見解**について（関して），私は一度講演している）

□ ... considering from such a **viewpoint**（そのような**観点**から考えると）▶ そのような

□ The matters mentioned so far can be put together to form the following **viewpoint**.（ここまで述べた事柄をまとめて，つぎのような**観点**を形成することができる）
▶ 事柄，so far と put together の用法

□ ... is of importance **from the point of view** of separating various compounds.（…はさまざまな化合物を分離するという**観点から**重要である）▶ of + 名詞の用法，分ける

□ This unique design provides more desirable characteristics **in terms of** reliability, robustness to damage.（この独特の設計は，信頼性，損傷に対するロバストさ**の点から**，より望ましい特性を提供する）▶ 独特の，望ましい，特性，信頼性

経験

■ 経験，経験する

□ **Experience** shows (indicates) that ... / Common **experience** indicates that ...（**経験**によると…である）▶ 書き出し

□ an **empirical** procedure（**経験的**手法）

□ It is entirely **empirical**.（それはまったく**経験的**なものだ）▶ entirely の用法

□ The stresses given in Table 1 have been established **empirically**.
（表 1 の応力は**経験的に**確立されたものである）▶ 確立

□ Our **experience** indicates that A is slightly larger than B.
（われわれの**経験**によると A は B よりわずかに大きい）▶ わずかに

□ The engineer must be a person of sound judgment and wide **experience**.
（その技術者は正常な判断力と幅広い**経験**を持つ人材でなければならない）▶ sound の用法，判断

□ Some of the **experience** will be conveyed by the examples considered in this book.
（その**経験**のいくらかは，この本で検討された例によって伝えられるだろう）▶ 伝える

□ accumulate **experience**（**経験**を積む）

□ They have accumulated **experience** enabling them to arrive at empirical values of A.
（彼らは自らが A の経験的な値に到達できるように**経験**を蓄積した）▶ 蓄積

□ **experience** an increase in ...（…の増加を**経験する**）

□ The phenomenon occurs when surfaces pressed together **experience** slight relative motion.（その現象は，押し付けられた表面がわずかに相対運動**をする**ときに起こる）▶ slight の用法

□ Sliding bearings used with crankshafts **experience** hydrodynamic lubrication during normal operation.
（クランク軸に使われる滑り軸受は，正常な運転状態では流体潤滑**となる**）▶ used with の用法，運転

□ It **sees** only a small increase in ...（…のほんのわずかな増加を**経験する**）▶ 増加

■ 出くわす

□ ..., where large liquid static pressure gradients are **encountered**.
（そこでは大きな液体の静的圧力の勾配に**出くわす**（直面する））▶ 勾配

□ ... when elevated belt temperatures are **encountered**.（高いベルト温度に**遭遇**したとき）

都合

■ fundamentals

favorable（好都合な），advantageous（都合の良い，有利な），convenient（便利な），suitable（適切な），unfavorable（不都合な），inconvenient（都合の悪い，不便な），unsuitable（不適切な），disadvantageous（不都合な），favorably（都合よく），fortunately（幸運に），conveniently（都合よく，便利に）

■ 例文

□ **for reasons of** one's work（仕事の**都合上**）

□ **owing to** the expenses involved（経費の**都合**で）▶ 原因，involved の用法

□ owing to unavoidable **circumstances**（やむ得ない**事情**により）

□ in view of **circumstances**（**周辺の事情**を考えると）

□ due to the **circumstances** of the other party（先方の**都合**のために）▶ 原因，先方

□ I will accept this work according to the **circumstances**.
（**事情**に応じてこの仕事をお引き受けします）▶ 引き受ける

□ The experiments will be postponed **on account of** the necessary preparation.
（必要な準備**のために**，実験は延期されるだろう）▶ 延期

□ It is **convenient** to ...（…することは**都合が良い**）
□ ... is **conveniently** formulated.（…は**都合よく**定式化できる）

注意

■ attention の用法

□ In these tests particular **attention** is being paid to the effects of ...
（これらの試験では…の効果に特別な**注意**が払われている）▶ being の用法
□ Particular **attention** should be given to the following problems.
（以下の問題に特に**注意**すべきである）
□ This problem has received new **attention**.（この問題は新たに**注目**を集めている）
□ We restricted our **attention** to linear second-order partial differential equations.
（われわれは線形二階の偏微分方程式に**注意**を限定した）▶ 制限，数学
□ focus the **attention** on ...（…に**焦点**を合わせる）▶ focus ... on の用法
□ We may focus our **attention** on a single element.
（一つの要素に**注目する**かもしれない）▶ single の用法

■ care，careful ほかの用法

□ **Care** was taken to ensure that ...（…を保証する（確実にする）ために**注意**を払った）
□ **Care** was taken that no more pressure than what was required had been produced.
（必要以上の圧力が発生しないように**注意**を払った）▶ no more ... than の用法
□ ... which must be **carefully** stipulated.（**注意深く**規定しなければならない…）▶ 規定する
□ It will be explained in **careful** detail.（それは**注意深く**詳細に説明されるだろう）▶ 詳細に
□ This is a good time to give a word of **caution**.（**注意**するには良い機会だ）▶ 機会
□ by offering a word of **caution** to the students（学生に**注意**の言葉を与えることによって）
□ The **remarks** regarding the independence of coordinates apply once again.
（座標の独立性に関する**注意**（所見）を再び適用する）▶ regarding の用法，もう一度
□ The machine had **inadvertently** been lubricated.（その機械は**不注意に**潤滑されていた）

間違い

■ fundamentals

fault（欠点，誤り，落ち度），error（真実からそれた誤り，考え違い），mistake（不注意などから生じる誤り），make a mistake, mistake, make an error（誤る，間違える），by mistake（間違って），mistaken（誤った，間違えた）

■ 例文

□ The assumption is found to be in **error**.（その仮定は**誤り**であるとわかる）▶ 仮定
□ There might be an **error** somewhere in my theory.
（私の理論にはどこかに**間違い**があるかもしれない）▶ somewhere の用法
□ The programmer is alerted to any **errors** before they occur.
（プログラマーは，それらが起こる前にあらゆる**間違い**に対して警告を受ける）▶ 警告，any の用法

□ due to plain **mistakes**（単純な**ミス**によって）▶ plain の用法
□ The recording data was erased **by mistake** up to a point where ...
（その録音データは，…のところまで**誤って**消されてしまった）▶ 消す，up to と a point where の用法
□ It is a popular **misconception** based on the fact that ...
（それは…という事実に基づいたよくある**思い違い**です）▶ based on の用法
□ The **fallacy** lies in the suggestion that ...（**誤った推論**は…という提案の中にある）▶ lie in の用法
□ **wrong** input data（**間違った**入力データ）

3. よく使う動詞的表現（Part-II）

始める，開始する

■ fundamentals

begin, start（始める，取りかかる），commence（開始する，始める），initiate（始める，着手する），originate（始まる，起こる），onset（開始，始まり），threshold（開始点）

■ 始める

□ Application to mechanics **begins with** ... and progresses to ...
（力学への応用は…**で始まり**，…に進む）
□ The diagrams **begin with** applying input torque to the sun gear.
（その図表は入力トルクを太陽歯車に与えるところ**から始まる**）
□ It **starts** to increase with increasing ambient temperature.
（周囲温度の上昇とともに増加し**始める**）▶ with increasing ... の用法，周囲の
□ ..., **starting with** an analysis of working loads.（作用荷重の解析**から始めて**）▶ 動詞 + ing の用法
□ Let's see how we use this definition, **starting with** the concept of ...
（…の概念**から始めて**，この定義の使い方を見てみよう）▶ how の用法
□ ..., and numerical integration has to be **restarted**.
（そして数値積分を**再開**しなければならない）▶ 数値解析
□ When we **set our hand to** an unknown field, ...（未知の分野に**着手する**とき）▶ 未知の
□ **set out** to dispel the fears that ...（…の恐れの払拭に**着手する**）▶ 不安，追い払う

■ 開始する

□ at the **start** of measurement（測定**開始**時に）
□ just after the **start** of heating（加熱**開始**直後）▶ just after の用法
□ **start** the production of ...（…の生産を**開始する**）
□ prior to the **onset** of actual part breakage（実際の部品の破損の**開始**前に）▶ prior to の用法
□ The failure usually **initiates at** ...（破損は通常…**から始まる**）
□ A fatigue failure **originates from** the weakest point.（疲労破壊は最も弱い箇所**から開始する**）
□ tighten the fasteners to the **threshold** of yield.（降伏の**開始点**までねじ部品を締め付ける）
□ ... when it reaches a predetermined **threshold** value.
（あらかじめ決められた**開始の**値に達すると）▶ 前もって決めた

□ Torque is applied until a specified **threshold** level is attained.
（トルクは規定の**開始点**レベルに到達するまで与えられる）▶ 規定の，attained の用法

□ The data has been recorded with a record **threshold** of 27 N·m.
（そのデータは 27 N·m を記録**開始点**として収録された）▶ with の用法，実験

進む

■ 例文

□ As the tests **progressed**, ...（試験が**進む**につれて）

□ Efforts are currently **in progress** to develop a fully automated system.
（完全な自動化システムを開発するために，現在努力を**続けている**）▶ 努力，currently の用法

□ We can **proceed** in one of several ways.
（いくつかあるうちの一つの方法で**前に進む**ことができる）▶ 方法

□ **Proceeding** on the assumption that ...（…という仮定に従って**進むと**）▶ 仮定，書き出し

□ Using Eq.(1) and **proceeding** as in the derivation of Eq.(2), we have ...
（式（1）を使い，式（2）の誘導と同じよう**進めていくと**…を得る）▶ 誘導

□ Assembly of the element equations **proceeds** as usual, resulting in the following system equations.（(有限) 要素の方程式の組み立ては通常どおり**進行し**，結果として以下のような系の方程式となる）▶ 組み立て，as usual と result in の用法

動く

■ 動き，動く

□ ... through a short **movement**（わずかな**動き**で）▶ through の用法

□ The latter tends to give smoother **action**.（後者のほうが滑らかな**動き**をする）▶ 後者，滑らか

□ **Motion** is seen as the exchange of linear and angular momentum.
（**運動**は線形の運動量と角運動量の交換として見られる）▶ 線形，角度の

□ **move** randomly（不規則に**動く**）

□ **move** ... from point A to point B along the path C
（…を点 A から点 B まで経路 C に沿って**動かす**）▶ 経路

□ **move** a distance S in the perpendicular directions（垂直方向に S だけ**移動する**）▶ 垂直の

□ The block would **walk** its way to the bottom of the plane.
（そのブロックは面の底まで**移動する**だろう）

□ with the clutch **actuated**（そのクラッチを**動作**させて）▶ with の用法

□ Some water was **siphoned** from the tank into a test tube.
（いくらかの水がタンクから試験管に**吸い上げ**られた）

□ ... as in an elevator being **lowered** or an automobile **descending** a hill.
（エレベータの**降下**や自動車が丘を**下る**ときのように）▶ as in と being の用法

□ ..., causing the cylinder to **bang** back and forth.
（シリンダを前後に**ぶつけて**）▶ causing と back and forth の用法

■ 回転，回転する

□ It can be related to the shaft **rotation** by an equation such as ...
（…のような式に使って，それは軸の**回転**と関係付けられる）▶ 関係

□ with continuous **rotation** of the nut（ナットを連続的に**回転させて**）▶ with の用法

□ two members having a common axis of **rotation**（共通の**回転**軸を持つ二つの部材）▶ 共通

□ The number of **revolutions** is readily convertible into hours of life.
（**回転**数は簡単に寿命時間に換算できる）▶ 容易に，換算，寿命

□ the amount of **turn** required（必要とされる**回転**数）▶ 量，required の用法

□ Both torque and angle of **turn** must be monitored.
（トルクと**回転**角度の両方を監視しなければならない）▶ 監視，both の用法

□ ... is the total **turn** applied to the nut after snugging.
（…は（座面が）密着した後，ナットに与える全**回転**（角度）である）

□ This was done to eliminate flange **rocking**.
（これはフランジの回転（**揺れ**）を除去するためになされた）▶ 除去

□ **rotate** clockwise (anticlockwise)（右回り（左回り）に**回転させる**）

□ Moment M causes plane A to **rotate** through angle B to new position C.
（モーメント M は面 A を角度 B だけ**回転させて**新しい位置 C に移動させる）

□ The nut will **turn** with respect to the bolt only if some “antifriction force” exceeds the thread-to-thread friction force.（ナットは耐摩擦力がねじ山間の摩擦力を超えたときのみ，ボルトに対して**回転する**だろう）▶ with respect to の用法，超える

作用する，受ける

■ fundamentals

action（作用），act（動く，作用する），agency（作用，手段），exert（及ぼす），undergo（受ける，経験する），subjected to（を受ける），subject to（を受けやすい），carry（支える，運ぶ）

■ 作用

□ by the **action** of a weight（おもりの**作用**で）

□ under the **action** of an acid contained by ...（…に含まれている酸の**作用**の下で）

□ under electric **action**（電気の**作用**の下で）

□ the combined **action** of corrosion and fatigue loading
（腐食と疲労荷重を組み合わせた**作用**）▶ 複合の

□ ... is produced by the inclined plane **action** of nut threads on bolt threads.
（…は，ボルトのねじ面に対するナットのねじの傾斜面の**作用**によって生じる）▶ 生じる

□ through the **agency** of ...（…の**作用**により）

□ by **pneumatic** or electric nut runners or the equivalent
（**空気駆動**あるいは電動のナットランナーかそれと等価なものによって）▶ 等価

□ The **interaction** is reduced.（**相互作用**が減少する）▶ 作用，減少

□ We need to apply an initial clamping force 30% greater than the in-service force required to accommodate elastic **interactions**.（弾性**相互作用**に適応させるために必要な運転中

の力より，30％大きい初期締め付け力を与える必要がある）▶ greater than の用法，運転中，必要な，適応

□ Complex **interactions** between suspected factors determine ...
（疑わしい因子の間の複雑な**相互作用**が…を決定する）▶ 複雑，疑わしい

□ bolt **cross talk**（ボルト（軸力）の**相互作用**）

■ 作用する

□ **exert** large forces（大きな力を**及ぼす**）

□ the force **exerted** on the joint（継手に**作用する**力）

□ Both plates **exert** (a) shear load.（両方の板がせん断荷重を**及ぼす**）▶ both の用法

□ Even a small part is able to **exert** extremely high surface pressures.
（たとえ小さな部品でも極端に高い面圧を**与える**ことができる）▶ 極端

□ It is equal to the product of the average stress times the area over which it **acts**.
（それは平均応力とそれが**作用する**面積の積に等しい）▶ 積，かけ算，over which の用法

■ 受ける

□ It **is** normally **subjected only to** tension.（それは通常引張り**しか受けない**）

□ This stress **is subject to** varying amounts of relaxation.
（この応力はさまざまな量のゆるみを**受ける**）▶ 量，varying の用法

□ **carry** a specified load P at its free end（自由端で規定の荷重 P を**支える**（受ける））▶ 規定の

□ the way (that) the load is **carried** by the parts（部品が荷重を**受ける**方法）▶ 方法

□ a thin disk **experiencing** plane stress（平面応力を**受ける**薄い円板）

□ Any elastically stressed material **undergoes** a slight change in shape and/or volume.
（弾性的に応力が作用した材料は，どれも形状か体積あるいはその両方について，わずかな変化を**受ける**）▶ わずか，any と and/or の用法

□ If the member **sees** torsion or shear loads, ...
（もしその部材がねじりやせん断荷重を**受ける**（経験する）なら ...）

□ This phenomenon causes more load to be **taken** at ...
（この現象が…においてより大きな荷重を**受ける**原因となる）▶ cause の用法

□ It is sometimes **loaded** in torsion.（それはときどきねじり**を受ける**）

□ It could **withstand** enormous hydrostatic pressures.
（ものすごい静水圧に**耐える**ことができた）▶ 巨大な

■ 圧力が作用

□ using **finger pressure** only（**指で押さえた**だけで）

□ similar fastenings against **high pressure**（**高圧**に対応する同じような締め付け）

□ The air pushes with **greater pressure**.（空気が**より大きな圧力**で押す）▶ greater の用法

供給する

■ fundamentals

supply（供給する，補充する），provide（与える，供給する），furnish（必要なものを与える，供給する），present（贈呈する，示す），apply（適用する，加える），subject（受けさせる，さらす）

■ 供給

□ a short **supply**, an undersupply（**供給**不足）

□ an excessive **supply**, over **supply**（**供給**過多）

□ a source of electric power **supply**（電力の**供給**源）

□ the amount of air **supplied** per unit of fuel（単位燃料当り**供給される**空気量）▶ 量，単位

□ The machine was cut off from the **supply** of ...（その機械は…の**供給**が絶たれた）

□ Since nonmetallic materials have low thermal conductivity, special cooling **provisions** may be required.
（非金属材料は熱伝導率が低いので，特別な冷却の**供給**が必要になるだろう）▶ 必要

□ **Delivery** of oil to the bearing at pressures above atmospheric pressure will cause increased flow.
（大気圧以上で軸受に油を**供給**すると，流れを増加することになるだろう）▶ 原因，大気圧

■ 供給する

□ **supply** (provide, furnish) a person with ... , **supply** ... to a person（人に…を**供給する**）

□ It is **supplied** from abroad.（それは海外から**供給**されている）

□ Heat is **supplied** to the engine at a high temperature.（熱は高温でエンジンに**供給**される）

□ They will **supply** SAE oil, controlled to an average temperature of 80 degrees.
（平均温度が 80 °C に制御された SAE 規格のオイルを**供給する**だろう）▶ 制御

□ ... by remaining in place to **provide** lubrication.
（潤滑（剤）を**供給する**ために，その場所に留まることによって）▶ remain in place の用法

■ 与える，提供する

□ The torque must be **applied** about the longitudinal axis.
（トルクは縦軸まわりに**与え**なければならない）

□ Equal and opposite forces are **applied** by the planets to the carrier.
（大きさが等しく方向が反対の力が惑星から宇宙船に与えられている）▶ 等しい，逆の

□ It **presents** an insight into ...（それは…に対する見識を**提供する**）▶ 見識

□ The experimentally measured temperatures **provide** confidence in using the FE model to optimize the design.（実験で測定した温度は，設計を最適化させるためにその有限要素モデルを使うことに対して信頼を**与える**）▶ 信頼，最適化

□ **subject** the material to greater amounts of distortion energy
（その材料により大きなねじりのエネルギーを**与える**）▶ greater の用法，量

□ This can be avoided by introducing a small hole along the axis and **assigning** low values to the radial coordinate.（これは軸に沿って小さな穴を設けて，半径方向座標に低い値を**割り当てる**ことによって避けられる）▶ 避ける，導入する，座標

□ This serves to **impart** helpful residual compressive stresses.
（これは有益な残留圧縮応力を**分け与える**役目をする）▶ 役目，有益な

□ This equipment is used except when **replenishing** the chemicals.
（この装置は化学薬品を**補充する**場合を除いて使われる）▶ except when の用法

□ to make an indelible impression（忘れられない印象を**与える**ために）▶ 印象，忘れられない

□ It **offers** liberal opportunity for engineering ingenuity.

（それは工学的な創意工夫に対する自由な機会を**提供する**）▶ 機会，工夫

保つ

■ 例文

□ ... is **held** fixed.（…は固定状態**を保たれている**）▶ 固定
□ **retain** relative position（相対的な位置を**保つ**）
□ We **retain** matrix symmetry.（行列の対称性を**保つ**）▶ 数学，対称
□ percentage of initial pressure **retained**（初期圧力が**保持される**割合）▶ 割合
□ owing to the **retention** of only a finite number of decimal places
（ほんの限られた数の小数の位置を**保持**したために）▶ のために，有限な，小数
□ **maintain** a high level of preload in the fastener（締結要素の高いレベルの予荷重を**維持する**）

続く

■ fundamentals

continue（続く），continuity（継続性），a series of（一連の），a spell of（ひと続きの），subsequently（その後，に続いて），after that, afterwards（その後）

■ 続く

□ ... **continues** to increase.（…は増加し**続ける**）▶ 増加
□ Dr.A and Mr.B **carry on** with their experiment.
（A 博士と B 氏は実験を**続けている**）▶ carry on with の用法
□ The disputes have been **continuing** for as long a period as these ten years.
（その論争はこの 10 年という長い期間に渡って**続いている**）▶ 論争，期間，as long ... as の用法
□ What **follows** is an example of how ...
（以下に**続く**のはどのように…（となるのか）という例である）
□ There **followed** a 10-year spell of inactivity.
（10 年にわたって不活発な時期が**続いた**）▶ 不活発
□ In the **ensuing** chapters（つぎの（**続く**）章では）
□ the **ensuing** (following) development（それに**続く**発展）
□ Chain camshaft drives usually **last for** the life of the engine.
（チェーンによるカム軸の駆動方式は，通常エンジンの寿命期間にわたって**持ちこたえる**）▶ 寿命
□ ..., then **proceed with** the experiment.（それから実験を**続けなさい**）
□ **Subsequent** measurements after a period of two days showed that ...
（2 日間の期間の後に**続けた**計測は…を示した）

■ …に続いて

□ for **continuity** with Chapter 3（第 3 章に**続いて**）
□ **Following** initial tightening, ...（最初の締め付けに**続いて**）
□ The upper end of the line ends at the proportional limit is **followed** closely by the elastic limit.（比例限度の線の端の上限は，弾性限度に接近して**続いている**）▶ 限度。follow の用法

□ The seating stress was raised to Point A, **followed by** further unloading and reloading test.（さらなる除荷と再負荷試験に**続いて**，着座応力は点Aまで上昇した）▶ raise の用法

■ 連続，間欠

□ at **successive** instants of time（**連続した**瞬間において）

□ the **consecutive** set of nodal temperatures at the chosen time increments（任意の時間増分における**連続した**節点温度の集合）▶ 任意の，数値解析

□ For **intermittent** operation, ...（**間欠的な**運転にとって）▶ 運転

□ The weld might be specified as **intermittent**, however, with skips in regions.（しかしながらその溶接は，領域内で飛び飛びとなる**間欠的**（な溶接）と定義されるかもしれない）▶ skip の用法

■ others

□ analyze the joint as **groups** of springs in series（直列ばねの集まりとして継手を解析する）▶ 直列

□ Under microscope, they are **a series of** hills and valleys.（顕微鏡で見ると小さな山と谷の**連続**である）▶ under の用法

超える

■ exceed の用法

□ A far **exceeds** B.（AはBをはるかに**超えている**）

□ The shear stress developed by bearing **exceeds** the ability of the plate material.（支えることにより生じるせん断応力は，板の材料の能力を**超える**）▶ develop の用法，能力

□ If the maximum stress **exceeds** S, yielding is predicted.（もし最大応力がSを**越える**と降伏が起こると予測される）▶ 予測

□ to produce a material with properties that **exceed** those of SCM435（クロムモリブデン鋼 SCM435 を**超える**特性を持つ材料を生産するために）▶ 特性

□ Fracture would be predicted for values of K **exceeding** K_c.（破壊はK_cを**越える**Kの値に対して予測されるだろう）▶ 破壊，予測

□ In the case of loads **exceeding** the elastic limit, ...（荷重が弾性限度を**超える**場合）▶ 場合

■ exceeded の用法

□ When P_{cr} is **exceeded**, ...（P_{cr}を**越える**とき）

□ The yield point is **exceeded** by the impact force.（衝撃力により降伏点を**越える**）▶ 衝撃

□ If the appropriate allowable stresses are **not exceeded** in the members, ...（部材においてもし適切な許容応力を**越えない**なら…）▶ 適切な，許容の

□ If in the simple tension test the load is removed after the yield stress has been **exceeded** and the reloading occurs, a hysteresis loop is formed.（もし単純な引張試験において，降伏応力を**越えた**後に荷重が取り除かれて再負荷が起きると，ヒステリシスループが形成される）▶ 除く，生じる，形成

■ others

□ a great success **beyond** our expectations（予想**外の**大成功）

□ ... is **beyond** the scope of this text.（…はこの教科書の範囲を**越えている**）▶ 範囲

□ ... and **beyond** this angle it starts to increase with increasing bevel angle.
（この角度を越えると，それは面取り角度の増加に伴って増加し始める）▶ 増加し始める

□ The target material is quenched from **above** its critical temperature to form martensite.（対象となる材料は，臨界温度**より高い**温度からマルテンサイトを形成するために焼き入れされる）▶ 臨界の，温度

□ It is somewhat **in excess of** the *P*/*A* value.（それは *P*/*A* の値を多少**超える**）▶ somewhat の用法

□ ... cannot be stressed **in excess of** (more than) material strength.
（…は材料の強度**を越えて**応力を与えることはできない）

停止する，終わる

■ fundamentals

suspend（一時中断する），interrupt（中断する，妨げる），shutdown（運転停止，操業停止），terminate（終わらせる），discontinue（停止する，やめる），retard（阻止する，遅らせる），abandon（中止する，あきらめる），cease（終わる，やめる），rest, stand still, become stationary（静止する），stationary state（静止状態），a body at rest（静止している物体），water at rest（静止している水），in still air（静止している空気中で）

■ 停止

□ **stop** quickly（急**停止**する）

□ emergency **halt**（緊急**停止**）

□ the period of **suspension**（**停止**期間）

□ to **stop** automatically the operation of the whole circuit
（全回路の運転を自動的に**停止する**ために）

□ The engine must be **shut down** and the cause of the trouble investigated.
（エンジンを**停止**して故障の原因を調べなければならない）▶ 原因，調査

□ The process has been **abandoned** in favor of ...
（その過程は…に有利になるように（味方して）**中止**となった）▶ in favor of の用法

□ It has proven particularly effective in **retarding** the propagation of fatigue cracks initiated by fretting.（それはフレッチングによって始まった疲労き裂の伝搬の**阻止**に特に有効であるとわかった）▶ 証明する，伝搬，始める

□ Often, by **remaining** in place to provide lubrication, grease also serves to prevent harmful contaminants.（潤滑剤の供給するためにその場所に**留まる**ことによって，しばしばグリースは有害な汚染物質を防ぐ役目もする）▶ 防ぐ，有害な，汚染物質

■ 静止

□ It creates no push when **standing still**.（**静止している**ときは押す力を発生しない）▶ no の用法

□ The float **stands still** in the fluid (liquid).（フロートが流体（液体）中で**静止**している）

□ An object comes to **rest** while losing speed at a constant rate.
（対象物は一定の割合で速度を落としながら**静止**状態になる）▶ come to の用法，一定の割合

□ Starting from **rest**, the car will be traveling at 5 miles per hour at the end of 2 seconds.

(**静止**状態からスタートして，自動車は２秒後には時速５マイルで走行しているだろう)

■ 終わる

□ The action will **cease** immediately.（その作用はただちに**終わる**だろう）▶ 作用

□ ... so that relative motion **ceases**.（相対運動が**止まる**ように）

□ **terminate** (discontinue) the reaction（反応を**終わらせる**）

□ Numerical culcuations were **wound up**.（数値計算は**終わり**となった）

存在する

■ fundamentals

present, exist（存在する），presence, existence（存在），lie（状態にある），absent（不在の），absence（不在），in the absence of（が不在のとき）

■ 存在

□ ... is affected by the **presence** of water.（…は水の**存在**によって影響される）

□ The **presence** of a good lubricating film usually results in ...
（良好な潤滑膜が存在すると，一般に…のような結果となる）▶ result in の用法

□ The **presence** of a surface tensile stress is undoubtedly important in propagation of surface fatigue crack.（表面に引張応力が**存在**することは，表面の疲労き裂の伝搬にとって間違いなく重要である）▶ 間違いなく

■ 存在する，存在しない

□ ... whether large residual stresses are **present**.（大きな残留応力が**存在する**かどうか）▶ 判断

□ structural discontinuities **present** inside the materials
（材料の内部に**存在**する構造上の不連続性）▶ 不連続性

□ the thermal contact resistances **existing** at the mating surfaces
（接触面に**存在する**接触熱抵抗）▶ 伝熱

□ **There is** an optimum bevel angle at (of) about 2 degrees.
（2° 付近に最適な面取り角度が**存在する**）▶ 最適，there is の用法

□ **There is** a “gray area” in between.
（その間に「中間領域」（グレーゾーン）が**存在する**）▶ in between の用法

□ **There are** potentially six D.O.F.（潜在的に六つの自由度（D.O.F）が**存在する**）▶ 潜在的

□ using an already **existing** program（すでに**存在している**プログラムを使って）

□ At that time, **there existed** beneath the ground a mass of ...
（その時，地下には…の塊が**存在していた**）▶ beneath の用法

□ ... **lies** between A and B.（…は A と B の間に**存在**する）

□ The actual contact condition **falls somewhere** between A and B.
（実際の接触状態は A と B の間の**どこかに存在する**）▶ 条件

□ without an **intervening** data translation（**介在する**データを解釈することなく）▶ 解釈

□ in the **absence** of such data（そのようなデータが**存在しない**場合）

□ ... where bolt yields or thread strips are **not present**.
（ボルトの降伏やねじの抜けが**存在しない**ような…）

□ There seems to be no readily available terminology to represent ...
（…を表すために簡単に使えるような術語はないようである）▶ 簡単に，available と there seems の用法

依存する

■ fundamentals

depend on，dependent on（に依存する），independent of（に依存しない），dependence（依存），independence（独立），place dependence on（を信頼する），interdependent（相互依存の），interdependence（相互依存），rely on（当てにする），interact（相互に作用する），interaction（相互作用）

■ 依存

□ ..., thereby avoiding **dependence** upon memory.
（それによって記憶への**依存**を避ける）▶ thereby の用法，避ける

□ The material properties may be temperature **dependent**.
（材料特性は温度に**依存**するだろう）

□ the temperature **dependency** (dependence) of gasket stiffness
（ガスケット剛性の温度**依存性**）

■ 依存する（depend に関連した用法）

□ **depend on** foreign countries for oil（石油を外国に**依存する**）

□ It **depends** strongly **on** ...（…に強く**依存する**）

□ It all **depends on** ...（すべて…**次第だ**）▶ all の用法

□ It **depends on** the susceptibility of the material.（それは材料の感度に**依存する**）▶ 感度

□ The magnitude of stresses **depends** not only **on** the magnitude of the load but also **on** its point of application.（応力の大きさは荷重の大きさ**だけでなく**，その作用点**にも依存する**）
▶ 大きさ，not ... only ... but also の用法，作用点

□ The relationship **depends on** whether or not the external load was applied.
（その関係は外力が与えられたかどうかに**依存する**）▶ whether or not の用法

□ ..., **depending** in part **on** the method.（そのやり方にある程度**依存して**…）▶ in part の用法

□ Equation (1) is solved either explicitly or numerically, **depending on** the complexity of the function.（式（1）はその関数の複雑さ**に依存して**，陽的（解法）あるいは数値的に解かれる）
▶ either ... or の用法，複雑さ

□ Each stress distribution **is** only **dependent on** the current temperature distribution.
（それぞれの応力分布は現在の温度分布にのみ**依存する**）▶ 現在の

□ ... which **is** totally **dependent on** the deformation of the components.
（部品の変形に完全に**依存する**…）▶ まったく

□ The improvement **is dependent on** both the load and the angle.
（改善は荷重と角度の両方に**依存する**）▶ 改善，both の用法

□ Various properties of substances are found to be **interdependent**.
（物質のさまざまな特性が**相互に依存する**ことがわかる）▶ found の用法

■ 依存する（depend 以外の用法）

□ The process of machine design **relies** heavily **on** calculations.
（機械設計の過程は計算に大きく**依存する**）▶ heavily の用法

□ **rely on** A for help（A の助けを**当てにする**）

□ If we could **count on** correct temperature, ...（もし正確な温度を**当てにする**ことができるなら）

記述する，述べる

■ fundamentals

describe（特徴を述べる，記述する），mention（述べる，言及する），state（はっきり述べる）

■ describe の用法

□ This paper **describes** a modification to his theory which models the deformation of the component.（この論文は部品の変形をモデル化する彼の理論に対する修正について**記述している**）
▶ 修正

□ He **described** a technique for determining the temperature distribution.
（彼は温度分布を決定するための手法を**記述**した）▶ 決定する，technique の用法

□ An optimal set of values is such that it will most closely **describe** the pattern.
（最適な一組の値は，そのパターンを最も厳密に**記述する**ようなものである）
▶ 最適，such that と most closely の用法

□ We developed a theory to **describe** the heat flux distribution.
（熱流束分布を**記述する**ための理論を展開した）

□ The results are **described** in this paper.（結果はこの論文に**述べられている**）

□ It can be **described** as a barrel with a hole through the middle.
（それは中央に穴を持つ樽**と記述できる**）▶ middle：center と違って中心部とその周辺も含む

□ a complex phenomenon best **described** with measured data
（測定データを使って最もうまく**記述される**複雑な現象）▶ 現象，best decribed の用法

■ 述べる

□ It cannot be **firmly stated** as yet that the proof is sufficient.
（まだ証明（証拠）が十分とは**断言**できない）▶ 断言する，as yet の用法，証拠

□ The law can be **stated** formally as follows.
（その法則は正式には（形式的に）以下のように**述べる**ことができる）▶ formally の用法

□ Crudely **stated**, ...（大まかに**述べる**と）▶ 書き出し

□ as **stated** above（上述のとおり）

□ for the problem **statement** to be complete（その問題の**表現**を完全にするために）▶ 完全に

□ No **mention** was made in the above problems as to how the resulting algebraic equations were accurately solved.（結果的に得られた代数方程式がどのように正確に解かれたかについて，上の問題ではなにも**述べられて**いなかった）▶ 否定，as to と how の用法

□ We will have more to **say** in Sec.2.（第 2 節ではもっと**言う**べきことがあるだろう）▶ more の用法

区別する

■ fundamentals

distinguish（区別する），identify（同一視する，と確認する），discriminate（区別する），discrimination（区別），distinguish A from B, discriminate between A and B（A と B を区別する）

■ 例文

□ The usual way of **distinguishing** between impact and static loads is ...
（衝撃荷重と静荷重を**区別する**通常の方法は…である）▶ 方法

□ To **make a distinction** with an alternative variational formulation to be discussed below
（以下で議論する代わりとなる変分の定式化と**区別する**ために）▶ 代わりの，定式化，数学

□ the associated conventions for **discrimination** between A and B
（A と B を**区別**するための関連した慣習）▶ 慣習

□ Each spring is an element **identified** by the number in the box.
（各ばねは箱の中に書かれた番号で**識別**される要素である）

□ The number in the circle **labels** each node.（円の中の番号でそれぞれの節点を**分類する**）

□ **numbered** nodes（**番号を付けた**節点）

□ No **differentiation** will be made.（**識別**できないだろう）

□ The curves in Fig.1 are almost **indistinguishable** from Dr.A's solution, with deviations of no more than a few percent.（図 1 の曲線は偏差がわずか数 % であるため，A 博士の解とほとんど**区別できない**）▶ 誤差，no more than の用法

□ No such **distinction** exists in most field joints.
（大抵の現場の継手においてそんな**区別**は存在しない）▶ no の用法，大抵，現場

構成する

■ fundamentals

compose, consist of, comprise, constitute, make up（構成する），construct（文章や理論を構成する），organize（編成する）

■ 構成する，形成する

□ It **comprises** two operations. / It **is comprised of** two operations.
（それは二つの操作**からなる**）

□ This machine **is comprised of** approximately 3,000 parts.
（この機械はおよそ 3 000 の部品より**構成される**）

□ This robot **is composed** (constituted, comprised) **of** a large number of fine parts.
（このロボットは多数の精密部品より**構成されている**）

□ This substance **is composed of** three elements, carbon, hydrogen and oxygen.
（この物質は炭素，水素，酸素の三つの元素から**構成されている**）▶ 物質

□ A hidden line **is composed of** thick dashes about 3 mm long alternated with about 1 mm spaces.（隠れ線は，長さがおよそ 3 mm の太い破線とおよそ 1 mm の空白の繰り返しで**構**

成される）▶ 寸法，破線

□ ... that **compose** the total shape（全体の形状を**構成**する…）

□ ..., **forming** pairs of nodes.（節点のペアを**形成して**）

□ to know the deformations of the components **forming** the joint
（継手を**構成する**部品の変形を知るために）

□ A vector is **formed** from two or more sub vectors.
（ベクトルは二つかそれ以上のサブベクトルから**形成される**）

□ to simulate the behavior of an interface which is **formed** between two contacting bodies
（二つの接触物体の間に**形成**される界面の挙動をシミュレーションするために）▶ 挙動，接触

□ materials **making up** the component under analysis（解析（分析）中の部品を**構成する**材料）

□ ... by first identifying the area **making up** the convective surface
（最初に対流熱伝達面を構成する面を特定することによって）▶ 最初に，見分ける

■ consist of の用法

□ It **consists of** many parts.（それは多くの部品から**構成**されている）

□ It **consists of** three separate layers of 2-D elements.
（それは二次元要素の三つの別の層から**構成**されている）

□ The entire problem **consists** essentially **of** formulating the objective function.
（全体の問題は，本質的には目的関数の定式化で**構成**されている）▶ 本質的，挿入の文法

□ a joint **consisting of** eight M8 bolts（8本のM8のボルトで**構成**された継手）

□ The torsional moment carries by a cross section **consisting of** a number of areas joined together.
（ねじりモーメントは，結合された多くの面で**構成**される断面によって伝わる）▶ carry の用法

□ Numerical models **consist of** three elastic bodies, such as bolt, nut and fastened plate, with three contact surfaces of pressure flank of thread, nut loaded surface and bearing surface of bolt head.
（数値解析モデルは，ねじの圧力側フランク，ナット座面，ボルト頭部座面の三つの接触面を持つボルト，ナット，被締結体のような三つの弾性体から**構成**されている）▶ with の用法

□ ... **consisted of** one sensor and one actuator located 180 degrees apart from one another
（たがいに180°離れた一つのセンサと一つのアクチュエータから構成される…）▶ 位置，たがいに

提案する，賛成する

■ fundamentals

propose（積極的に提案する），suggest（控えめに提案する），proposal, proposition, suggestion（提案），agree with（に賛成する），consent to, agree to（に同意する）

■ 例文

□ It is **proposed** that ...（…と**提案**されている）▶ 書き出し

□ The **proposed** methods are in essence identical.
（**提案**された方法は本質的に同じである）▶ in essence の用法

□ give consent to the **proposal**（その**提案**に同意する）▶ give consent to の用法

□ This theory was **suggested** for brittle materials.
（この理論はぜい性材料に対して**提案**された）▶ ductile materials：延性材料

□ All of this would appear to confirm the earlier discussion which **suggested** that ...
（このすべてが…を**示唆**した初期の議論に確証を与えるているように思える）▶ 確かめる，初期の

□ All **agree** that ...（…に全員が**賛成**する）

□ the **consensus** of opinion（意見の**一致**）

工夫する

■ 例文

□ imagination and **ingenuity**（創造力と**工夫**）

□ a convenient **contrivance**（便利な**工夫**）

□ Its analysis requires a **contrivance**.（その解析には**工夫**が必要である）

□ **devise** a fastening strategy（締め付け方法を**工夫する**）▶ strategy の用法

□ Some **consideration** is needed before this can be overcome.
（これを切り抜けるにはいくらかの**工夫**（検討）が必要である）▶ needed と before の用法，克服

□ various means **conceived** by many researchers
（多くの研究者によって**考案された**さまざまな方法）

□ We should prepare a **well-planned** initial model.
（**よく練られた**最初のモデルを準備すべきである）▶ 準備

□ Unless we **take some measures** at this stage, we will regret it in the future.
（この段階で**なにか対策を講じて**おかないと将来後悔の原因になる）▶ unless の用法，対策，後悔

□ without sampler's **premeditated** intention（検査係の**計画的な**意図なしに）▶ 意図

協力する

■ fundamentals

help（助ける），aid（手助けする），assist（手伝う，援助する），support（維持する，援助する），cooperation, collaboration（協力），cooperate, collaborate（協力する），cooperate with, join forces with（に協力する），in cooperation with（と協力して），cooperator, collaborator（協力者）

■ 助ける

□ **aid** A in ... / **aid** A with ...（A が…することを**助ける**）

□ The theoretical method will **aid** in understanding the numerical method.
（理論的な方法は数値解析手法を理解する**助けになる**だろう）▶ in の用法

□ to **assist** the reader in visualizing the significance of ...
（…の重要性を読者が思い浮かべることを**助ける**ために）▶ 重要性

□ **remedial** measures for corrosion fatigue（腐食疲労に対応する**救済**方法）

□ They are not **backed up** with simultaneous angle-of-turn measurements.
（それらには，同時に回転角度を測定することによる**バックアップ**はない）▶ 同時に，with の用法

□ This conclusion has been drawn with the **support** of a convincing theory combined with sufficient experimental proofs.（この結論は，十分な実験的証拠と組み合わせた説得力のある理論を**支え**として引き出された）▶ 結論，説得力のある，組み合わせ，with の用法，十分な，証拠

■ 協力する

□ They have **cooperated** greatly in the present achievement.
（彼らは今回の（偉業）達成においに**協力した**）▶ greatly の用法，達成

□ **Cooperation** among people in related fields is especially important.
（関連分野の人々の間の**協力**は特に重要である）▶ 特に

達成する，達する

■ fundamentals

attain（達成する，到達する），achieve（達成する，獲得する），accomplish（成し遂げる，達成する），arrive at（到達する），attain skill（熟達する），accomplish the task（仕事を成し遂げる），arrive at a conclusion（結論に到達する），reach the goal（目標を達成する），achieve nothing（なにも達成しない），achieve success（成功する），achieve a purpose, attain one's object (purpose), realize the plan（目的を達する），short of the goal（目標に達しない）

■ 例文

□ **reach** the minimum（maximum）（最小（大）値**になる**）

□ **reach** a wrong interpretation（誤った解釈に**到達する**）

□ The maximum temperature of ... **reaches** 500 °F.（…の最高温度が 500 °F **に到達する**）

□ ... when the expected load is **reached**.（予測していた負荷に**到達する**と…）▶ 予測する

□ **attain** equilibrium（平衡状態**になる**）

□ It has **attained** (a speed of) 200 mph.（速度が時速 200 マイルに**到達した**）

□ With careful joint design ... is readily **attainable**.
（注意深く継手を設計すると，…は容易に**達成できる**）▶ with の用法，容易に

□ An unexpected result was **arrived at**.（予期しない結論に**到達した**）▶ unexpected の用法

□ ... must take place to **arrive at** a new geometry satisfying equilibrium requirements.
（…は，釣合いの要件を満足する新しい形状になるために起こらなければならない）
▶ 満足する，釣合い，take place と requirement の用法

□ It will **achieve** clamp loads with sufficiently low scatter for reliable performance of the assembly.（それは信頼できる組み立ての性能に対して，十分にばらつきが低い締め付け力を**達成する**だろう）▶ 十分，ばらつき，信頼できる，性能，組み立て

□ ... until the steady state has been **established**.（定常状態に**達する**まで）▶ 状態

防ぐ，妨げる

■ 例文

□ Provisions must be made to **prevent** the chain from sliding off the sprockets.
（チェーンがスプロケットから滑り落ちるの**防ぐ**ように供給しなければならない）

□ under the **auspices** of ...（…の**保護**の下で）

□ **prevent** shifting（移動を**妨げる**）
□ bring about **obstacles** in smooth progression（スムーズな進行に**障害**をもたらす）
□ In the long term, however, the substances act as **obstacles**.
（しかしながら長期的には，その物質は**障害**となる）▶長期間，act as の用法
□ to find **impeding** bottlenecks（**邪魔になる**障害を見つけるために）▶障害物
□ ... that **hampers** bigger companies（より大きな会社の**邪魔をする**ような…）
□ Extreme cold may **hamper** welders performing wet welds.
（極端な寒さは，溶接者が（水中）湿式溶接を実施するのを**妨げる**かもしれない）
□ **retard** self-loosening（（ねじの）自己ゆるみを**阻止する**）
□ **refractory** material（**耐火性**材料）

避ける

■ 例文

□ **avoid** the dependence upon memory（記憶に依存することを**避ける**）▶依存
□ **avoid** major restructuring of computer storage
（コンピュータの記憶装置の大幅な再構築を**避ける**）
□ Since the formula **avoids** the solution of simultaneous equations, ...
（その公式によると連立方程式を解くことを**避けられるので**）▶公式，連立方程式
□ tend to **isolate** the gear tooth from the harmful inertia effect
（歯車の歯を有害な慣性力の効果から**分離**する（引き離す）傾向がある）▶有害
□ to **circumvent** these difficulties（これらの困難を（巧みに）**回避**するために）

除く，省略する

■ fundamentals

remove（取り除く），eliminate（除く，除去する），omit（除外する，省略する），exclude（除外する，排除する），preclude（前もって排除する），release（解放，解放する），smooth（平らにする，障害などを取り除く），removal（除去），elimination（除去，排除），omission（省略，怠慢），exclusion（除外，排除）

■ 除く

□ **remove** the weight（おもりを**取り除く**）
□ **remove** heat from the center of the furnace（炉の中心から熱を**取り除く**）
□ a bolt with all but one turn of thread **removed**
（1 山のねじ以外はすべて**取り除いた**ボルト）▶all but：…のほかはすべて
□ **removal** of heat（熱の**除去**）
□ without **removal** of ...（…を**除去**せずに）
□ **eliminate** errors（誤りを**除去する**）
□ Our job is to find ways to **eliminate** or reduce one or both of these conditions.
（われわれの仕事は，これらの条件の一つか両方を**削除する**か減らす方法を見つけることである）

▶ or と both の用法

□ The advantages of ... are **elimination** of eccentric loading.
（…の長所は偏心荷重の**除去**である）▶ 長所

□ The basic premise of design is to **preclude** such failure.
（設計の基本的な前提は，そのような破損を**起こらないようにする**ことである）▶ 前提，設計

□ It will be completely elastic, so long as no yielding occurs during the load **release**.
（荷重を**除去**している間に材料の降伏が起こらない限り，完全に弾性的に振る舞うだろう）
▶ so long as の用法

□ Many of these surface high spots are **smoothed away**.
（これらの表面の突起の多くは**除去される**）▶ many of の用法

□ Parts **slip off** due to strong vibration.（部品が強い振動で**脱落する**）

■ 省略する

□ **omit** the evidence（証拠を**省略する**）

□ Further, ... are **omitted**.（さらに…が**省略**される）

□ The terms higher than the second order can be **omitted**.
（二次以上の項は**省略**できる）▶ 数学

□ **omit** the terms of ... completely（…の項をすべて**省略する**）▶ 数学

□ They should be **omitted** as much as possible.（それらは可能な限り**省略**すべきである）

□ **Omission** of the washer causes maximum tensile stress.
（ワッシャを**省略する**と最大引張応力の原因となる）▶ 原因

□ The word television is often **abbreviated** TV.
（television という単語はしばしば TV と**省略**される）

□ TV is an **abbreviation** of (for) televison.（TV は television の**略語**である）

□ One kilowatt equals 1,000 watts and is often **abbreviated** 1 kW.
（1 キロワットは 1 000 ワットに等しく，しばしば 1 kW と**略される**）

□ It is called TA **in short**.（それは**短く** TA（teaching assistant）と呼ばれる）

□ CAM is an **acronym** for ...（CAM は…の**頭字語**である）

■ …を除いて

□ **except for** friction（摩擦を**除いて**）

□ It is similar to copper with the **exception** that ...（…**を除いて**銅と似ている）▶ 類似

□ ..., **except** (right) at the nut base（ナット座面の（ちょうど）下**を除いて**）

□ **except** with the approval of ...（…の許可がある場合**を除いて**）

□ It is exactly the same **except** that ...（…**を除いて**まったく同じである）▶ exactly の用法，同じ

□ ..., **except** where otherwise stated, ...（特に述べない場合**を除いて**）

補償する

■ 補償する

□ ... is sufficiently large to **compensate for** this inequality.
（…はこの不平等を**補償**するということに対して十分大きい）▶ 不平等

□ ... allows us to **compensate for** assembly and service variations.
（…は，われわれが組み立てと運転の変更を**補償する**ことを許す）▶ allow の用法

□ It is used to **compensate for** the effects of differential temperature expansion.
（それは温度による膨張差の影響を**補償する**ために使われる）▶ 差の，温度

□ The use of multiple disks **compensates for** the reduced coefficient of friction.
（多数のディスクを使うと，低下した摩擦係数を**補償する**ことになる）▶ multiple の用法，減少

□ to **recoup** this initial investment（この初期投資を**埋め合わせる**ために）

□ The Draft 9 is **complemented** by the newly developed additional calculation steps.
（草稿 9 は新しく開発された追加の計算手順によって**補われる**）

■ 相殺する

□ Decreasing A from 1.3 to 1.1 **offsets** increasing B from 2.1 to 2.4.
（A を 1.3 から 1.1 に下げると，B が 2.1 から 2.4 に増加することを**相殺する**）▶ 動詞 + ing の用法

□ Such simplification could more than partially **offset** the cost of changing drawing.
（その簡略化によって，部分的といえる以上に図面を変更するコストを**相殺する**ことができた）
▶ more than の用法，部分的

□ A wide variety of washer types have been developed to **offset** specific loosening influences.（幅広い種類のワッシャが特定のゆるみの影響を**相殺する**ために開発された）▶ 幅広い

□ It is **offset** from ... by a substantial amount.
（それは…から十分な量が**相殺される**）▶ substantial の用法，量

確認する，保証する，証明する

■ 確認する

□ Many experiments **confirm** that ...（多くの実験が…を**確かめ**ている）

□ This has been **verified** in fatigue tests.（このことは疲労試験で**確かめられた**）

□ **validate** the usefulness of ...（…の有用性を**確認**する）

□ His theory has only recently been **validated**.（彼の理論はほんの最近**確められた**）▶ 最近

□ The numerical procedure is **validated** by experimental measurements of the surface temperatures.
（数値解析の手法は表面温度を実験で測定することにより**確かめられる**）▶ 実験の，測定

□ ... is sufficient to **establish** the F and M distributions.
（…は F と M の分布について**確証**を得るために十分である）

■ 認識する

□ **identify** the area making up the contact surface（接触面を構成する面を**区別する**）▶ 構成

□ There has been a growing **recognition** of the effectiveness of FEM in the solution of heat transfer problems.
（熱伝達問題の解く場合に有限要素法の有効性に対する**認識**が増している）▶ growing の用法

□ the need for the engineers of today to be **cognizant** of techniques for weight optimization
（今日のエンジニアが重量最適化のための技術を**認識して**いることに対する必要性）▶ 最適化

□ The main reason is the public **perception** that ...（おもな理由は…という一般の**認識**である）
□ at first glance，at a glance（一目見ただけで）

■ **保証する**

□ ... **ensures** continuity of the displacement.（…は変位の連続性を**保証する**）
□ The principle **ensured** satisfaction of equilibrium conditions.
（その原理は釣合い条件を満足することを**保証した**）▶ 満足，釣合い
□ for equilibrium to be **ensured**（釣合いを**保証する**ために）
□ to **ensure** that proper fastener installation has been accomplished
（適切に締結部品の装着がなされたことを**保証する**ために）▶ proper の用法，装着，成し遂げる
□ to **assure** that ...（…を**保証する**ために）

■ **証明する**

□ ... that **demonstrate** the validity of the computational models and procedures.
（計算モデルと計算手順の妥当性を**証明する**…）▶ 妥当性，手順
□ The experiment **demonstrated** its potential for impedance sensors.
（実験でそれのインピーダンスセンサとしての可能性を**証明した**）▶ 可能性
□ None of other theories for vibration loosening have been **demonstrated** in so convincing a fashion.（振動によるゆるみに対して，いかなるほかの理論も納得のいくような方法で**証明**されていない）▶ none of の用法，理論，納得できる，fashion の用法
□ A remarkable **demonstration** has been achieved in **confirmation** of what has been no more than a mere conjecture until now.（今まで単なる推論であったことの**確認**において，注目すべき**証明**が達成された）▶ 達成する，単なる，推論，no more than：たった
□ a hypothesis without any **substantiation** through experimentation
（実験による**実証**がまったくなされていない仮説）▶ 仮説，any と through の用法
□ It has not yet been **substantiated** by any actual proof.
（そのことは依然として具体的な証拠によって**実証**されていない）▶ not yet の用法，証拠
□ Unless specific data are available to **substantiate** this increase, ...
（この増加を**実証する**ために特定のデータが利用できない限り）▶ specific と available の用法
□ Our group has been devoting its efforts to research and experiments to **substantiate** the theory.
（われわれのグループは，その理論を**立証する**ために研究と実験に打ち込んでいる）▶ devote の用法
□ No sufficient **evidence** has yet been put together.
（まだ十分な**証拠**がそろっていない）▶ 否定，yet と put together の用法
□ For its **justification** the reader referred to standard mathematical texts.
（それを**正当化**するために，読者は標準の数学の教科書を参照した）▶ refer to の用法
□ a **clue** to the elucidation of this problem（この問題の解明への**糸口**）▶ 解明
□ a **clue** for elucidation（解明への**手がかり**）

4. よく使う形容詞／副詞的表現

見かけの

■ 例文

□ the **apparent** strength（**見かけの**強度）

□ the **seemingly** remarkable result that the result is ...
（結果が…という**見かけ上**注目すべき結果）▶ 目立つ

□ Although these two views are **seemingly** different, ...
（これらの二つの見解は**見かけ上**異なるが…）

□ This **deceptively** simple technique has many pitfalls.
（この**一見**簡単そうな方法にはたくさんの落とし穴がある）▶ 見かけによらず，落とし穴

□ These **spurious** oscillations are often a nuisance.
（この**見かけだけの**振動（変動）はしばしばやっかいなものだ）▶ 振動，やっかいなもの

一様に

■ 例文

□ a **uniform** applied contact pressure（**一様に**与えられた面圧）

□ a more **uniform** load distribution（より**一様な**荷重分布）

□ a **uniformly** distributed load / a load distributed uniformly（**一様に**分布した荷重）

□ distribute the load more **uniformly** among the threads in contact
（接触しているねじの間で荷重をさらに**一様に**分布させる）▶ in contact の用法

□ ..., with the pitch diameter of successive threads becoming **uniformly** smaller.
（それに続くねじの有効径が**一様に**どんどん小さくなって…）▶ with の用法，連続する

□ The load is distributed **evenly**.（荷重は**一様に**分布している）

□ It would be not **uniform** at all.（それはまったく**一様**ではないだろう）▶ at all の用法

□ The key to effective closure of a gasket flange is **uniformity** of gasket pressure.
（ガスケットを使ったフランジが効果的に閉じるためのキーはガスケット圧力の**一様性**である）
▶ key の用法，閉じる

うまい，うまく

■ 例文 ▶▶▶ well，better，best の用法

□ a **successful** design tool（**うまい**設計手段）

□ **good** estimates of static strength（静的強度の**うまい**推定）

□ ... will work fairly **well**.（…はかなり**うまく**行くだろう）▶ かなり

□ The plane responds **well** to the control.（飛行機は制御に対して**うまく**応答する）

□ It works exceptionally **well** as ...（それは…として例外的に**うまく**働く）▶ 例外的

□ It can **better** be modeled by the inclined plane and block.
（それは傾斜面とブロックを使って**さらにうまく**モデル化できる）▶ 傾斜

□ It is **best** explained by ...（それは…によって**最もうまく**説明できる）

□ Their plan will be **best** accomplished.（彼らの案が**最もうまく**達成できるだろう）

□ a process **best** performed on a computer（コンピュータ上で**最もうまく**実行できる工程）▶ 実行

□ In these cases, the problems are **best** handled by a numerical technique.
（これらの場合，その問題は数値解析技術によって**最もうまく**扱える）▶ 扱う

□ ... can be **best** illustrated by a consideration of the design of cantilever beams.
（…は，片持ちばりの設計を考察することにより，**最もうまく**説明できる）▶ 説明する，考察

□ provides an **expedient** means of obtaining an approximate solution to this problem
（この問題の近似解を得るための**好都合な**手段を提供する）▶ 近似解

□ TA project **blossomed** in the 70's in such areas as agricultural chemicals.
（TA プロジェクトは農薬のような分野で 70 年代に**実を結んだ**（うまくいった））▶ 分野

…以外

■ 例文 ▶▶▶ other than の用法

□ There was another visitor **besides** (in addition to) me.（私**以外**にもう一人の訪問者がいた）

□ He has nothing **besides** his salary.（彼は給料**以外**に収入はない）

□ ... **other than** very simple cases（非常に単純なケース**以外**の…）

□ ... **other than** statistical variation of dimensions due to manufacturing
（製造による寸法の統計的な変化**以外**の…）▶ 統計の，寸法，製造

□ Sometimes constants **other than** those of Eq.(1) are used.
（式（1）の定数**以外**の定数が使われることもある）▶ 定数

□ Also note that there are many things **other than** material which affect ...
（材料**以外に**…に影響する多くのものがあることにも注意しなさい）

□ It is the elastic behavior of the surfaces which is of importance, the plastic deformation being of little importance **other than** for the initial bedding in effect.
（重要なのは表面の弾性挙動であり，塑性変形は初期の着座**以外**，実際あまり重要ではない）
▶ 重要，of + 名詞と being の用法，実際

□ the lower values of stress **elsewhere** in the cross section
（断面の**ほかの場所**における応力の低い方の値）▶ 値

□ **In addition to** being a light weight metal, aluminum has a high thermal conductivity.
（軽量の金属である**ばかりでなく**，アルミニウムは熱伝導率が高い）▶ being の用法

代わりに，交互に

■ 代わりに

□ **instead of** modeling individual parts（個々の部品をモデル化する**代わりに**）

□ **instead of** the assumed 225 °C（仮定した 225 °C **の代わりに**）

☐ It would depend **instead** on A.（**代わりに**それはAに依存するだろう）▶ depend ... on の用法

☐ ... and **instead** we use direct integration.（…そして**代わりに**直接積分法を使用する）

☐ However, **in exchange for** this benefit, it usually requires ingenuity and analysis.
（しかしながらこの利点の**代わりに**，通常工夫と分析が必要となる）▶ 工夫

☐ judge the position **in replacement of** human senses
（人間の感覚に**代わって**位置を判定する）▶ 判定する

■ 代わりの，別の

☐ asbestos **substitutes**（アスベストの**代用品**）

☐ an asbestos **substitute** gasket（アスベスト**代用の**ガスケット）

☐ a **substitute** (substitution) for ...（…の**代用品**）

☐ There is **no substitute for** pertinent test data.
（関連するテストデータに**代わるものがない**）▶ 関連する

☐ They are an **alternative** to torqueing.（それらはトルク法（による締め付け）の**代わり**である）

☐ an **alternative** approach（**代わりとなる**方法）

☐ An **alternative** procedure would be ...（**代わりの**方法は…のようになるだろう）

☐ They have no **alternatives**.（それらには**代わりの手段**がない）

☐ Bodies are made in one factory, engines in **another**, and tires in yet **another** factory.
（ボディはある工場，エンジンは**別の**工場，そしてタイヤはさらに**別の**工場で製造される）
▶ another，yet の用法

■ 置き換える，交互になる

☐ **substitute** A for B（Bの**代わりに**Aを**使う**）

☐ Assuming that we can **substitute** an equivalent cylinder **for** the fastened plates, ...
（被締結体を等価な円筒**に置き換える**ことができると仮定して）▶ 等価，仮定

☐ **substitute** rolling friction **for** sliding friction（滑り摩擦を転がり摩擦に**置き換える**）

☐ Both development and use will **alternate** back and forth.
（開発と使用が**交互に**進んだり戻ったりすることになるだろう）▶ both と back and forth の用法

☐ by **alternating** parallel and series stacking（**交互に**並列と直列に積み重ねることにより）

適切な，不適切な

■ fundamentals

adequate（適した，ちょうどの），suitable，appropriate（ふさわしい），suited for (to)，appropriate to (for)（にふさわしい），relevant，pertinent（適切な，関連のある），improper（ふさわしくない），incorrect（不正確な，間違った），irrelevant（不適切な，的外れの）

■ 例文

☐ in a physically **relevant** manner（物理的に**適切な**方法で）▶ 方法

☐ ... is regarded **suitable**.（…は**適切**とみなされる）▶ regard の用法

☐ It is **suitable** as an assisting method.（補助的な方法として**適切**である）

☐ Therefore, it is **suitable** for a parametric study.（それゆえパラメトリックな研究に**ふさわしい**）

☐ ... is well **suited** for high rotating speeds with impact and momentary overload.

（…は，衝撃や瞬間的な過負荷を伴う高い回転速度に**向いている**）▶ well suited の用法

☐ With **proper** design, surface wear can be reduced.
（**適切な**設計によって表面の摩耗は軽減できる）▶ with の用法，設計

☐ A bolt, **properly** mounted and supported, could support the weight of a car.
（**適切に**取り付けられ支持されたボルトは，自動車の重量を支えることができるだろう）▶ 挿入の文法

☐ A conservatively designed chain, **properly** lubricated, normally has an operating life of about 15,000 hours.
（**適切に**潤滑され，安全側に設計した鎖は通常約 15 000 時間の運転寿命がある）▶ 設計，寿命

☐ because of **improper** heat treatment or **incorrect** material
（**不適切な**熱処理や**間違った**材料を選んだために）

☐ ... **appropriate** to (for) the occasion（その場合に**ふさわしい**…）

☐ It would seem **appropriate** to model the components as isotropic material.
（等方性材料として部品をモデル化することは**適切**だろう）

☐ Anisotropic material properties are **not appropriate** for solving the problem.
（その問題の解決に対して異方性の材料特性は**適切ではない**）

☐ The size and number of parts are **adequate** to maintain the joint integrity.
（部品の寸法と数は，継手の完全性を維持するために**適切である**）▶ 完全性

☐ It may be **undesirable** or unfeasible.
（それは**望ましくない**か実現不可能のいずれかだ）▶ 実行不可能

特別な，特に

■ fundamentals

specific（特定の，独特の），special（特別な，独特の），particular（特定の，特有の），peculiar（独特の，特別な），unique（唯一の，独特の），unusual（普通ではない，独特の），particularly, especially（特に）

■ 特別な，特定の

☐ **specific** methods（**特定の**方法）

☐ the **specific** form（**独特の**形状）

☐ a **specific** application（**特定の**使い方）

☐ in a **specific** sense（**特別な**意味で）

☐ No **particular** finding is made.（別に**特別な**発見はない）▶ 発見，否定，findings（複数）も可能

☐ a **particular** amount of permanent strain（**特定の**量の永久ひずみ）▶ 量

☐ the popularity of a **particular** size or configuration of fastener
（**特定の**寸法や形状の締結部品の評判）▶ 形状

☐ **special** difficulties（**特別な**難しさ）

☐ These included methods tailored to some **special** structural optimization problems.
（これらは，ある**特別な**構造の最適化問題に合わせた手法を含んでいた）▶ tailor の用法，最適

■ 特に

☐ It is **particularly** useful.（**特に**有用である）

□ The agreement obtained is reasonably good, **particularly** at the higher loads.
（得られた一致の度合いは適度によく，**特に**高めの荷重で良い）▶ 一致，適度に

□ Of **particular** concern is ...（**特に**関心があるのは…である）▶ 倒置法，関心

□ an **especially** intractable problem
（**特に**扱いにくい問題）▶ 手に負えない，especially：particularly より強意

□ It is regarded suitable **especially** at the first inspection.
（それは**特に**最初の検査に適すると考えられている）▶ 見なす，適する

□ In some ductile materials, **notably** soft steel, ...（ある延性材料，**とりわけ**柔らかい鋼では）

□ **Specifically**, when we tighten a nut on a bolt ...
（**特に**ナットをボルトに締め付けるとき）▶ 書き出し，when の用法

□ They are prepared **specifically** for beginners.
（それらは**特に**初心者向けに用意されたものである）▶ intermediate：中級者，senior：上級者

□ It is a **unique** phenomenon.（**類のない**現象である）▶ 現象，phenomena（複数）

■ おもに

□ The selection of A is based **primarily** on ...
（A の選択は**おもに**…に基づいている）▶ be based ... on の用法

□ The A company exports its products **primarily** to the US.
（A 社は製品を**おもに**アメリカに輸出している）▶ 製品

□ Many previous researchers, however, have **mainly** dealt with through bolts.
（しかしながら，過去の多くの研究者は**おもに**通しボルトを扱っていた）▶ deal with の用法

□ It **largely** takes the form of ...（それは**おもに**…の形式を取る）▶ largely の用法

詳細に

■ 例文

□ in some **detail**（いくらか**詳細に**）

□ in careful **detail**（注意深く**詳細に**）

□ in as much **detail** as possible（できるだけ**詳細に**）▶ as much ... as の用法

□ They must be considered in greater **detail**.
（もっと**詳細に**考えなければならない）▶ greater の用法

□ We'll consider them in more **detail**.（より**詳細に**考えてみよう）

□ We'll look at these factors **in depth**.（これらの因子を**徹底的に**見てみよう）

□ describe these differences **in depth**（これらの違いを**詳細に**記述する）

□ ... will be discussed **at length**.（…は**詳細に**（十分に）議論されるだろう）

□ A **detailed** description of these methods is given in the references.
（これらの方法の**詳細な**説明は参考文献の中にある）▶ 記述

□ More **detailed** description can be found in Ref.(3).（より**詳細な**記述は参考文献 3 にある）

□ More **details** of the analysis and factors affecting ... can be seen in a survey presented by the authors.（解析と…に影響する因子のさらに**詳細な点**は，著者らが発表した概説に見ることができる）▶ 影響する，概説

固有の

■ fundamentals

inherent（固有の，生来の），essential（本質的な，不可欠の），substantial（本質的な），inherently, essentially, in essence, in substance（本質的に），specific to, unique to（に特有の）

■ 固有の

□ an **inherent** characteristic（**固有の**特性）
□ an **inherent** advantage of ...（…の**固有**の長所）▶ 長所
□ ... when one considers the **inherent** variability in the coefficient of friction.
（摩擦係数に**固有の**変化しやすさを考えるとき）▶ 変わりやすさ
□ The material is limited by its **inherent** capacity to resist shear stress.
（材料は，せん断応力に抵抗するそれ自身の**固有の**容量によって制限される）▶ 制限，容量
□ It is due to warpage **inherent in** the flange itself.（フランジ**固有の**反りが原因である）
□ at a transition temperature **inherent to** the material（材料**固有の**遷移温度において）
□ Surface compressive stresses are **inherent with** carburization.
（表面の圧縮応力は浸炭に**固有の**ものである）
□ Data **specific to** each application must be observed.
（各応用例に**特有の**データを観察しなければならない）▶ 応用

■ 本質

□ the fundamental **nature** of ...（…の根本的な**本質**）
□ give a definite view on the **true nature** (substantial qualities) of ...
（…の**本質**に対して明確な見解を与える）▶ 明確な，indefinite：不明瞭な
□ It is the **essence** of the general assembly procedure for all FE analyses.
（それはすべての有限要素解析の一般的な組み立て手順の**本質**である）▶ 数値解析
□ His question touches the **core** of the problem.（彼の質問は問題の**本質**を突いている）
□ A and B differ **in kind** from each other.（A と B はたがいに**本質的に**異なる）

無視できる，無効な

■ fundamentals

neglect（無視する，軽視する），disregard（無視する），ignore（無視する），override（無視する，無効にする），negligible（無視できるほどの），invalid（無効の），invalidate, negate（無効にする）

■ 無視，無視できる

□ **neglect** the surface-tension effect（表面張力の影響を**無視する**）▶ 影響
□ **neglect** the effects such as gravity or other external forces
（重量やそれ以外の外力などの影響を**無視する**）▶ 影響
□ The difference is small, and usually **neglected**.（差が小さいので通常**無視される**）
□ **Neglecting** plate interface friction, ...（板の界面の摩擦を**無視**すると，…）▶ 書き出し
□ The effect of the helix is **negligible**.（(ねじの) らせんの影響は**無視できる**）
□ It experiences shear stress, with **negligible** bending.

（せん断応力を受けるが，曲げは**無視**できる）▶ experience と with の用法

□ Creep rates become so slow after 18 hours as to be **negligible**.
（クリープ速度は 18 時間経つと**無視できる**ほど小さくなった）▶ 時間，so ... as to の用法

□ **disregard** friction with air at the free surface（自由表面における空気との摩擦を**無視**する）

□ The temperature change of gases can be **disregarded**.（ガスの温度変化は**無視できる**）

□ ... decreases rapidly so much that it may be **disregarded** as compared to A.
（…は A と比べて**無視できる**ほど急激に減少する）▶ so much that の用法

□ The incompatible modes are **ignored**.（矛盾のある（振動）モードは**無視される**）▶ 矛盾

□ A final option is to **ignore** mode superposition altogether.
（最後のオプションは，モードの重ね合わせをまったく**無視する**ことである）▶ altogether の用法

□ Manufacturing considerations may **override** the purely (pure) engineering considerations.（製造上の考慮は純粋に工学的な考察を**無視する**ことになるだろう）▶ 製造，考察

□ The manual method has been **trampled on**.（マニュアルの方法は**踏みにじられた**）

■ 無視できない

□ The effect of vibrations cannot be **disregarded**.（振動の影響は**無視**できない）

□ The gravity of the situation cannot be **disregarded**.（事態の重大さは**無視**できない）▶ 重大さ

□ in the case the value A becomes so large that it can no more be **disregarded** as compared to B（A の値が B に比べて**無視**できない位大きくなる場合）▶ so ... that，no more の用法

■ 無効

□ It **negates** the beneficial effects of taper geometry.（テーパ形状の有効な効果を**無効にする**）

□ The accident will **invalidate** the arguments.（その事故が議論を**無効**（無意味）**にする**だろう）

矛盾する

■ fundamentals

contradict（矛盾する），contradiction（矛盾），contradictory（矛盾する），inconsistent（矛盾する），inconsistency（矛盾），conflict with（矛盾する），conflict（矛盾），consistent（矛盾しない），discrepancy（矛盾）

■ 矛盾

□ to resolve this **discrepancy**（この**矛盾**を解決するために）▶ 解決

□ The **contradictions** emphasize the difficulty of publishing such information.
（その**矛盾**はそのような情報を発表することの難しさを強調するものである）▶ 強調，発表

□ **contradict** the assumption that ...（…という仮定に**矛盾する**）

□ a report **contradictory** to the fact（事実と**矛盾**した報告）

□ They are mutually **contradictory**.（たがいに**矛盾**している）▶ 相互に

□ Though this theory is in itself logical, it is also considerably **inconsistent** with the facts.
（この理論自体は論理的であるが，同時に事実とはかなり**矛盾している**）▶ though の用法，論理的

□ These experiments did not reveal any fact **inconsistent** with what I have mentioned so far.（これらの実験では，私がこれまで述べてきたこととなんら**矛盾する**事実は出てこなかった）
▶ not ... any と reveal の用法

□ If the resulting value of A is **not consistent** with the estimated value of S, a second trial will be necessary.（もし結果的に得られたAの値がSの推定値と**矛盾する**場合，別の試みが必要となる）▶ 推定値，second の用法

■ 一貫性がある，矛盾しない

□ A **consistent** system of units is used.（**一貫性のある**単位系が使われる）▶ 単位
□ It is highly **consistent** at first sight.（一見しておおいに**一貫性**があることがわかる）
□ Equation (1) is repeatedly solved until the stresses are **consistent** with the stiffness used.（式(1)は，応力の値が使われている剛性と**矛盾しなく**なるまで繰り返し解かれる）▶ 繰り返して
□ If **consistency** is borderline, ...（もし**一貫性**が境界線になるなら）

強制的

■ 例文

□ There are **compelling** logical reasons.
（**抵抗しがたい**論理的な理由がある）▶ force, compel, oblige の順に意味が弱くなる
□ There is a **compelling** reason for limiting ourselves to an equation of this form.
（われわれがこの形の方程式に限定される**やむを得ない**理由がある）▶ 制限，形式
□ It would no longer be a **compelling** argument.
（それはもはや**強制的**な議論ではない）▶ no longer の用法，論争
□ We would be **forced** to account for other means of changing the volume.
（体積を変化させる別の方法を考えざるを**得なくなる**だろう）▶ account for の用法，方法
□ The part is **forced** to climb an inclined plane.（その部品は傾斜面を登ることを**強制される**）
□ ... such that the engaged threads **force** the bolt to elongate.
（かみ合ったねじがボルトを**強制的に**伸ばすような…）▶ such that の用法

5. 位置と方向の表し方

位置，配置

■ fundamentals

just under (below), directly below, beneath（の真下に），just above（の真上に），overhead（頭上の），in the vicinity (proximity) of（の近くに），in close vicinity (proximity) to（のすぐ近くに），removed, separated, away from, apart（離れた），arrange（並べる），arrangement（配置），via, by way of, through（を経由して）

■ 位置

□ underground（地下に）
□ a room **overhead**（**階上**の部屋）
□ **mid-side** nodes（**中央の**節点）▶「-」の用法
□ **directly below** the surafce（表面の**真下に**）

□ at exactly the **top or bottom**（正確に**頂上あるいは底**において）

□ They add ... **above and below** flange surfaces.（フランジ面**の上下に**…を追加する）

□ A helicopter is flying **overhead**.（ヘリコプターが**頭上**を飛んでいる）

□ It consists of three separate layers of 2-D elements, stacked **on top of** each other.
（それぞれを**上に**重ねた二次元要素の三つの別の層から構成されている）▶ consist of の用法

□ It is embedded **inside of** the beam for the acquisition of electrical impedance.
（電気インピーダンスを求めるために，はり**の内側に**埋め込まれている）▶ 埋め込む，獲得

□ **at its two ends** $x = 0$ and $x = L$（$x = 0$ and $x = L$ という**その両端において**）▶ 端

□ It is located **at the intersection** of resultant normal and friction forces.
（それは結果として生じる垂直力と摩擦力の**交点に**位置する）

□ The elements in the **lower right-hand corner** are used to model the material supporting the part.（**下側の右隅の**（有限）要素は，部品を支える材料をモデル化するために使われる）▶ 支える

□ It defines the **position** at which the loading curve stops.
（それは荷重曲線が停止する**位置**を定義している）▶ 定義，at which の用法，停止

□ The results occur on **either side** of the curve predicted by FEM.
（その結果は有限要素法で予測した曲線の**いずれかの側**で起こる）▶ 起こる，予測

□ from A **through** B to C（A から B を**通って** C に）▶ 経路

□ go to point C **through** (via) point B（点 B を通って点 C に行く）▶ 経路

□ move to the **forefront**（**最先端**に移動する）▶ 移動

□ This is important in applications requiring precise **positioning** of rotating member.
（これは回転する部材の正確な**位置決め**を必要とする応用例で重要である）▶ application の用法

■ 位置の数値表現

□ a load that develops a stress of 60 MPa **10 mm below the surface**
（**表面から 10 mm 下**に 60 MPa の応力を発生する荷重）▶ 荷重

□ This stress is greatest at points **below the surface a distance of about 0.5 mm.**
（この応力は**表面よりおよそ 0.5 mm 下**の点で最大になる）▶ greatest の用法

□ two parallel shafts with **4-inch center distance**（**中心間距離が 4 インチ**の 2 本の平行な軸）

□ a drum brake with spring force F applied **at distance c = 10 mm** to both shoes
（**距離 c = 10 mm の位置で**，ばねによる力 F が両方のブレーキシューに与えられるドラム式のブレーキ）

■ 隣接する

基本 adjacent，adjoining，neighboring, contiguous（隣接する），close（接近した）

□ an **adjacent** side（**隣接する**辺）

□ the shortest distance between the noncontacting surfaces of **adjacent** teeth
（**隣接する**接触しない（歯車の）歯面の間の最短距離）▶ 距離，接触しない

□ ... **is adjacent to** A.（…は A に**隣接する**）

□ **neighboring** elements（**隣接している**要素）

□ **contiguous** regions（**隣接した**領域）

■ 配置する，置く

□ ... **spaced closely together**（**接近して置かれている**…）

□ ... on which the block **is resting**.（上にブロック**が置かれている**…）▶ on which の用法

□ ... is perfectly **collocated**.（…は完全に**配置**されている（一緒に並べられている））

□ Some companies are **putting** their catalogs online.
（いくつかの会社はカタログをオンライン式で**置いている**）

□ Assume that the bar **lies** in the global x-coordinate axis.
（その棒は全体座標の x 軸上**にある**と仮定する）▶ 仮定

□ **Precise alignment** between the ends of the shafts is necessary.
（軸の端部の間を**正確に直線に並べる**ことが必要である）

□ These may be **arbitrarily placed**.（これらは**任意に配置される**だろう）▶ 任意，置く

□ ... using the **arrangement** shown in Fig.2.（図 2 に示した**配置**を使って）

□ V-belts work well **with short center distances**.（V ベルトは**中心距離が小さい**とうまく動く）

□ ... when there is **too short a distance** between bolt holes.
（ボルト穴間の**距離が短すぎる**とき）▶ 程度，too の用法

□ We **positioned** them so that ...（…となるようにそれらの**位置を決める**）▶ 置く

□ **arrange** ... in a rectangular lattice shape **with proper separations**.
（…を**適当に離して**長方形格子の形状に**配置する**）▶ 長方形の，適切な

□ The bolted joint is made with **two equidistant** steel bolts.
（ボルト締結部は**二つの等間隔に配置された**鋼製ボルトで構成されている）

□ ... **was rearranged** along y-axis.（…は y 軸に沿って**再配置された**）

□ The bolts **are spaced** (located) **too closely**.（ボルトは**非常に接近して配置されている**）

□ These nodes do **not have to be at any of** the whole model nodes.
（これらの節点は全体モデルの節点の**どこにも位置する必要がない**）▶ 否定

□ arrange workers to be **allotted**（作業者を**配置する**）▶ 割り当てる

□ The teacher **allotted work** to each student.（教師は生徒に**仕事を割り振った**）

■ 離れた

□ a point 200 m **apart from** ...（…から 200 m **離れた**点）

□ a point **at a short distance from** ...（…から**少し離れた**点）

□ ... is **far removed**.（…は**十分離れている**）▶ はるかに，離れた

□ There is **a distance of 30 m** between the two points A and B.
（二つの点 A と B は **30 m 離れている**）

□ ... bounded by two parallel planes **a distance *L* apart**.
（**距離 *L* だけ離れた**二つの平行な面に囲まれた…）▶ 囲む

□ ..., while **locations distant from the diagonal** contain zero terms.
（一方，（行列の）**対角から離れた位置**は零の項を含む）▶ 数学

□ The centerline of A **is offset from** the centerline of B.（A の中心線は B から**ずれている**）

□ ... existed in regions **substantially** (somewhat) **removed from** ends.
（端部から**十分**（いくらか）**離れた**領域に存在する ...）

□ The infinite boundary condition is specified at a finite boundary **placed at a large distance** from the object.（無限の境界条件は，対象物から**大きく離れた位置に置かれた**有限な境界で規定される）▶ 無限の，数値解析

□ the distribution of shear stress in a plane **located distance *x* from** the left support, and

5 位置と方向の表し方

at a distance *y* above the neutral axis
（左側の支持点**から *x*，**中立軸**の上 *y* の距離にある**平面におけるせん断応力の分布）

□ The contact pressure can be zero **only two or three bolt diameters away** from the bolt hole.（接触圧力は，ボルト穴から**ほんのボルト直径の 2，3 倍離れる**と零になるだろう）

■ 相対的な位置

基本 each other は（対象が二つ），one another は（対象が三つ以上）といわれているが，厳密に区別する必要はない

□ It is divided into compartments by **uniformly spaced** blades.
（**等間隔に配置された**羽根によって小さな区画に分けられている）▶ divide into の用法

□ use hydraulic wrenches, **each one 90 degrees apart**.
（**たがいに 90° 離れて配置された**油圧レンチを使う）

□ space them **equally around the circumference**.（**円周まわりに等間隔**に置く（間隔を保つ））

□ A and B are **90 degrees apart** on the element.（A と B は要素上で **90° 離れて**いる）

□ They will be **opposite each other** on the flange, **180 degrees apart**.
（それらはフランジ上で**たがいに 180° 離れた反対側**となるだろう）▶ 反対の，離れた

□ It consists of one sensor and one actuator **located 180 degrees apart from one another.**
（**たがいに 180° 離れた**センサとアクチュエータから構成される）▶ 離れた，consist of の用法

□ Four bolts **located 90 degrees from each other** behave alike.
（**たがいに 90° 離れた** 4 本のボルトは同じような挙動をする）▶ 挙動，alike の用法

□ tighten bolts 3 and 4 **located 90 degrees away from** bolts 1 and 2.
（ボルト 1，2 から **90° 離れて配置された**ボルト 3，4 を締め付ける）

■ 局所的

□ the **local** contact stress distribution（**局所的な**接触応力分布）

□ **locally** heat the earth's surface（**局所的に**地表面を加熱する）

□ It contracts **locally**.（**局部的に**収縮する）

方向

■ fundamentals

direction（方向），orientation（配置の方向，方向付け），in the direction of，toward（の方向に），in all directions，in every direction（四方八方に），in the wrong direction（間違った方向に），vertical（垂直の），horizontal（水平の），axial and radial（軸方向と半径方向），radially（放射状に），clockwise（時計回りに，右回りに），anticlockwise，counter-clockwise（反時計回りに，左回りに），orient（方向に向ける），upside down（さかさまに），turn ... upside down（…を逆さまにする），invert（逆さまにする），inward（内側に），outward（外側に），upward（上向き），downward（下向き）

■ 方向

□ The component slides **both ways**.（その部品は**両方向に**すべる）

□ ... moving it **back and forth.**（**前後に**動かせて…）

□ It would tend to rotate **clockwise**.（**時計回りに**回転する傾向があるだろう）▶ 回転

□ **toward** this face（この面**の方向に**）

□ There is a concentration of thread load **toward** the loaded face of the nut.
（ナット座面に**向かって**ねじの荷重が集中する）▶ there is の用法

□ The **through thickness** temperature distribution is similar to ...
（**厚さ方向の**温度分布は…に似ている）▶ similar to の用法

□ an intuitive understanding of the associated conventions for discrimination between **orientations** of A and B.
（A と B の**方向**を区別するための関連した慣習を直観的に理解すること）▶ 直感的，関連した，慣習，区別

■ 半径方向，軸方向

□ the **radial** stress（**半径方向**応力）

□ The gasket contact stress steeply increases **radially outward**.
（ガスケットの接触応力は**半径方向外向きに**急激に増加する）

□ If it expands **radially**, the assumption is correct.
（もし**半径方向に**広がるなら，その仮定は正しい）▶ 広がる，仮定

□ They are moved **radially** away from ...
（それらは…から離れるように**半径方向に**動かされた）▶ away from の用法

□ It is achieved by displacing the component **radially inward**.
（その部品を**半径方向内向きに**動かすことにより達成される）▶ 達成する，動かす

□ to support tensile loads **axially** along the length
（長さ方向に沿って**軸方向に**引張荷重を支えるために）▶ 支える

□ ... is restrained in the **axial direction**.（…は**軸方向**に拘束されている）▶ 拘束

■ 反対の方向

□ For the case of reversal of the load **direction**, ...
（荷重の**方向**が反転した場合について）▶ case の用法，反転

□ in the **direction** opposite from which it was previously torque-restrained
（前もってトルクを拘束した方向と逆の**方向**に）▶ 逆の，from which の用法

□ in the negative radial **direction**（負の半径**方向**に（内側向きに））▶ positive：正の

■ …の方向

□ They are in the **direction** of force F.（それらは力 F の**方向**を向いている）

□ The clamped end is on the y-z plane with x-axis running **along the length**.
（締め付けた端部は y-z 平面上にあり，x 軸が**長さ方向に沿って**いる）▶ running の用法

□ Throat dimension is assumed to be in a 45 degrees **orientation**.
（のど（狭い通路）の寸法は 45° **方向**と仮定される）▶ 寸法

□ measure arbitrarily **oriented** stresses（任意の**方向の**応力を測定する）▶ 任意に

□ Figure 1 shows an eraser marked with large square elements, one **oriented** in the **direction** of sides of the eraser, and the other at 45 degrees.
（図 1 は大きな正方形要素のマークを付けた消しゴムを示しており，一つは消しゴムの側面の**方向を向いて**おり，もう一方は 45° 方向である）▶ marked with の用法

6. 負の事象の表現

危険，事故

■ 危険

□ There is no **danger** of the plant shutdown.（プラントがシャットダウンする**危険**はない）

□ There is a lot of **danger** in running the plant at the maximum allowable temperature.
（プラントを許容最高温度で運転するのは非常に**危険**だ）▶ a lot of と running の用法

□ Cadmium can pose serious **danger**.
（カドミウムは重大な**危険**を引き起こすことがある）▶ pose の用法

□ **dangerous** and expensive consequences（**危険**で高価な結果）▶ 結果

□ This experiment requires large expenses and presents considerable **risks**.
（この実験は大きな費用がかかり，かなりの**危険**がある）▶ 費用，present の用法

□ ... because thread bearing stresses are seldom **critical.**
（なぜならねじの座面応力は滅多に**重大**ではないので）▶ 理由

□ If the part in question is **critical**, ...（もし問題の部分が**危険**なら）▶ in question の用法

□ This is not true for other highly **critical** fasteners.
（これはほかの非常に**危険な**締結要素については正しくない）▶ 正しい，highly の用法

□ If screw failure would not **endanger** human life, ...
（もしねじの破損が人間の生命を**危険にさらす**ことがなければ）▶ 破損

□ Public safety is **at stake**.（公共の安全が**危険にさらされている**（問題となっている））

■ 事故

□ (cause, give rise to, bring about) an **accident**（**事故**を起こす）

□ an **accident** in a nuclear power plant（原子力発電所での**事故**）

□ prevent **accidents**（**事故**を防ぐ）

□ to avoid any unexpected **accident**（あらゆる不測の**事故**を避けるために）▶ unexpected の用法

□ An **accident** happens. / **Accidents** happen.（**事故**が起こる）

□ **accidental** fall（墜落**事故**）

□ **accidental** explosion of gas（**不慮の**ガス爆発）▶ 爆発

□ **disaster** prevention（**災害**（大惨事）防止）▶ 防止

□ demands of future deep sub-sea projects and **contingency** operations
（将来の深い海中でのプロジェクトと**偶発的な事故**への対応作業に対する要求）

壊れる，有害

■ fundamentals

壊れるレベルを区別する場合：failure（破損，機能を果たさなくなること）< fracture（破壊，き裂が発生した状態）< rupture（破断，二つ以上に分離すること）

catastrophic failure（破滅的な壊れ方），damage（損傷，損害），breakdown（故障，破損），

seizure（焼きつき），break（壊れる，壊す），break down（壊れる，故障する），collapse（崩壊する，倒壊），crash（音を立てて壊れる，衝突，墜落），crush（押しつぶす），gall（擦る，すりむく），warp（ゆがめる，反る）

■ 破損，壊れる

□ marginal **failure**（端の部分の**破損**）
□ Most of **failures** are ...（**破損**のほとんどは…）
□ **Fatigue failures** usually initiate at the position of maximum stress concentration.
（**疲労破壊**は通常最大応力集中の位置から始まる）▶ initiate の用法
□ The bolt **fails** before the nut.（ボルトはナットより先に**壊れる**）
□ It **does not fail** in use.（それは使用中は**壊れない**）▶ 使用中
□ imminent **damage**（今にも起こりそうな**損傷**）▶ 差し迫った
□ on-line **damage** detection（オンラインによる**損傷**の検知）
□ **damaged** or incorrect parts（**損傷**部品あるいは不良部品）
□ ... is tolerant to **damage**.（…は**損傷**に対して耐える力がある）
□ Various kinds of **damage** can occur.（さまざまな種類の**損傷**が起こり得る）
□ ... before they will **break**.（それらが**壊れる**前に）
□ Stress corrosion cracking can cause a bolt to **break**.
（応力腐食によるき裂がボルトに**破壊**を引き起こす）▶ cause の用法
□ The stud would slowly stretch and eventually **break**.
（スタッドはゆっくり伸びてついには**壊れる**だろう）▶ ついに
□ The edge of the hole will **break down** under initial contact pressure.
（穴の端が初期接触圧力の下で**壊れる**だろう）▶ under の用法
□ It causes **breakdown** of contact surfaces.（それは接触面の**破壊**を引き起こす）
□ The roof **collapsed**.（屋根が**崩壊した**）
□ Be careful **not to crush** this box.（この箱を**押しつぶさない**ように注意しなさい）

■ 有害，損ねる

□ ... is not **harmful**.（…は**有害**ではない）▶ beneficial：有益な
□ It can be **detrimental** to accuracy than shown by this example.
（この例で示されるよりも精度に対して**有害**となり得る）▶ 精度，than の用法
□ The effect of having a flat bottomed groove is **detrimental** to the maximum stress in the bolt.
（底が平らな溝を付けることによる影響は，ボルトの最大応力に対して**有害**である）▶ having の用法
□ They **impair** the quality of the products.（それらは製品の質を**損なう**）
□ ... without **impairing** the quality of the components.（部品の品質を**損なう**ことなしに）
□ It can increase the temperature sufficiently to **impair** its performance.
（それの性能を**害する**ほど十分に温度を上昇させる可能性がある）▶ 性能，sufficiently の用法
□ give off flammable or **toxic** gases（可燃性あるいは**有毒な**ガスを発する）
□ It should be kept free from **dust**, **grit** and **grease**.
（**ほこり**や**砂**や**グリース**がない状態に保つべきである）▶ free from の用法

■ さまざまな損傷

□ detect **flaws**（**傷**（ひび）を探知する）
□ the presence of **flaws**（**傷**が存在すること）
□ **flattening** of protrusion（突起部分が**つぶれる**（平らになる））
□ **flattening** of surface asperities（表面突起が**つぶれる**）
□ **Peel** and **cleavage** loadings should be avoided.（**はがれて裂ける**ような荷重は避けるべきだ）
□ **galling** between nut and bolt（ボルトとナットの間の**擦れ**）
□ to avoid visual **marring**（目に見えるような**ひどい損傷**を避けるために）▶ 避ける
□ A surface area **damaged** by cavitation appears **roughened** with closely spaced pits.
（キャビテーションで**損傷**された表面は，小さな穴が密集して**でこぼこ**（ざらざら）に見える）▶ 密集
□ make **scratch marks** on the line（線に沿って**引っかき傷**を付ける）
□ ..., without leaving residual liquid to encourage **corrosion**.
（残った液体が**腐食**を促進することがないように）▶ encourage の用法

■ others

□ for structural **health monitoring**（構造物の**状態監視**のために）
□ to cause the least **disruption** of the manufacturing schedule
（製造予定の**崩壊**が最小となるように）▶ least の用法
□ without **disrupting** the existing procedure（既存の手順を**壊す**ことなしに）

失う，消える，失敗

■ 失う

□ The beneficial effect is **lost**.（有効な効果が**失われる**）▶ 有効な
□ ... has **lost** contact.（…が接触**しなくなった**）
□ If traction is **lost**, ...（もし摩擦（牽引力）が**なくなる**と）
□ to recover clamping force **lost** during this time
（この間に**失われた**締め付け力を回復するために）▶ 回復
□ a rapid **depletion**（急速な**枯渇**（消耗，減少））
□ ..., allowing the fastener to **shed** some of its stored energy.
（締結部品が蓄えたエネルギーのいくらかを**失う**（こぼす）ことを許して）▶ allow の用法
□ The stabilized gaskets won't **shed** the same percentage of clamping force in the next 18 hours.
（安定状態となったガスケットは，つぎの 18 時間に同じ割合の軸力を**失う**ことはないだろう）▶ 安定

■ 消える

□ **die** out with time（時間とともに**消える**（弱まる））▶ with time の用法
□ Its first variation δJ **vanishes**.（それの第一変分が**消える**）▶ 数学
□ **Elimination** or drastic reduction of the end fixity would correspondingly **eliminate** ...
（端部の固定が**なくなる**か劇的に減少すると，それに従って…が**なくなる**）▶ 減少，相応して，除く
□ There is **zero** clamping force between joint members.
（継手部材間の締め付け力が**零**になっている）

□ a growing realization of the **scarcity** of the raw materials
（原材料の**欠乏**（不足）がますます現実化すること）▶ growing の用法，実現，原材料

■ 損失

□ an insignificant **loss** in accuracy（取るに足りない精度の**損失**）▶ 精度，重要ではない

□ a finished product with no scrap **loss**（スクラップの**ロス**がない完成品）▶ no の用法

□ It suffers a **loss** of strength.（強度の**損失**を被る）▶ 被る

□ They can result in lower percentage **losses**.
（それらは結果としてより少ない割合の**損失**となり得る）▶ result in と percentage の用法

□ Structural steel showed a **loss** of 2-11% of preload immediately after tightening, followed by another 3.6% in the next 21 hours.
（構造用の鋼は，締め付け直後に 2 ～ 11% の初期締め付け力の**損失**を示し，その後の 21 時間でさらに 3.6% 失った）▶ 量，直後，followed by の用法，時間

□ Thin bolts will allow less **loss** of clamping force, for a given change in gasket thickness.
（与えられたガスケット厚さの変化に対して，細いボルトは締め付け力の**低下**がより小さくなる）
▶ 細い，allow と less の用法

□ The example indicates the increased expense **incurred** in a three dimensional analysis.
（その例は，三次元解析において**損をする**費用の増加を示している）▶ 示す，increased の用法

□ The process is very **wasteful** of material.（その工程は材料の大変な**浪費**となる）

□ This gives 20% greater radial load capacity at the **expense** of sharply reduced thrust capacity.
（これにより，急な推力容量の低下を**損失**（出費）として，半径方向の負荷容量が 20% 大きくなる）

■ 失敗

□ The attempt was **unsuccessful**.（試みは**失敗**に終わった）

□ **fail** in an experiment（実験が**失敗**する）

□ My attempts suffered one **failure** after another.
（私の試みは**失敗**につぐ失敗だった）▶ 経験する，one ... after another の用法

7. 実験に関する表現

実験

■ fundamentals

test equipment，experimental setup，the equipment for the experiment（実験装置），testing set，testing device（試験装置），experimental results, the result of the experiment（実験結果），experimental procedure，the method of experimentation（実験方法），testing method（試験方法），preparatory experiment（予備実験）

■ 実験，実験する

□ The **experiment** has resulted in failure.（**実験**が失敗した）▶ result in の用法

□ This law was verified by a series of **experiments** which we conducted.

（この法則はわれわれが実施した一連の**実験**によって確かめられた）▶ 確かめる，一連の，実施

□ The data scatter illustrated in Fig.1 is typical for carefully controlled **tests**.
（図 1 に示したデータのばらつきは，注意深く調整された**実験**では典型的なものである）
▶ ばらつき，図示する，典型的，注意深く

□ The wearing **test** was done 10,000 times.（摩耗**実験**を 10 000 回実施した）▶ 回数

□ perform (conduct) a few **experiments**（数回**実験**する）▶ 実施

□ We conducted an **experiment** according to the following program.
（以下の計画に従って**実験**を実施した）▶ according to の用法

□ Read the following procedure, then proceed with the **experiment**.
（以下の手順を読んで**実験**を続けなさい）▶ proceed with の用法，proceed to：…に進む

□ They are demonstrated in the course of the **experiment**.
（それらは**実験**の過程で証明される）▶ 証明する，in the course of の用法

■ 実験の説明

□ This involves a costly **laboratory** procedure.（これは高価な**実験**手順を含んでいる）▶ 高価な

□ all the **experimental** conditions（すべての**実験**条件）

□ The **fixture** shown in Fig.1 was designed to **test** the utility of ...
（図 1 に示した**設備**は…の有用性を**試験する**ために設計された）▶ 有用性

□ cross section of **test setup**（**実験装置**の断面）

□ apply grease to the joint（継手にグリースを塗る）

□ ... when light **struck** certain metals.（光がある金属に**当たった**とき…）

□ The indicator is **graduated** in divisions of 0.01 inch and is read by interpolation to the closest 0.001 inch.（指示器は 0.01 インチ刻みで**目盛りが付けられて**おり，内挿することによって 0.001 インチまで読み取れる）▶ 目盛り，内挿，division と closest の用法

□ **observation** by a light microscope of 150 magnifications
（倍率 150 倍の光学顕微鏡による**観察**）▶ 倍率

□ After **testing** with strain-controlled loading to isolate elastic interaction, ...
（弾性相互作用を分離するために，ひずみ制御方式で荷重を与えて**試験**をした後）▶ 分離する

□ Not only torque and tension data but also angle data are **recorded**.
（トルクと張力のデータだけでなく，角度のデータも**記録**される）▶ not only ... but also の用法

■ 実験結果

□ **Experimental** evidence suggests that ...（**実験による**証拠が…を示している）▶ 提案する

□ **Experimentally** determined values can be ...（**実験によって**求めた値は…となり得る）▶ 値

□ inconsistent **experimental results**（矛盾する**実験結果**）▶ 矛盾

□ From available **experimental data**, ...（利用できる**実験データ**から）▶ available の用法

□ some of the **observed values**（**観測値**の中のいくらか）

□ **Readings** were taken to indicate the change in distance from A to B.
（**データの読み**は A から B までの距離の変化を示すために取られた）▶ 示す，変化

□ the conductivity **reading** of the tank（タンクの伝導性の**読み**）

□ The thermometer **reading** is twenty degrees.（温度計の**読み**は 20° である）

■ 実験と解析

- □ Close correlation between **computed and measured results** demonstrates the validity of the computational models and procedures.（**計算値と実験値**がよく一致することが，計算モデルと手法の妥当性を証明している）▶ close の用法，相互関係，証明，妥当性
- □ ..., either **experimentally** or **analytically**.（**実験**あるいは**解析的**に…）▶ either ... or の用法
- □ **Experiment and analysis** show that when such a joint is loaded, ...（そのような継手が荷重を受けるとき，**実験と解析**は…であることを示す）▶ when の用法

■ 試験片，小片

- □ test piece, test specimen（試験片）
- □ an actual **test specimen**（実際の**試験片**）
- □ This would require the use of **test specimens**.（これには**試験片**を使うことになるだろう）
- □ The **specimen** exhibits a 0.2% elongation.（その**試験片**は 0.2% の伸びを示す）▶ exhibit の用法
- □ The surface **debris** thus formed oxidizes to form powdery abrasive particles.（このように形成された表面の**破片**は，酸化して粉状の研磨粒子を作る）▶ thus と form の用法

測定

■ fundamentals

a method of measurement（測定方法），a measured point（測定点），experimental points（実験点）the measuring range（測定範囲），time measurement（時間の測定）

■ measurement と measure の用法

- □ the **measurement** of air pollution (the stored energy, flow quantity)（空気汚染（蓄えられたエネルギー，流量）の**測定**）
- □ electrical **measurements** made with the sensors（そのセンサを用いた電気による**測定**）▶ made with の用法
- □ Careful **measurements** show ...（注意深く**測定する**と…がわかる）▶ 注意深い
- □ Emerging ultrasonic techniques make **on-site measurement** of ... a practical reality.（超音波技術の出現により，…の**現場での測定**が現実味を帯びてきた）▶ 出現する，現場，現実
- □ More than one **measurement** must be made to independently verify the desired results.（望ましい結果を独立して確かめるためには，1 回以上**測定**しなければならない）▶ more than の用法，独立して，確かめる
- □ The derivation of load distributions from **measurements** of the deformation is unsatisfactory.（変形の**測定**から荷重分布を求めることは不十分である）▶ 誘導，不十分
- □ ... are **measured** for varying temperatures.（…はさまざまな温度に対して**測定**される）▶ varying の用法
- □ ... approximates the **measured** stiffness.（…は**測定した**剛性を近似する）▶ 近似
- □ a method for **measuring** ...（…を**測定する**方法）
- □ **Measuring** the stretch of a bolt by ultrasonic means is least intrusive technique.（超音波技術によるボルトの伸びの**測定**は最も押し付けがましくない技術である）▶ least の用法
- □ They could theoretically determine A by first **measuring** arbitrarily oriented strains.

（彼らは最初に任意の方向のひずみを**測定する**ことにより，理論的にAを決定できた）

▶ 理論的，決定する，first と arbitrarily oriented の用法

■ 尺度

□ It is thought of as a **measure** of the local stress at the crack root.
（それはき裂の底の局部的な応力の**尺度**と考えられている）▶ think of の用法

□ The second quantity is the **measure** of how much water has flowed across the surface of the system.（2番目の量は，系の表面を横切ってどれだけの水が流れたかを示す**尺度**である）▶ 量

□ Ultimate strength is rarely a good **measure** of the design strength.
（（材料の）極限強さは滅多に設計強度の良い**尺度**にはならない）▶ rarely の用法

精度

■ fundamentals

accuracy，precision（精度），very accurate, highly precise（精度が高い），with high accuracy, accurately（高い精度で），with the same precision（同じ精度で），inaccurate（精度が悪い，不正確な）

■ 精度

□ temperature **accuracies** of plus minus 2％（±2％の温度の**精度**）

□ The **accuracy** of the measurement was ...（測定**精度**は…であった）

□ This **accuracy** is sufficient for most purposes.
（この**精度**は大抵の目的には十分である）▶ 十分，大抵の

□ This **accuracy** is still not satisfactory.（この**精度**は依然満足できるものではない）▶ 満足

□ ... considering the **accuracy** of the experiment（実験の**精度**を考慮して）

□ improve the **accuracy**（**精度**を改善する）

□ Greater **accuracy** will be obtained.（より高い**精度**が得られるだろう）

□ An increased **accuracy** can be obtained.（**精度**の向上が得られる）

□ a compromise between solution **accuracy** and computational expense
（解の**精度**と計算費用の間の妥協）▶ 妥協，費用

□ ... requires finishing of rigorous **accuracy**.（…は厳密な**精度**の仕上げを要求する）

□ It is detrimental to **accuracy**.（**精度**に有害である）▶ 有害

□ a relatively large increase in the **accuracy** of ...（…の**精度**の比較的大きな増加）

□ They are used to permit the axial **free play** of the shaft to be adjusted to the desired amount.
（軸の長手方向の**遊び**が望ましい値に調整されることを許すように使われる）▶ 許す，調整する，量

■ 精度が高い，低い

□ **high-precision** gears（**高精度**の歯車）

□ greater profile **accuracy**（より高い外形の**精度**）

□ costly **precision** manufacturing（高価な**高精度**の加工）

□ Closer dimensional **accuracy** may be required.（より高い寸法**精度**が要求されるだろう）

□ Quite remarkable **accuracy** can be achieved.（まったく驚くべき**精度**が達成できる）▶ 目立つ

□ Small distance increments could be used for greater **accuracy**.
（より高い**精度**のためには，小さな距離の増分が使えるだろう）▶ 数値解析

□ Those parts are given a **high** polish.（それらの部品は**高精度**で研磨される）

□ bore highly **accurately**（非常に**高い精度で**穴を空ける）▶ 強調

□ The elements have relatively low **accuracy**.（その（有限）要素は比較的**精度**が低い）▶ 比較的

□ low **accuracy** approximations（**精度**の低い近似）▶ 近似

□ ..., particularly for **nonprecision** applications.（特に**精度が高くない**応用例に対して…）▶ 特に

□ with much less torque control（ずっと低いトルク制御（の**精度**）で）▶ much less の用法

□ an **elaborate** hydraulic control system（**精巧な**油圧制御システム）

■ 精度の程度

□ They may then be solved to a certain **accuracy**.
（それゆえある程度の**精度**で解かれるだろう）▶ then の用法

□ It is appropriate for gears of ordinary **accuracy**.
（普通の**精度**の歯車には適切である）▶ 適切，普通の

□ This procedure produces results within acceptable engineering **accuracy**.
（このやり方によると，許容できる工学的な**精度**の範囲内で結果が得られる）▶ 許容，工学的

□ Both show subdivisions sufficient to obtain a reasonable engineering **accuracy**.
（両者は，ほど良い工学的な**精度**を得るために十分な細分化を示している）▶ sufficient の用法

□ This particular approximation is **accurate** to 0.25% on the range of the table.
（この独特の近似は，表の範囲上で 0.25％の**精度**である）

□ a balance **accurate** to about 1 g（**精度**が約 1 g の天秤）

□ This can be read to 0.5% or better.（0.5％またはそれ以上の**精度**まで読める）

誤差

■ fundamentals

tolerance（公差，許容誤差），experimental errors（実験誤差），an error in measurement（測定誤差），a truncation error（打ち切り誤差），a negligible error（無視できる誤差），a round-off error, a rounding off error（丸め誤差），accumulated errors（累積誤差）

■ 誤差の程度

□ relatively small **errors**（比較的小さな**誤差**）▶ 比較的

□ ... with **errors** of order $(\Delta t)^2$（$(\Delta t)^2$ のオーダーの**誤差**を持つ…）

□ without serious **errors**（重大な**誤差**なしに）

□ ... leads to noticeable **errors**.（…によってかなりの**誤差**が生じる）▶ noticeable の用法

□ **Errors** remain less than ...（**誤差**は…より小さい状態である）▶ remain の用法

□ This method cannot be welcome because it produces a large **error**.
（この手法は大きな**誤差**を生じるので歓迎されない）▶ 生じる

□ Obviously substantial **errors** have arisen.（明らかにかなりの**誤差**が発生している）

□ ... until it reaches an acceptable level of **error**.（許容な**誤差**レベルになるまで）▶ 許容

■ 誤差の原因 ▶▶▶ 原因

□ the **error** due to ...（…が原因で起こる**誤差**）
□ the source of **error**（**誤差**の原因）
□ to reduce **round-off error**（**丸め誤差**を小さくするために）
□ A major cause for the **error** is ...（**誤差**の主要な原因は…である）
□ At least two sources of **error** are now apparent.
（現在少なくとも**誤差**の二つの原因は明白だ）▶ at least と source の用法
□ **Errors** due to round-off are always possible.
（丸めに起因する**誤差**は常に起こり得る）▶ possible の用法
□ A geometric **error** can be developed there.
（そこでは幾何学的な**誤差**が起こり得る）▶ 幾何の，develop の用法
□ The **error** is the difference between assumed and exact solutions.
（その**誤差**は仮定した解と真の解の差である）▶ 差，仮定

■ others

□ the **uncertainty** analysis by Dr.A（A 博士による**不確かさの**解析）
□ Manufacturing **tolerances** on the shaft are ...（軸の製造上の**公差**は…である）
□ the influence of the flatness **deviation**（平面度の**誤差**の影響）▶ 影響
□ We define acceptable **flatness** for flat washers as being 0.005 inch in washers with diameters up to 0.875 inch.（直径 0.875 インチまでのワッシャでは，平ワッシャに許容される**平面度**は 0.005 インチと定義する）▶ 定義，許容，being の用法，up to の用法

ばらつき

■ fundamentals

scatter, scattering, dispersion（ばらつき），variation（変化），vary widely（大きく変化する），the amount of scatter（ばらつきの大きさ）

■ 例文

□ The data **scatter** shown in Fig.1 is ...（図 1 に示したデータの**ばらつき**は…）
□ There is a considerable amount of **scatter** in the experimental results.
（実験結果にかなりの量の**ばらつき**がある）▶ かなり，量
□ focus on friction **scatter**（摩擦の**ばらつき**に焦点をおく）
□ ... with sufficiently low **scatter**（十分に**ばらつき**が小さい…）▶ 十分
□ ... with a resulting **scatter** in stress of only 2% of 150 MPa.
（結果的には 150 MPa のわずか 2% の応力の**ばらつき**で…）▶ with の用法
□ a substantial difference in the torque-preload **scatter**
（トルクと軸力の関係の**ばらつき**における重大な差）▶ 実質的
□ Post-assembly relaxation effects further **disperse** the already **scattered** tensions.
（組み立て後のゆるみの影響は，すでに**ばらついていた**張力をさらに**ばらつかせる**）▶ さらに
□ The experiment showed such a wide **dispersion** that it was utterly impossible to find any features from which a law could be derived.（実験では，法則が導けるような特徴を見いだ

すことがまったく不可能であるような大きな**ばらつき**を示した）▶ 実験，utterly と from which の用法，法則

□ Even perfect input torque can give us a ±25-30% **variation** in preload.
（たとえ正確に入力トルクを与えても，軸力は ±25 ～ 30% 程度**変化**する）▶ 完全な

8. 数学に関する表現

数学

■ 基本代数

□ べき乗

a^2：a square(d)，a^3：a cube(d)，a^4：a to the forth，a^{-1}：a to the minus one，a^n：the nth power of a，$\sqrt{25}$：the (square) root of 25，$\sqrt[3]{375}$：the cube root of 375，$\sqrt[n]{a}$：the nth root of a

□ a quadratic polynomial（2 次多項式），a quadratic equation（2 次方程式）

□ a set of linear simultaneous equations（(線形) 連立一次方程式）

□ $\boldsymbol{Ax} = \boldsymbol{b} \rightarrow \boldsymbol{A}$：coefficient matrix（係数マトリックス），$\boldsymbol{x}$：vector of unknowns（解ベクトル），$\boldsymbol{b}$：vector of known quantities（定数ベクトル）

□ **transfer** the term from the right to the left side.（その項を右辺から左辺に**移項する**）▶ 項

□ ..., in which each unit is a **multiple** of 10.（そこで各部分は 10 の**倍数**である）▶ each の用法

■ 比例，反比例

□ in proportion to (with)，proportional to（比例する）

□ in inverse propotion to，in inversely proportional to（反比例する）

□ Wear rate is **proportional** to the product of sliding velocity times pressure.
（摩耗速度は圧力と滑り速度の積に**比例**する）▶ 摩耗，割合，積

□ The strain is directly **proportional** to stress.（ひずみは応力に正**比例**する）

□ It may well add stiffness far out of **proportion** to its strength.
（それは強さに**比例する**よりはるかに大きな剛性を追加するだろう）▶ far out of の用法

□ ... with individual deformations in **inverse proportion** to individual spring constants.
（個々の変形が各ばね定数に**反比例して**）▶ with の用法

□ It causes rotation at an angular velocity ratio **inversely proportional** to their diameters.
（それは直径に**反比例**する角速度比で回転する原因となる）▶ 回転，角度の，比率

□ Ball bearing life varies **inversely** with approximately the third power of the load.
（玉軸受の寿命は荷重のおよそ 3 乗に**反比例して**変化する）▶ 寿命，with の用法，およそ，べき乗

■ 代数

□ significant figures（有効数字）

□ a complex number（複素数），an imaginary number（虚数）

□ a curve of second degree（二次曲線）

□ natural logarithm（自然対数）

□ ... will always represent **quadratics**.（…はつねに**二次式**を表すだろう）

□ It is the **equation of an catenary**.（**カテナリー曲線の式**である）
□ Equation (1) was written to correspond to the general **equation of a parabola**.
（式 (1) は一般的な**放物線の式**に対応して書かれた）
□ the **third-degree polynomial** of the type（そのタイプの**三次の多項式**）
□ **polynomial** expression（**多項式による**表示）
□ If we group r **binary variables** together, ...（もし r 個の**二進法の変数**をまとめると…）
□ **Powers** of x are certainly the easiest for these operations.
（x の**べき乗**は確かにこれらの操作にとって最も簡単である。）
□ For 3-dimensional problems we form **a vector product** ...
（三次元問題のために…のように**ベクトル積**を形成する）
□ They are, with suitable definition, capable of extension to an **algebra of vectors**.
（適切に定義すると**ベクトル代数**に拡張できる）▶ 定義，with の用法，拡張，挿入の文法
□ ***Vector u*** is composed of fractional parts of the solution ***vector v*** from the previous iteration.
（**ベクトル *u*** は前回の反復で得られた解**ベクトル *v*** のわずかな部分から構成されている）▶ 数値解析
□ The magnitudes of the incremental forces are arranged to be either in a **geometric** or an **arithmetic progression**.
（力の増分の大きさは**等比数列**か**等差数列**のいずれかで並べられる）▶ either ... or の用法
□ It involves such a **complex series solution**.（そのような**複素数の級数解**を含む）
□ ... is of the form of an **infinite series**.（…は**無限級数**の形式である）▶ 形式
□ A logical choice for a trial solution would be the first few terms of a **power series**.
（試行的な解に対する論理的な選択は，**べき級数**の最初の数項であろう）
□ the **complex-valued** amplitudes of displacement（変位の**複素数値**の大きさ）▶「-」の用法
□ ... assuming that A and B represent **complex numbers**.
（A と B が**複素数**と仮定すると…）▶ 仮定
□ The **recursion formulas** fall into two general classes.
（**漸化式**は二つの一般的な種類に分類される）▶ fall into の用法，種類
□ rely on **recurrence formulas**（**漸化公式**に頼る）

■ 行列

□ This **matrix** has order $m \times n$ (m by n).（この**行列**は m 行 n 列である）
□ $n \times n$ null **matrices**（成分が零の n 行 n 列の**行列**）
□ ***J*** would not possess **an inverse**.（行列 ***J*** は**逆マトリックス**を持たないだろう）
□ ***K*** must be modified to render it **nonsingular**.
（行列 ***K*** は**特異でなく**するために修正しなければならない）▶ 修正
□ The $n \times n$ ***matrix A*** contains the flexibility coefficients.
（n 行 n 列の**行列 *A*** は柔軟性を表す係数を含んでいる）▶ 含む
□ The nonzero terms are **clustered**.（非零項が**集まっている**（密集する））
□ Essentially the **nonzero terms** are contained in a band centered on the diagonal.
（本質的に（行列の）**非零項**は対角線を中心とした（ある幅の）バンドの中に含まれる）
□ ... by adding the elements of a row, placing the result on the diagonal, zeroing the **off-**

diagonal elements.
（行成分を追加し，その結果を対角成分におき，**非対角成分**を零とすることによって…）

□ Since ***K*** is **symmetric**, we need only work on the **terms** for which $j > i$.
（行列 ***K*** は**対称**なので，j が i より大きい**項**についてのみ式を操作すれば良い）

□ This action **zeroes** the first column of terms in the **matrix**, and that leaves three equations with two unknowns.
（この操作は**行列**の最初の列の項を**零とし**，その結果二つの未知数を持つ三つの方程式が残る）

■ 微分

□ first **derivative**（一次**導関数**）

□ a first-order time **derivative**（時間に関する一次**導関数**）

□ ... have continuous **derivatives** to any order.
（…は任意の次数まで連続した**導関数**を持つ）▶ 連続した，any の用法

□ linear second-order **partial differential** equations（線形二階の**偏微分**方程式）

□ for arbitrary **variation** Δs（任意の**変化量**（変分）Δs に対して）▶ 任意の

□ Field problems share the common characteristic of being governed by similar **partial differential equations**.（場の問題は，類似の**偏微分方程式**により支配されるという共通の特性を持っている）▶ 共通の，特性，share と being の用法

□ By the usual rules of **partial differentiation**, we can write the **derivatives** as ...
（通常の**偏微分**の規則により，**導関数**を…のように書くことができる）

□ First, compute energy; then take the **partial derivative** to get deflection.
（最初にエネルギーを計算して，つぎにたわみを求めるために**偏微分**する）▶ first，then の用法

□ ..., whenever **derivatives** of the **dependent variables** with respect to the circumferential coordinates are zero.（円周方向座標に関する**従属変数の導関数**が零のときはいつでも）
▶ with respect to の用法，independent variable：独立変数

■ 積分

□ **integration** over the entire surface（全面にわたる**積分**）

□ ... is the **integral** of A times B.（…は A と B の積の**積分**である）

□ Evaluation of the **integrals** over the element cross section is ...
（要素の断面にわたる**積分**を求めることは…）▶ 評価

□ the **constants of integration** c_3 and c_4（**積分定数**の c_3 と c_4）▶ 定数

□ **Algebraic integration** usually defies our mathematical skill.
（**代数学的な積分**は，通常われわれの数学のスキルを受け入れない）▶ 受け付けない

□ evaluation of the three **definite integrals**（三つの**定積分**の評価）▶ indefinite integral：不定積分

□ Two **integrals** are involved, one covering the range of y from 0 to 30 and the other from 30 to 40.
（二つの**積分**が含まれており，一方は y が 0 ～ 30，もう一方は 30 ～ 40 の範囲をカバーしている）

□ The **area integrals** must be changed to **volume integrals** and the **line integral** transformed to ...（**面積積分**は**体積積分**に，**線積分**は…に変換しなければならない）
▶ 線積分：a curvilinear integral，面積積分：a surface integral も可能，変換

□ They are involved in determining the values of $f(x)$, the function to be **integrated**.

8 数学に関する表現

（それらは**積分**される関数である $f(x)$ の値を決定することに含まれる）▶ 含む

□ ... by **integrating** the shear stress along a line joining the thread roots parallel to the bolt axis.（ボルトの軸に平行なねじ谷底を結ぶ直線に沿って，せん断応力を**積分する**ことにより…）▶ 結合する，平行

□ ..., irrespective of whether or not **integration by parts** has been performed.（**部分積分**を実施したかどうかに関係なく…）▶ 関係なく，whether or not の用法

□ If this hypothesis is true, then symmetry of the matrix would no longer be a compelling argument for **integration by parts**.（もしこの仮定が正しければ，行列の対称性はもはや**部分積分**にとって強制的な議論ではなくなる）▶ 仮定，対称，no longer と compelling の用法

□ It can be reproduced readily from the simplest concepts of **integral calculus**, thereby avoiding dependence upon memory.（それは最も単純な**積分計算**の考え方から簡単に再現できる。それによって記憶への依存を避けることができる）▶ 再現する，簡単，thereby の用法，避ける，依存

■ 統計

□ the least squares method, the method of least squares（**最小自（二）乗法**）

□ to predict the behavior of a larger **population**（より多くの**個体数**の挙動を予測するために）

□ ... **statistically** predicts the variation in a large number population using 3 σ as criterion.（…は，**統計学的に**多くの個体数（人口）に対する変動を 3σ の基準を用いて予測する）▶ standard deviation σ：標準偏差

□ ... introduces an element of **statistical** gambling into the assembly process.（…は，組み立て過程に**統計的な**ギャンブルの要素を取り入れる）

■ others

□ Some **mathematical manipulation** will show that ...（いくらかの**数学的操作**から…が示されるだろう）

□ It lies within 30 degrees of the **algebraically** highest of ...（それは…の**代数的に**最も高い値の 30° 以内にある）▶ lie の用法

□ **Fourier series** expansion（**フーリエ級数**展開）

□ necessary conditions for **extreme values**（**極値**に対する必要条件）

□ an **extremum** of the **functional**（**汎関数**の**極値**）

□ a **tensor** of the first rank（一階の**テンソル**）

□ free index, dummy index, summation convention（自由標，擬標，総和規約：テンソル用語）

幾何

■ fundamentals

straight line, curved line（直線と曲線），solid line, dotted line, dashed line（順に実線，点線，破線），diagonal（対角線），four half-diagonals（4 本の半対角線），circumference（円周），perimeter（周囲，周囲の長さ），periphery（外周，周囲），peripheral（周囲の），along its circumference（円周に沿って），hyperbola（双曲線），hyperbolic（双曲線の），a tangent, a tangent line（接線），tangential（接線の），perpendicular（垂直な，垂線），normal（垂直な，垂線，法線），perpendicular to, normal to, at a right angle to（に垂直な），right angle（直角），

right-angled（直角の），orthogonal（直交の），be (meet) at right angles to (with)（と直角に交わる），a right triangle，a right-angled triangle（直角三角形），a rectangular prism（直方体），regular tetrahedron（正四面体），regular hexahedron（正六面体），regular octahedron（正八面体），regular dodecahedron（正十二面体），regular icosahedron（正二十面体），a hemispherical dome（半球状のドーム），a fan-shaped part（扇形の部品），ring（円形），annulus（環形），annular（環状の）

■ 幾何の基本表現

□ A triangle has three **sides** and a cube has six **sides**.
（三角形は三つの**辺**を持ち，立方体は六つの**面**を持つ）

□ ... for **rectangular** cross sections starting from the **square** $b/c = 1$
（b と c の比が 1 の**正方形**で始まる**長方形**断面に対して）

□ a **sphere** with diametrical loads（直径方向の荷重を受ける**球**）▶ 方向，with の用法

□ a smaller **hexagonal** connection（より小さな六角形の継手）▶ pentagon：五角形，octagon：八角形

□ the **hypotenuse** of a triangle with sides equal to the horizontal distance
（水平方向の距離に等しい辺を持つ三角形の**斜辺**）▶ 水平

□ The rod has **cross-sectional area** A and **perimeter** B.
（その棒は**断面積**が A で**周囲の長さ**が B である）

□ A tangential force of 500 N acts on the **periphery** of a wheel.
（車輪の**外周に** 500 N の接線方向の力が作用している）▶ 作用

□ The pond is almost three miles in **circumference**. / The **circumference** of the pond is almost three miles.（その池の**周囲**は約 3 マイルである）

□ **solid round** and **rectangular sections**（**中実円断面**と**長方形断面**）

□ the ratio of **inside** to **outside diameter**（**内外径**比）▶ ratio の用法

□ P is the **midpoint** (middle point) of the **side** BC.（P は**辺** BC の**中点**である）

□ Finally, imagine the **cone angle** steepened to the extent shown in Fig.1.
（最後に，図 1 に示した程度の急な**円すい角度**を考えてみなさい）▶ 急な，程度

□ It is expressed as a linear function of the three **vertex** nodal values of A.
（それは A の三つの**頂点の**節点値の線形の関数として表される）▶ 線形

□ **geometric** spring axis（ばねの**幾何学的**な軸）

■ 面積

□ the interface **area** and the hole **area** of the the bolt（界面の**面積**とボルト穴の**面積**）

□ projected **area**（投影**面積**）

□ the magnitude of the loaded **area**（荷重を受ける**面積**の大きさ）

□ It has a rectangular **area** of dimensions dx and b.
（それは寸法が dx と b の長方形**断面**である）▶ 寸法

□ The contact **area** is independent of the bolt preload.
（接触**面積**はボルト軸力に無関係である）▶ 無関係

■ 相似

基本 similarity（相似），similar to（に相似），analogous to（に類似の），similar figures（相似形），similar triangles（相似三角形）

□ The corresponding angles of **similar triangles** are equal.
（**相似三角形**の対応する角は等しい）▶ 対応

□ two objects with **similar form** and different sizes
（**相似で**大きさが異なる二つの対象物）▶ with の用法

□ the pump that was built **geometrically similar** to the actual pump
（実際のポンプと**幾何学的に相似に**つくられたポンプ）

■ 角度，辺，位置の表し方

□ 60-degree angle（60°の**角度**），a level of 45 degrees（45°程度の**角度**）

□ the **angle** made by two lines（二つの直線のなす**角度**）

□ It has shoes 80 mm wide that attach at **90 degrees** to the drum surface.
（それはドラムの面の **90°** の範囲で接触する幅 80 mm のブレーキシューを持つ）▶ 取り付ける

□ the **angle** between a **tangent** to the pitch circle and a **perpendicular** line to the gear tooth profile at the pitch point
（(歯車の）ピッチ点において，ピッチ円の**接線**と歯形曲線に**垂直な**線のなす**角度**）

□ L, M and N denote the **sides** respectively **opposite the angles**.
（L と M と N はそれぞれ**角の向かい側の辺**を表す）▶ それぞれ，opposite の用法

□ from the energy balance of a small square of **side** L
（**一辺**が L の小さな正方形のエネルギーバランスから）▶ 釣合い

□ determine the deflection for the **three-sided** bracket
（**三辺を持つ**ブランケットに対するたわみを決定する）

□ the surface area **lateral** to a one-dimensional direction
（一次元の方向の**横に位置する**（側面の）表面の面積）

□ the loads applied **laterally** to the length（長さ方向に対して**横方向から**与えた荷重）

■ 平行

□ ... bounded by two **parallel** planes（二つの**平行な**面で囲まれた…）

□ along a line of action more or less **parallel to** the axes of the bolts.
（ボルトの軸におよそ**平行な**作用線に沿って）▶ 作用線，more or less の用法

□ The shear stress was imposed by applying a force along the plane of the joint and **parallel to** the long side of the component.（せん断応力は，継手の面に沿い，そして部品の長い面に**平行**に力を与えることによって負荷された）▶ 課する

□ a **parallel-sided** wall of thickness t of thermal conductivity λ
（熱伝導率が λ で厚さ t の**平行な**壁）▶「-」の用法

□ The load P is carried in shear through **two areas in parallel**.
（荷重 P は**二つの平行な領域**を通してせん断荷重として支えられる）▶ through の用法

□ The face of hub is **flush** with the end of the shaft.
（ハブの面は軸の端と**同じ高さ**（同一平面）にある）

□ **non-parallelism** of the bearing surface（軸受の面が**平行でないこと**）

■ 直角，垂直

□ Two lines are **perpendicular** to each other.（二つの線はたがいに**垂直**である）

□ ... **perpendicular** to each other（たがいに**垂直な**…）

□ The stress in a direction **perpendicular** to the *x*-*y* plane is not zero.
（*x*-*y* 平面に**垂直な**方向の応力は零ではない）▶ 方向

□ force *F* **normal** to the thread face, and force *N* along the thread face
（ねじ面に**垂直な**力 *F* と沿った方向の力 *N*）

□ **normal** stiffness of the machined surface（機械加工面の**垂直方向の**剛性）

□ the **normal** stiffness of the interface（界面の**垂直方向の**剛性）

□ The resulting friction forces cause **tangential** and **normal** stresses.
（結果として生じた摩擦力は**接線方向**と**法線方向**の応力を発生する）▶ 引き起こす

□ If the curvilinear coordinates are of the normalized type based on the **right prism**, ...
（もしその曲線座標が**直角な角柱**に基づいた正規化されたタイプであれば…）
▶ 座標，of + 名詞の用法，基づく

□ They are subjected to shear loads at **right angles** to the axis of the bolt.
（それらはボルトの軸に**直角**にせん断荷重を受ける）

■ 接線

□ a **tangent** which touches the circle at point A（点 A で円に接触する**接線**）▶ touch の用法

□ a line **tangent to** the curve（その曲線の**接線である**線）

□ the **tangent** to the curve from at any point（任意の点から引いた曲線に対する**接線**）

□ A **tangent** to a circle has but only one point in common with the circle.
（円の**接線**はその円と一点だけ共有する）▶ but only の用法

□ The slope of the **tangent** to the curve is $2x$.
（その曲線の**接線**の傾きは $2x$ である）▶ gradient：勾配（傾き）

□ at a **slope** of 1:15 (one fifteenth)（1/15 の**傾き**で）

■ 対称

□ line **symmetry**（**線対称**）

□ **planes of symmetry**（**対称面**）

□ **Symmetry** has been used.（**対称性**が考慮される）

□ Because of the **double symmetry** of the problem, ...（その問題は**二重の対称性**があるので）

□ ... so that **symmetry** can be used to reduce the problem size.
（問題の大きさを小さくするために**対称性**が使用できるように）▶ so that の用法

□ It has **vertical** and **horizontal** planes of **symmetry** through the centroid.
（重心を通って**垂直**面と**水平**面に対して**対称性**がある）▶ 重心

□ The model has **symmetry** restraints of $v = 0$ on nodes lying on the *x*-*z* plane.
（そのモデルは *x*-*z* 平面上にある節点で v を零として，**対称に**拘束されている）▶ 拘束，lying の用法

□ Application of the end load destroys this **symmetry**.
（端に荷重を与えるとこの**対称性**を壊す）▶ destroy の用法

□ a domain with **geometric symmetry** about the *z* axis
（*z* 軸に関して**幾何学的な対称性**を持つ領域）

□ One-half of the pipe flange connection is modeled because of **geometric symmetry**.
（**幾何学的対称性**を考慮して管フランジ継手の 1/2 をモデル化する）▶ 半分，理由

□ The **geometric symmetry** must couple with load **symmetry**.

（**幾何学的対称性**は荷重の**対称性**と結び付けて考えなければならない）▶ couple with の用法

□ It is the loading of beams in other than **planes of symmetry**.
（それは**面対称**でないはりの荷重の与え方である）▶ other than の用法

□ ... is idealized to have **rotational symmetry**.
（…は**回転対称**であるとして理想化される）▶ 理想化，回転の

□ We use **symmetrical** tightening.（**対称な**締め付け手順を用いる）

□ in a **crisscross** pattern（**十字型の**パターンで）

■ 軸対称

□ Geometry is **axisymmetric**.（形状が**軸対称**である）

□ finite element mesh for the assumed **axisymmetric** plane
（仮定した**軸対称**平面に対する有限要素のメッシュ）▶ 仮定

□ An **axisymmetric** model with **non-axisymmetric** loading was used.
（荷重が**非対称**で**形状が軸対称の**モデルが使用された）▶ with の用法

■ others

□ They are the **direction cosines** of the **outward normal** to the surface.
（それらは表面の**外向き法線**の**方向余弦**である）

□ ... is simply the collection of **direction cosines** relating to the two coordinate systems.
（…は，単純に二つの座標系に関係する**方向余弦**を集めたものである）▶ 集める，座標

□ problem of a **hole** in the center of a thin **strip** under tension load with the **quarter section** model shown in Fig.1
（図 1 に **1/4 部分**のモデルを示した引張荷重を受ける薄い**帯板**の中央に**穴**がある問題）

式，方程式

■ fundamentals

equation（方程式，等式），simultaneous equations（連立方程式），formula（式，公式），expression（式），a numerical expression，a numerical formula（数式），parenthesis（丸括弧 ( )），bracket（角括弧 [ ]），a brace（大括弧 { }），double parentheses（二重括弧）

■ 式

□ express in a **formula**（**式**で表す）

□ ... is **formulated**.（…が**式**で表される）

□ ... can be **expressed** easily by mathematics.（…は数学により簡単に**式で表される**）

□ the theoretical **equation** for the region where the experiment is difficult
（実験が困難な領域に対する理論**式**）

□ This involves the general **equation**.（これは一般的な**式**を含んでいる）▶ involve の用法

□ It was obtained as an empirical **equation**.（それは経験**式**（実験式）として得られた）

□ It can be expressed by means of the following **equation** (formula).
（以下の**式**（公式）を用いて表すことができる）▶ by means of の用法

□ use the fundamental relationship **equation** of ...（…の基礎的な関係**式**を用いる）

□ It is better to use the following **equation** for ...（…には以下の**式**を使えば良い）

□ The **equation** holds true for ...（その**式**は…対して成り立つ）
□ **Equation** (1) therefore becomes as follows; ...
（したがって**式**(1)は以下のようになる）▶「;」の用法
□ the **equations** relating A and B（A と B を関連付ける**式**）▶関係
□ The following **equation** is geometrically formed.（以下の**式**は幾何学的に組み立てられる）
□ Consider the equilibrium **equation** for the structure.
（その構造物に対する釣合い**式**を考えなさい）
□ This numerical **expression** indicates that ...
（この数**式**からつぎのことがいえる）▶indicate の用法
□ a basic **formula** required for an analysis（解析に必要な基本**式**）
□ ... leads to the following numerical **formula**.（…からつぎのような数**式**が導かれる）

■ 式の操作

□ **Iteration** continues until $A = B$.（反復（計算）は $A = B$ まで**続く**）▶続く
□ We can add all of these **terms** together, **equate** them **to** input work, and combine terms.
（これらの**項**をすべて足し合わせ，それらを入力仕事**と等値して**項を結合することができる）
▶等しい，add all of（= take the sum of）
□ A summation of forces on the element **is equated to** mass times acceleration.
（その要素上の力の和を加速度と質量の積と**等値する**）
□ change the **formula** (expression)（**式**を変形する）
□ rewrite the **equation** as follows: ...（**式**を以下のように書き直す）▶「:」の用法
□ rearrange the **expression**（**式**を整理し直す）
□ We express the **equation** by rearranging it as follows; ...
（その**式**を並び替えて以下のように表す）
□ transform (change) the above **equation** into a more convenient form
（上**式**をより便利な形に変形する）▶変形する，便利な
□ **elimination** of G between Eqs. (1) and (2)（式(1)と式(2)の間で G を**消去する**）
□ The actual temperature follows from **Eqs.(1) and (2)** as: ...
（実際の温度は**式(1)と式(2)**から以下のようになる）▶follow from の用法
□ This obtains a reduced equivalent set of **equations**.
（これにより（元数を）減らした等価な**式**の集合が得られる）
□ Update the stiffness **matrix** and do the **forward reduction** for each iteration.
（各繰り返しにおいて剛性**マトリックス**を更新して**前進代入**を実施する）▶decomposition：分解
□ **Back substitution** yields the new displacements.（**後進代入**によって新たな変位が得られる）

■ 方程式

□ a system of 20 **equations** with 20 unknowns（20 個の未知数を持つ 20 元の**方程式**）
□ We have a large number of system **equations** to solve.
（解くべき多数の系の**方程式**を得る）▶a large number of の用法
□ After solution of the simultaneous **equations**, ...（連立**方程式**を解いた後）
□ This procedure leads to a set of **linear algebraic equations**.
（この手順によって**線形の代数方程式**の集合が得られる）▶lead to の用法

8 数学に関する表現

□ We consider a simple example with only four system **equations**.
（わずか四つの系の**方程式**からなる簡単な例を考える）

□ Since **explicit recurrence formula** avoids the solution of simultaneous algebraic **equations**, ...（**陽的な循環式**を使うと連立代数**方程式**を解かなくても良いので…）▶ 避ける，解

計算

■ 計算，計算結果

□ a simple hand **calculation**（簡単な手**計算**）▶ 簡単

□ for use in **calculations**（**計算**で使うために）▶ 使う

□ for conservative **calculations**（安全側に**計算する**ために）▶ 安全

□ the **numerical results** obtained（得られた**計算結果**）▶ 得る，obtained は numerical の前も可能

□ In the example the two **calculations** yield ...
（例では二つの**計算結果**は…をもたらす）▶ yield の用法

□ It involves a theoretical **pencil-and-paper manipulation** of equations.
（それは方程式の理論的な**手計算**を含んでいる）

□ the **calculated** pressures at selected points（選択した点で**計算した**圧力）

□ It offers significant **computational savings**.（著しい**計算**（時間）**の節約**を提供する）

□ It is expensive with respect to **computing time**.（**計算時間**に関して費用がかかる）▶ 関して

□ The coarse mesh required only 75 seconds of **processing**.
（粗いメッシュでは 75 秒しか**計算時間**がかからなかった）▶ fine mesh：細かいメッシュ

□ wind up the **calculation** at any place of accuracy（任意の精度で**計算**を切り上げる）

■ 計算する

基本 calculate, compute（計算する），miscalculate, miscount, make a mistake in calculation（計算ミスをする）

□ **make a calculation** using this formula（この式を用いて**計算する**）

□ A quick **calculation** shows that ...（さっと**計算**すると…がわかる）

□ It can be **calculated** from the value of ...（…の値から**計算**できる）

□ It is **calculated** from the theory of probability.（確率論から**計算される**）

□ If we **calculate** using the experimental results, ...（もし実験結果を用いて**計算する**と）

□ After **calculating** from these equations, ...（これらの式から**計算**した後）

□ **calculate** according to the equation derived so far（今まで導いた式に従って**計算する**）

□ With $L = 1$, P is **calculated** to be 2 MPa.
（$L = 1$ とすると P は**計算**して 2 MPa となる）▶ with の用法

□ Putting A in B and performing **calculations**, we find ...
（A を B に代入して**計算**を実行すると…がわかる）▶ 実行する

□ It is **computed** only once.（一度だけ**計算**される）▶ 一度だけ

□ The stiffness of the target structure is **computed**.（対象となる構造物の剛性を**計算する**）

□ in **computing** the area of OAB（OAB の面積を**計算する**場合）

□ Thread stresses can be **computed** from existing analytical work or by FEM.

（ねじの応力は既存の解析的な研究か有限要素法によって**計算**できる）▶既存の

□ Peclet number was **computed** to be less than 2 for any of L less than 6.
（ペクレ数を**計算する**と，6より小さいあらゆる L に対して2より小さくなった）▶less than の用法

□ **Rounding off** to $b = 2$ is satisfactory.（$b = 2$ と**丸めれば**十分である）

□ **Rounding up** the calculated value of F to an even number, the final proposed answers are ...（F の計算値を**切り上げて**偶数にすると，最終的に提案する解は…となる）▶odd number：奇数

■ 代入，導出

□ The extreme load position follows from **putting** $s = 0$.
（極端な荷重の位置は s を零**と置く**と得られる）▶follow from の用法

□ **substitute** A **for** B（A を B に**代入する**）

□ **Substitution** of Eq.(1) into Eq.(2) gives ...（式（1）を式（2）に**代入**すると…となる）

□ Simple **substitution** of this equation into Eq.(1) gives the final equation.
（この式を単に式（1）に**代入する**だけで最終的な式が得られる）▶give の用法

□ from direct **substitution** in Eq.(1)（式（1）に直接**代入**することにより）

□ Finally, **substituting** A **for** B in the equation of motion permits us to write the recurrence formula.（最終的に A を運動方程式の B **に代入すると**，循環式を書くことができる）▶permit の用法

□ It provides a brief **derivation**.（簡潔な（式の）**導出方法**を提供する）▶簡潔な

□ We present a **derivation** of heat conduction finite elements.
（熱伝導有限要素の**導出過程**を示す）

■ others

□ It can be readily **convertible** into hours of life.
（それは簡単に寿命時間に**換算できる**）▶容易に，換算，寿命

□ It will be **superimposed** on the elastic interaction preload reduction.
（それは弾性相互作用による予張力の減少に**重畳される**だろう）

線形，非線形

■ 線形 ▶▶▶ with の用法

□ the basic **linear** elements（基本的な**線形**（有限）要素）

□ a **linear** relationship between A and B（A と B の間の**線形**関係）

□ with **linear** regression lines（**線形の**回帰直線によって）▶回帰直線

□ It has a **linear** dependency with A on log-log paper.
（両対数グラフ用紙で A に対して**線形の**依存性を持つ）▶依存

□ With a **linear** dependence of displacement upon loading, ...
（荷重に対する変位の**線形の**依存性を持って…）▶依存

□ ... should be **linear** as long as the force stays within the elastic limit of the material.
（…は，力が材料の弾性限度以内にある限り**線形**である）▶as long as と stay within の用法

□ A is not **linearly** related to B.（A と B の関係は**線形**ではない）▶関係

□ They vary **linearly** from zero to a maximum.（零から最大値まで**線形に**変化する）▶最大

□ It varies **linearly** with load and with length.（荷重と長さに対して**線形に**変化する）▶変化

□ Visualize deflections within elastic range as varying **linearly** with load.
（弾性範囲内で，荷重に対して**線形に**変化するたわみを視覚化しなさい）

■ 非線形

□ **Nonlinear** terms arise from the radiation boundary conditions.
（**非線形**項はふく射の境界条件から生じる）▶ 生じる，条件

□ We can use successive **linear** elastic solutions with increments in load to solve the **nonlinear** problems.（**非線形**の問題を解くために，荷重の増分を使った連続した**線形**弾性の解を使うことができる）▶ 連続，増分

□ use of iteration to handle **nonlinearities**（**非線形性**を扱うための反復法の使用）▶ use の用法

□ ... unless **nonlinearities** are sufficiently weak that the problem can be effectively **linearized**.
（問題が効果的に**線形化**できるぐらい**非線形性**が十分に弱くない限り）▶ 十分，weak の用法，有効に

□ The **nonlinear** explicit algorithm requires even greater computational effort than in **linear** implicit solutions.（**非線形**の陽的アルゴリズムは，**線形**の陰的解法に比べてさらに大きな計算の労力を必要とする）▶ 数値解析，even の用法，比較級

9. 解析に関する表現

解析と理論

■ 解析

□ two sets of **analyses**（二組の**解析**）

□ a more rigorous **analysis**（より厳密な**解析**）

□ mathematical **analyses** conducted so far（これまで行われた数学的な**解析**）▶ conduct の用法

□ an **analysis** of stress magnitudes（応力の大きさの**解析**）▶ 大きさ

□ under **analysis**（**解析**（分析）中である）▶ under の用法

□ for a precise **analysis** of these factors（これらの因子を正確に**解析**するために）

□ the first recognized **analysis** of ...（…に関して最初の認められた**解析**）▶ 認める

□ The work included complete stress **analysis**.
（その研究は完璧な応力**解析**を含んでいた）▶ 完全な

□ Only one-half of the structure is **analyzed**.（構造物の半分のみが**解析される**）▶ 半分

□ He developed **analytical** expressions.（彼は**解析的な**式を導いた）

□ The system is **re-solved**.（そのシステムは**再度解析**される）

■ 理論

□ **theory** for the load distribution（荷重分布に対する**理論**）

□ When this **theory** was developed (established), ...（この**理論**が確立したとき）

□ The **theory** has gained general acceptance.（その**理論**は一般に受け入れられた）▶ 手に入れる

□ The **theories** insist and experiments has confirmed.
（**理論**が（正しいことを）主張しており，実験で確かめた）▶ 主張，確認

□ The contention of the **theory** is that ...（その**理論**の論点は…である）▶ 論点

□ the **theory** which occupies an intermediate position between Euler-Bernoulli and the exact **theory** of elasticity
（オイラー・ベルヌーイと弾性論の厳密解の中間の位置を占める**理論**）▶ 位置，中間

■ 理論的

□ **theoretical** underpinnings（**理論的な**支え）

□ These results can be justified **theoretically**.（これらの結果は**理論的に**正当化できる）▶ 正当化

□ This chapter deals with how it works in **theory**.
（この章はそれが**理論**的にどう働くかを扱う）▶ 扱う，how it works と in theory の用法

□ Column failures occur at smaller loads than predicted by **theory**.
（柱の破壊は**理論**的に予測したより小さな荷重で起こる）▶ 比較級，予測

□ The **rationale** is that ...（**理論的根拠**は…である）

□ The **rationale** of this procedure is as follows: ...（この手順の**理論的根拠**は以下のとおりである）

数値解析とコンピュータ

■ 数値…

□ numerical analysis，numerical work（数値解析）

□ numerical integration（数値積分）

□ in preliminary **numerical work**（予備的な**数値計算**において）▶ 準備の

□ In the actual **numerical work** we never form matrix ***K***.
（実際の**数値解析**では，行列 ***K*** を組み立てることはない）▶ 実際の

□ ... using conventional **numerical analysis** techniques.
（従来の**数値解析**技術を使って）▶ 従来の

□ **numerical tests** on tapered thread（テーパねじを対象とした**数値実験**）

□ **Computationally**, an unknown load direction is handled as follows.
（**計算上**，未知の荷重の方向は以下のように扱われる）▶ handle の用法

□ **Numerical** iterative solution procedures propagate the solution inwards from these boundaries.
（**数値解析による**反復解法の手順では，これらの境界から内側に解を求めていく）▶ 反復の，伝わる

□ The solution in **numeric form** is difficult to evaluate.
（**数値形式**の解は評価が難しい）▶ 形式，評価

□ The problems of stability and convergence of **numerical solutions** are discussed in Refs. 7,8, and 10.（**数値解**の安定性と収束性の問題は参考文献 7，8，10 で議論されている）▶ 安定，収束

■ 収束

□ ... **converges** with a few steps of refinement.（…は数ステップの改良で**収束する**）▶ 改良

□ speed up **convergence**（**収束**を加速する）

□ The model is checked for **convergence**.（そのモデルは**収束性**がチェックされる）

□ If ..., then **convergence** to the correct result must occur.
（もし…ならば，正しい結果へ**収束**するに違いない）

□ The 2-D and 3-D solutions almost **converge** periodically at certain intervals.
（二次元と三次元の解は，ほぼある間隔で周期的に**収束する**）▶ 周期的，間隔

□ If **convergence** is monotonic (monotonous) and nearly asymptotic, ...
（もし**収束**が単調でほとんど漸近的であるなら…）▶ 単調，漸近的

■ others

□ large-scale **computers**（大型**計算機**）▶ large-scaled も可能

□ by (with) the aid of a **computer**（**コンピュータ**の助けにより）

□ **solution method** for steady state（定常状態に対する**解法**）▶ unsteady：非定常，transient：過渡的な

□ The **summation sign** in Eq.(1) implies the usual assembly of element matrices.
（式(1)における**総和規約**は，通常の要素マトリックスの組み立てを意味する）▶ 意味する

□ In this form the stiffness matrix is **updated** after each **iteration**.
（この形式で，剛性マトリックスは各**反復**の後に**更新**される）▶ 更新，反復

□ **Simulations** are currently being performed.（現在**シミュレーション**が実行中である）▶ 実行

□ **Finite differences** are used to approximate differential increments in the temperature and space coordinates.
（**差分**は，温度と空間座標における差の増分を近似するために使われる）▶ 近似

□ as an example of how **FEM** might be used to represent a complex geometrical shape
（**有限要素法**がどのように複雑な形状を表すために使われるかという例として）▶ how の用法

□ a set of equal forces on the nodes of a **meshed** area
（**要素分割した**領域の節点に作用する一組の等しい力）

□ The threads are **modeled** as isotropic material.（ねじは等方性材料として**モデル化**される）

□ the validity of the **computational models** and procedures
（**計算モデル**と手法の妥当性）▶ 妥当性

□ without concern for **computational** instability（**計算の**不安定さを心配することなしに）

□ These steps will be coded into a **computer program**.
（これらのステップは**コンピュータプログラム**にコード化されるだろう）

□ a **solution** that increases wildly with each **time step** until eventually the **computer program** aborts（ついには**コンピュータプログラム**が止まってしまう（失敗する）まで，各**時間ステップ**において荒々しく増加する**解**）▶ ついに

□ Both values should be used to **extrapolate** to a better approximation to a solution.
（解に対するより良い近似値に**外挿する**ために両方の解を使うべきである）▶ interpolate：内挿する

□ Node stress values are usually reached by **extrapolation** from internal element values, and then averaged for all elements attached to the node.
（節点の応力値は，通常内部の要素の値から**外挿**によって得ることができる。つぎにその節点につながっているすべての要素に対して平均化される）▶ 平均化，付着する

機械工学とその周辺分野の専門用語

[材料力学]

応力	単位面積当りに作用する力の大きさを表し，材料強度の指針として使われる
MPa	応力の単位。1 MPa（メガパスカル）では 1 mm^2 当り 1 N の力が作用する
垂直応力，せん断応力	部材の断面に垂直に作用する応力，断面に沿って作用する応力
ひずみ	変形量を元の長さで除した無次元量。相対的な変形の大きさを表す
弾性係数	応力とひずみが比例するというフックの法則における比例定数
弾性変形	荷重を除くと変形が零に戻る現象。機械・構造用材料は通常弾性変形の範囲内で使用される
塑性変形	金属材料がある一定以上の応力を受けると，荷重を除いても変形が零に戻らなくなる現象
比例限度	応力とひずみの線形関係が成立する範囲における最大応力のこと
弾性限度	荷重を除いたとき，材料が持つ弾性によって変形が元に戻る最大応力のこと
降伏応力	金属材料の塑性変形が開始する応力
耐力	荷重を除いても材料にある一定の塑性ひずみが残る応力。降伏応力の代わりに使用される
引張強さ（極限強さ）	金属が破断する応力。降伏応力とともに金属の強度を表す基本量である
延性材料	荷重を受けて破断するまで大きく変形する材料。一般的な炭素鋼，アルミニウムなど
ぜい性材料	荷重を受けて破断するまであまり変形しない鋳鉄などの材料
残留応力	大きな力が作用する金属加工などにおいて，加工終了後に材料の内部に残った応力
自由膨張	物体が熱の作用によって応力を発生することなく伸びる現象
クリープ	応力が一定の状態にもかかわらず，金属などが次第に伸びる現象。高温で顕著に表れる
平面応力	平面内に荷重を受ける薄板において「厚さ方向の応力を零と仮定」した力学モデル
等方性	弾性係数などの材料特性が方向によって変化しないこと。変化する場合は異方性と呼ばれる
直交異方性	材料の特性が直交する 3 方向で特有である異方性のこと
剛性	「変形しにくさ」のことであり，部材の形状や材料の種類によって変化する
剛体	初等力学で広く採用されている仮定で，力を受けても変形しないと物体のこと
連続体	空間を連続的に媒質が満たすと仮定する考え方で，弾性体や流体などで広く使われている
曲率	曲線や曲面の曲がり具合を表す量で線や面の半径の逆数

自由度	力学において，自由に運動する質点の自由度は 3，剛体の場合は 6 である
疲労	金属が繰り返し荷重を受けると，外力によって発生する応力が小さくても破断に至る現象
疲労限度	これ以下の応力を繰り返し与えても疲労破壊しない応力振幅。疲労強度評価の基本量である
S-N 曲線	疲労破壊に至るまでの応力振幅と荷重の繰り返し数の関係を表した線図
破損	大きく変形したなどの原因で材料が使えなくなった状態。または単に壊れるという意味
破壊	繰り返し荷重を受けて材料にき裂が発生した状態
破断	金属疲労が原因で材料が二つ以上に分断されること
ぜい性破壊	材料が大きく変形することなく破壊する現象
座屈	細長い構造物などに圧縮荷重を与えるとき，ある荷重に達すると突然大きなたわみを起こす現象
回転曲げ	車両の動力を受けていない軸のように，回転によって曲げの方向が変化する荷重形態のこと
光弾性解析	透明な材料で作成した試験片に荷重を与え，現れる縞の数で応力を測定する方法
重ね合わせ	単純な現象の解を足し合わせて複雑な現象の解を得る手法のこと
弾性相互作用	例えば多数のボルトを逐次締め付けると，すでに締結済みのボルト軸力が変化する現象

[熱工学，流体力学]

熱流束	単位面積，単位時間当り流れる熱量
熱伝導	物体内部で高温側から低温側に熱が伝わる形式のこと
熱伝導率	熱伝導による熱の伝わりやすさを表す材料定数
熱伝達	固体の表面と流体や気体の間で熱が伝わる形式のこと
ふく射	電磁波の形で熱が伝わる形式のこと
遷移温度	材料の特性などがある点を境として変化する温度のこと
層流	流線が変化しない流れの状態のこと。変化する場合は乱流と呼ばれる
キャビテーション	流れている液体中で，圧力差により小さな気泡の発生と消滅が起きる現象
ペクレ数	熱移動における移流と拡散の比を表した無次元数。大きいほど対流の影響が大きくなる
定常状態，非定常状態	時間の経過に対して，それぞれ現象が変化しない状態と変化する状態を指す

[機械設計，材料加工，ねじ]

ISO	国際標準化機構の略であり，国際標準の規格を制定する
ASME	米国機械学会の略称
ASTM	米国試験材料協会の略称

SAE	米国を中心とした自動車技術に関する標準化団体
すべり軸受	軸と軸受の間に相対的なすべりが発生する軸受で，界面に油などの潤滑剤を供給する
転がり軸受	ボールベアリングに代表される球やころの転がり運動を応用した軸受で摩擦が小さい
スピンドル	回転する軸の中で寸法精度が高いものを指す
プーリー	ベルトなどと組み合わせて回転を伝える円盤状の機械要素
クラッチ	二つの軸の間の回転を伝達／遮断するための機械要素
太陽歯車	歯車列の中心に配置された大きな歯車で自転運動をする
遊星歯車	太陽歯車のまわりを自転しながら公転する歯車
アクチュエータ	サーボモータや油圧シリンダなど，エネルギーの供給を受けて機械仕事に変換する装置
推力	プロペラやジェットエンジンの作用で船舶や航空機を前方に押し出す力のこと
凝縮器	発電所などで使用されている蒸気タービンプラントにおいて，蒸気を冷却して水に戻す装置
公差	許容される寸法の範囲における最大値と最小値の差
シメシロ	軸の直径が組み合わせて使用する穴の直径より大きい状態，またはその大きさを指す
はめあい	軸の直径とそれに対応する穴の直径の差の関係
浸炭	おもに低炭素鋼を対象として，表面層の硬化を目的として炭素を添加する処理
フレッチング	接触する 2 物体間で，わずかな往復すべりが繰り返すことにより表面が損傷すること
焼き付き	接触面が圧力を受けながら相対的にすべるとき，発生する熱によって面が損傷する現象
切削	旋盤を使って金属を削る加工方法
せん断角	切削速度の方向と加工対象の材料がせん断変形を受けて切りくずとなる面がなす角度
ボール盤	ドリルを使って工作物に穴あけ加工を施す工作機械
鋳造	金属などを溶かして型に流し込み、冷却して目的の形状を得る加工方法
鍛造	金属をハンマ等で叩いて結晶の方向を揃え，強度を高めながら目的の形状を得る加工方法
のど厚	溶接部分において強度評価の対象となる厚さのこと
トルク	回転軸のまわりの力のモーメントであり，ねじりモーメントとも呼ばれる
トルク法	スパナやレンチを使い，ねじにトルクを与えて締め付ける方法
ねじのピッチ	隣接するねじ山の対応する部分間の距離
有効径	ねじの山と溝の幅が等しくなるような仮想的な直径
リード角	ねじ山形状のらせん角度を意味し，2 ～ 3° 程度の場合が多い
フランク角	ねじ山三角形の角度。通常は 60°

スタッド	棒の両側にねじを切ったボルト。植込みボルトとも呼ばれる
ワッシャ	ナット座面やボルト頭部の下に挟み込む薄板

[数値解析，数学，振動]

数値解析	コンピュータを使ってさまざまな問題を解く手法の総称。数学の厳密式ではなく，有限要素法の節点や差分法の格子点など，離散化した点の値を代数的に求める
有限要素法 （略称 FEM）	コンピュータを使用する数値解析の一種。対象領域を二次元問題では三角形や四角形，三次元問題では四面体や六面体のような有限な大きさの“要素”に分割する
節点	各要素の頂点のことであり，有限要素法では基本的に節点の値を求めることになる
差分法（略称 FDM）	対象領域を“格子”に分割して解く数値解析の一種。これを基礎として発展したさまざまな解析方法が熱流体関係を中心に広く使用されている
陰解法	コンピュータで方程式を解く場合，計算の繰り返しにより解を求める手法
陽解法	コンピュータで方程式を解く場合，微小時間における変化量を積み上げて解を求める手法
バイト	コンピュータなどが扱う情報量の大きさを表す基本単位。1 バイトは 8 ビットである
単精度，倍精度	一つの変数を表すために使うコンピュータのメモリの大きさ。両者で 2 倍異なる
バンドマトリックス	成分が対角部分の周辺に集中してバンド状になった行列のこと。計算効率が高い
線形	たがいに影響する二つの量の関係において，両者の変化の割合が一定であること。金属が弾性変形するときの応力とひずみの関係など
非線形	線形に対して変化率が一定でない場合を指し，金属の塑性変形における応力とひずみの関係など
モード解析	複雑な形状のモデルを，多数の 1 自由度系の集まりに置き換えて振動特性を解析する手法
振動モード	振動している構造物の形態を拡大してわかりやすく図で示したもの

注　上記の解説は，本書の理解を助けることを目的としており，専門分野の観点から必ずしも厳密なものではなく，簡略化した説明となっている。

むすびにかえて

在外研究を終えて１年くらい経った頃，大学における仕事，研究室の環境も定常状態（steady state）に戻り，新たな研究テーマも少しずつ実を結び始めていた。そんな頃，所属する学会の論文の投稿方法に大きな変化があった。新たに海外向けの英文雑誌を刊行するというのである。それまでは，和文雑誌に掲載された論文について，著者が希望してその内容を英訳すると，無審査で英文雑誌への掲載が認められていた。一方，新たに刊行される英文雑誌は，最初から英語で原稿を書き，審査をパスするとそのまま掲載される。ちょうどその頃，完成したばかりの研究があったので，この新英文雑誌に投稿することにした。当然のことながら，原稿の作成には米国で集めた技術英語表現を駆使した。順序が逆になったが，原稿完成後に投稿規定をよく読むと「英文はネイティブスピーカーのチェックを受けること（が望ましい）」という一文があった。学会としては，内容だけでなく英文のクオリテイも確保したかったようである。

ところが当時，専門分野の英文チェックを頼めそうなネイティブスピーカーの友人は米国内にしかいない。今日と違って高度なインターネットがない時代である。学会には申し訳ないがそのまま提出することにした。数か月経って審査結果が返ってきた。査読者によると，研究内容はOKだが「英文表現にわかりにくいところがある」ので修正を要するという判定であった。指摘を受けたところを見ると，ほとんどがネイティブスピーカーの表現をまねた部分である。しかし，査読者の指摘に従うことは基本的なルールであるため，可能な範囲で表現を変更した。まさにJapanese Englishへの逆戻りである。その後，著者が修正した原稿は学会が雇用した専門知識を有するネイティブスピーカーのチェックを受ける。そのプロセスを経た最終版を見て驚いた。なんと，指摘を受けて修正した部分のほとんどが，原稿提出時の表現に近い形に戻されていた。このときの経験が「英文作成にはネイティブスピーカーの表現をまねるのが一番」ということを，再度強く著者に認識させることになったのである。

ところで，すべての日本人が日本語の文章を上手に書けるわけではないという事実は，当然ながら英語のネイティブスピーカーにも当てはまる。研究内容は立派だが文章がわかりにくいという問題は，一流学会誌の論文でもしばしば見受けられる。ちなみに本書で紹介した例文には，著名なネイティブスピーカーの研究者の文章をアレンジしたものも含まれている。上記の点に関して，収集した英文の抱える「Grammatically correct, but ...（文法的には問題ないが）」という，著者の能力がほとんど及ばない問題については，掲載する例文の選定と訳文のチェック作業を通して，共著者のRooks氏がほぼ解決してくれたと考えている。

Rooks氏とのやりとりの中で，あなたの文章校正は「The scales drop from my eyes.」と書いたところ，「I have seen the light.」のほうがよく使う表現ですという返事が返ってきた。読者が技術英語を書くとき，本書が「目から鱗がおちる」ような表現を提供してくれることを切に願う次第である。

2018年4月

著者を代表して　福岡 俊道

―― 著 者 略 歴 ――

福岡　俊道（ふくおか　としみち）
1975 年　神戸商船大学商船学部機関学科卒業
1978 年　神戸商船大学大学院修士課程修了（機関学専攻）
1978 年　神戸商船大学助手
1984 年　神戸商船大学助教授
1987 年　工学博士（大阪大学）
1997 年　神戸商船大学教授
2003 年　神戸大学教授
2018 年　神戸大学名誉教授

著書に，『技術者のための　ねじの力学 -材料力学と数値解析で解き明かす-』（コロナ社），『昭和サーティーズ -あの頃，まわりはすべて遊び場だった-』（文芸社）などがある

Matthew Rooks（マシュー　ルックス）
2001 年　ミシガン大学教養学部日本学学科卒業
2001 年　文部科学省 JET プログラム ALT
2005 年　東ミシガン大学大学院修士課程修了（応用言語学専攻）
2006 年　関西学院大学講師
2010 年　立命館大学講師
2011 年　神戸大学特任准教授
2013 年　神戸大学准教授
現在に至る

著書に，『New Frontiers in Science: English 1A』，『New Frontiers in Science: English 1B』（関西学院大学出版会，いずれも共著）などがある

ネイティブスピーカーも納得する技術英語表現
Technical English Expressions for Effective Communication with Native Speakers

2018 年 6 月 28 日　初版第 1 刷発行　★

検印省略

著　者　福岡俊道
　　　　Matthew Rooks
発 行 者　株式会社　コロナ社
　　　　代 表 者　牛来真也
印 刷 所　萩原印刷株式会社
製 本 所　有限会社　愛千製本所

112-0011　東京都文京区千石 4-46-10
発 行 所　株式会社　コ ロ ナ 社
CORONA PUBLISHING CO., LTD.
Tokyo Japan
振替 00140-8-14844・電話(03)3941-3131(代)
ホームページ　http://www.coronasha.co.jp

ISBN 978-4-339-07818-3　C3050　Printed in Japan　（柏原）